PLC虚拟仿真实验室（FACTORY IO）教程

主 编 黄达文 冯雪姣 李 婷
副主编 陈茂林 黄 军 王寅晨

西南交通大学出版社
·成 都·

图书在版编目（CIP）数据

PLC 虚拟仿真实验室（FACTORY IO）教程 / 黄达文，冯雪姣，李婷主编. -- 成都：西南交通大学出版社，2023.8（2025.8 重印）
ISBN 978-7-5643-9458-5

Ⅰ. ①P… Ⅱ. ①黄… ②冯… ③李… Ⅲ. ①PLC 技术 – 计算机仿真 – 教材 Ⅳ. ①TM571.61

中国国家版本馆 CIP 数据核字（2023）第 165831 号

PLC Xuni Fangzhen Shiyanshi（FACTORY IO）Jiaocheng
PLC 虚拟仿真实验室（FACTORY IO）教程

主　编／黄达文　冯雪姣　李　婷	责任编辑／黄庆斌
	特邀编辑／刘姗姗
	封面设计／墨创文化

西南交通大学出版社出版发行
（四川省成都市金牛区二环路北一段 111 号西南交通大学创新大厦 21 楼　610031）
发行部电话：028-87600564　　028-87600533
网址：http://www.xnjdcbs.com
印刷：四川森林印务有限责任公司

成品尺寸　185 mm×260 mm
印张　12.75　　字数　317 千
版次　2023 年 8 月第 1 版　　印次　2025 年 8 月第 2 次

书号　ISBN 978-7-5643-9458-5
定价　39.80 元

课件咨询电话：028-81435775
图书如有印装质量问题　本社负责退换
版权所有　盗版必究　举报电话：028-87600562

前　言

PLC 控制技术是智能制造领域的核心技术之一。伴随着我国制造业的快速升级转型，生产制造系统不断向智能化、信息化方向发展，而掌握 PLC、工业机器人和视觉技术的技能人才十分紧缺。虽然在本科和高职院校的机电一体化、工业机器人、智能制造、电气自动化等专业都设置有 PLC 控制技术课程，但在实际的教学过程中 PLC 实训室受到场地和行业应用限制，很难满足工厂制造实际应用场景需求。

FACTORY IO 是一种专门用于学习 PLC 技术的 3D 工厂虚拟仿真软件。用户可以通过它来完成工业系统搭建、PLC 编程、PLC 控制系统调试等技能的训练并实现交互式教学，FACTORY IO 也自带了很多工厂应用的典型场景（如输送线、码垛机、数字料仓、机械手、移栽机、升降平台、水箱等），众多的场景对于从 PLC 入门水平到高阶水平的学习者都适用。本书的 PLC 平台采用西门子 S7-1200 系列 PLC 和博图软件，该类型的 PLC 在市场上应用最为广泛，而博图软件中集成了 PLC、HMI、电机运动控制和上位机等技术的编程调试环境。

本书分为 5 章。第 1 章介绍 FACTORY IO 软件入门知识；第 2 章介绍场景中部件的使用手册，包括各个部件的功能和使用方法；第 3 章介绍了如何建立 FACTORY IO 与 PLC 的连接，其中以三菱 PLC 的 OPC 方式和西门子 PLC 的 PLCSIM 方式为例；第 4 章详细讲述了 S7-1200 系列 PLC 的编程技术，包括硬件配置、指令应用和程序调用结构；第 5 章以 FACTORY IO 软件自带的 5 套应用场景为例，介绍了不同场景的编程方法和程序示例。全书从第 3 章开始对学习内容都采用了实例编程的项目形式以更好地用于教学和练习。

由于编者水平有限，书中难免存在疏漏和不足之处，恳请广大读者批评指正。

编　者

2023 年 6 月

目 录
CONTENTS

1 FACTORY IO 软件入门 ·· 001
   1.1 软件界面介绍 ·· 001
   1.2 编辑与运行 ··· 010
   1.3 部件的标签 ··· 012
   1.4 场景的初次应用 ·· 016

2 部件使用手册 ·· 022
   2.1 物　料 ··· 022
   2.2 重载类型部件 ·· 027
   2.3 轻载类型部件 ·· 031
   2.4 传感器 ··· 037
   2.5 工作站 ··· 043
   2.6 操作台 ··· 051

3 FACTORY IO 的 PLC 控制 ·· 056
   3.1 西门子 PLCSIM 方式的 PLC 控制 ··· 056
   3.2 三菱 OPC 方式的 PLC 控制 ·· 062

4 西门子 S7-1200 编程入门 ··· 070
   4.1 S7-1200PLC 设计基础入门 ··· 070
   4.2 S7-1200PLC 基本指令应用 ··· 092
   4.3 S7-1200 的程序结构 ·· 140

5 场景应用实例操作与 PLC 程序 ··· 152
   5.1 两轴机械手装配应用 ·· 152
   5.2 滚筒分拣站应用 ·· 159
   5.3 三轴机械手堆货应用 ·· 164
   5.4 升降机控制 ··· 172
   5.5 码垛料仓出入库控制 ·· 186

参考文献 ·· 198

FACTORY IO 软件入门

软件入门主要帮助读者掌握基本的 FACTORY IO 操作，包括：三种类型相机的使用；场景的新建、布置和保存以及部件的手动控制。

1.1 软件界面介绍

1.1.1 欢迎界面

打开 FACTORY IO 软件后，会进入欢迎界面，如图 1.1 所示。

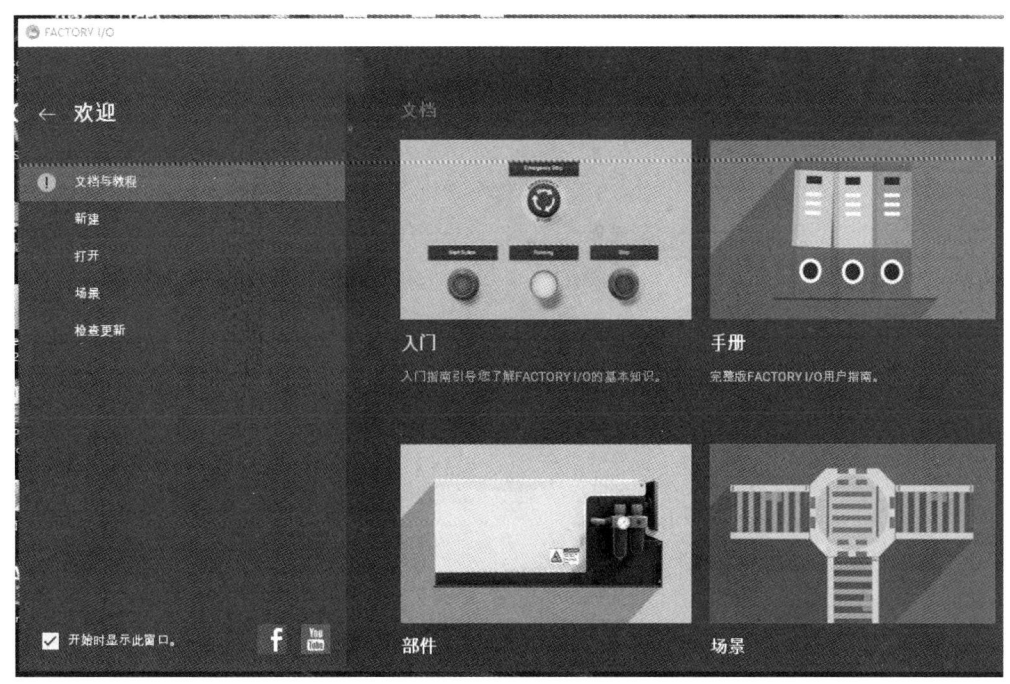

图 1.1

在欢迎界面的右边部分包含了"文档"和"教程"两部分，点开入门、手册、部件、场景等文档后会进入相对应的网络界面,里面有对应的说明书,但是目前都是英文参考说明,如果计算机未联网,"文档"和"教程"两个部分的在线资料无法使用。

1.1.2 场景主界面

在欢迎界面点击"新建"后就会进入如图 1.2 所示的场景主界面。FACTORY IO 这款软件的界面极其简洁,所以使用起来也非常简单直观,主界面下分别有三个窗口:工具栏;部件窗口;控制器状态栏。其中大部分操作都集中在工具栏的功能按钮中。

图 1.2

主界面上各个功能键的名称和作用如图 1.3 和图 1.4 所示。

	名称	作用
	飞行相机	选择飞行相机
	第一人称相机	选择第一人称相机
	部件跟随	允许选择一个部件来跟随
	相机窗口	打开相机窗口
	传感器标签	显示/隐藏传感器标签
	执行器标签	显示/隐藏执行器标签
	部件库窗口	显示/隐藏部件库

图 1.3

名称	作用
欢迎菜单	提供对文件、例程、场景、更新检查等功能的快速访问
运行/编辑	切换仿真模式（运行/编辑）
暂停	暂停仿真过程
复位	复位仿真过程
慢速	以10倍的慢速运行仿真
轨道相机	选择轨迹相机

图 1.4

1.1.3 文件编辑视图

点击"文件"操作后会显示如图 1.5 所示的文件下拉列表，各个文件操作功能说明如表 1.1 所示。

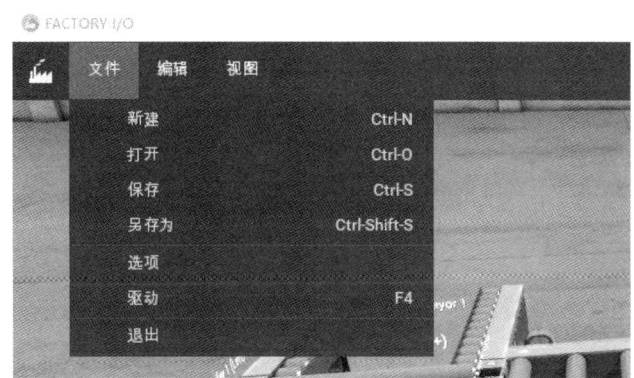

图 1.5

表 1.1

文件	作用
新建	新建一个空的场景
打开	显示场景窗口，可以在菜单内打开所有自己已经保存的场景和软件自带的实例场景
保存	保存当前场景，默认情况下场景被保存在'Documents\Factory IO\My scenes\'下，通过 configuration 文件或 console 可以改变默认保存路径
另存为	打开保存窗口，在窗口下可以给场景命名并对场景添加描述
选项	打开选项窗口
驱动	打开驱动配置窗口（参考 I/O Drivers 部分的说明）
退出	关闭软件

点击"编辑"操作后会显示如图 1.6 所示的文件下拉列表，编辑所包含的操作功能说明如表 1.2 所示。

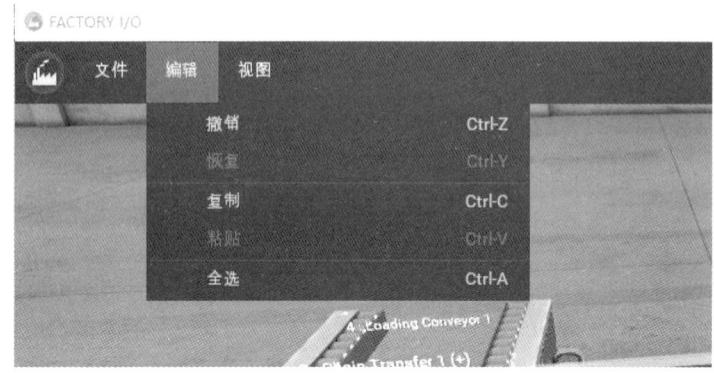

图 1.6

表 1.2

编辑	作用
撤销	撤销上一步执行的操作
恢复	恢复撤销操作前的状态
复制	复制所选择的部件
粘贴	放置所复制的部件到场景内
全选	选择场景内的全部部件

点击"视图"操作后会显示如图 1.7 所示的文件下拉列表，视图列表中的各个功能说明如表 1.3 所示。

图 1.7

表 1.3

视图	作用
元件	撤销上一步执行的操作
相机	恢复撤销操作前的状态
相机导航	显示相机导航器
传感器标签	显示传感器标签
执行器标签	显示执行器标签
显示标签位置	显示标签位置
添加所有标签至任务栏	添加所有标签至任务栏
清空任务栏	清空任务栏
显示传感器范围	在运行模式下显示传感器范围
打开控制台	打开 console 控制台

1.1.4 部件窗口

部件窗口显示了所有在 FACTORY IO 软件中可用的部件，如图 1.8 所示。当创建或打开一个场景之后，用户可以直接从部件库中拖拽部件到立体场景中。可以在部件窗口中点击下拉列表去选择部件种类，如图 1.9 所示，每个种类只显示该种类类型内的部件。另外，还可以在搜索中直接输入部件名称来进行部件查找（注意部件搜索时要输入部件的英文名称，把鼠标停在部件上，窗口左下方会显示相应的部件名称）。

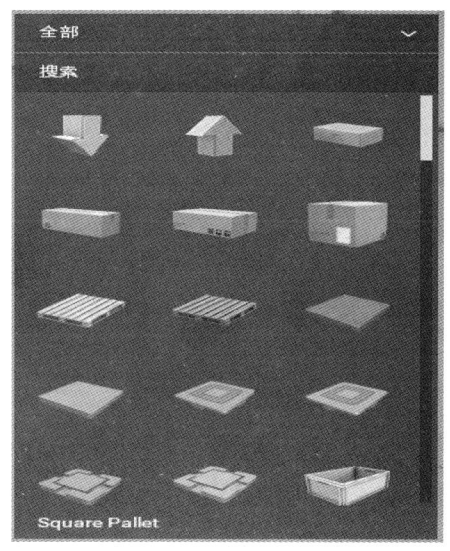

图 1.8

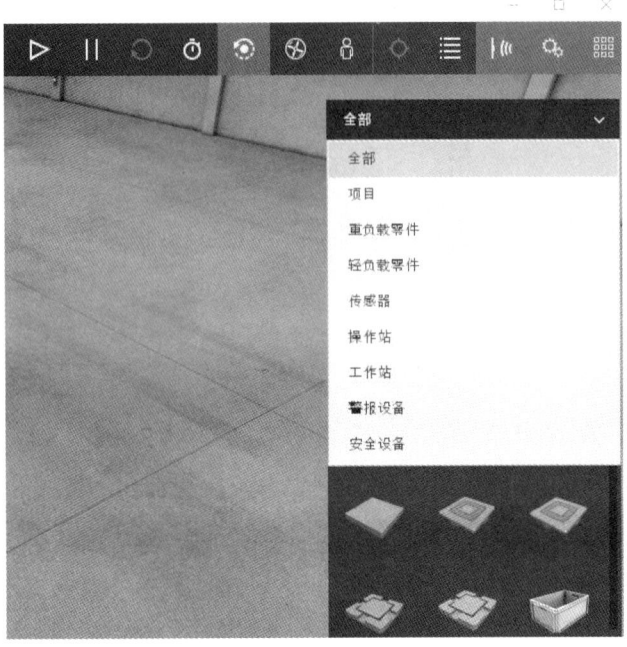

图 1.9

1.1.5 相机

相机在 FACTORY IO 中是一个关键功能，几乎每个任务都需要用户合理操作相机。在 3D 空间导航时就需要用到相机，比如编辑和创建场景，与部件互动等操作。重要的是在 FACTORY IO 中合理使用不同的相机可以使用户的操作更加灵活便捷。

这里提供了三种不同类型的相机：对应如图 1.10 所示的轨道相机、飞行相机、第一人称视角相机；每种相机适用于特定的场景和应用，你需要根据需要完成的任务来选择不同的相机，你可以根据不同的使用需求通过工具栏的右上角的 3 个相机功能按钮进行切换。

图 1.10

1. 轨道相机

轨道相机的设计是为了使编辑操作更加便捷,因此轨道相机模式更加适合在场景创建时采用。当选择好目标部件后,可以用左键进行双击,双击后会产生一个白点,轨道相机就环绕这个白点进行动作。当移动部件后,相机的定位白点依然在部件移动前的位置,通过按下鼠标中键移动鼠标来移动定位白点在空间中的位置,同时也可以通过按下鼠标右键来让相机围绕定位白点为中心进行旋转。

要在一个大部件上放置一个小部件时,例如(见图1.11)在输送线上放置一个传感器,可以通过锁定大部件的需要放置的平面并双击鼠标左键,然后直接从部件库中将传感器这样的小部件拖拽到目标位置上。

图 1.11

2. 飞行相机

飞行相机模式可让相机在3D空间内自由移动,这个相机可以与场景内的部件产生交互,但是不能被场景内的传感器感知。

3. 第一人称相机

第一人称相机模式是以一个标准身高1.8 m的人为视角的,因此这个视角的视线高度是固定的。当仿真一个人在场景中时就需要使用第一人称视角,这个相机可以与场景内的部件产生交互,但是不能被场景内的传感器感知。

1.1.6 相机窗口

在工具栏中点击相机窗口按钮 ≡ ,会弹出相机窗口对话框如图1.12所示。相机窗口允许保存当前的相机模式和相机位置，在场景中可以用鼠标左键双击各个相机方位进行切换，同时也可以对所保存的相机方位名称进行编辑或删除操作。

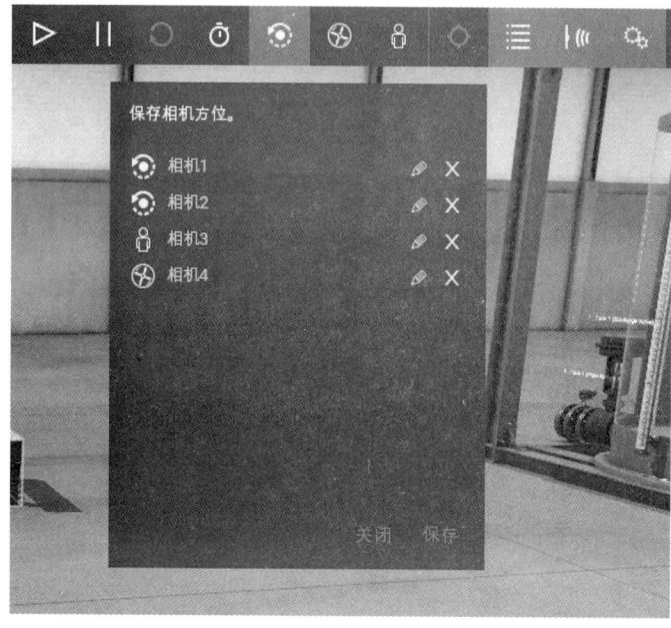

图 1.12

1.1.7 相机导航器

如图 1.13 所示，在工具栏的"视图"中勾选"相机导航"后，在场景界面中就会显示出相机导航器。如图 1.14 所示，可以通过相机导航器上的功能按钮来控制不同相机模式下的相机运动。

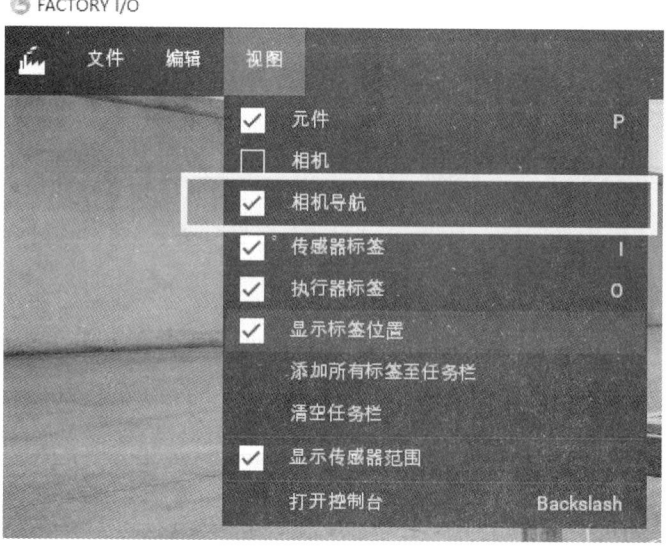

图 1.13

图 1.14

不同相机模式下的导航器功能键的作用是不同的,通过图 1.15 对比,可以看出它们在不同模式下的区别。使用时需要根据具体任务来进行切换,比如在场景搭建时通常采用轨道相机模式更加便捷,在第一人称模式下更接近实际应用的观察视角,也可以同场景内的部件实现交互操作。

	轨道相机	飞行相机	第一人称
	平移	平移	平移
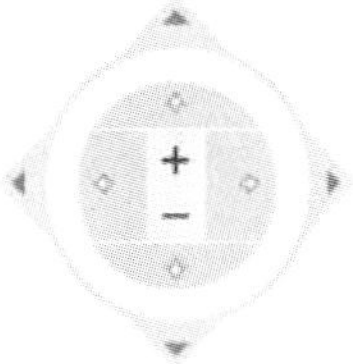	绕目标点旋转	围绕视角旋转	围绕人称视角旋转
	缩放	垂直方向移动	向上跳跃

图 1.15

1.2 编辑与运行

FACTORY IO 有编辑模式和运行模式两种工作模式。在编辑模式下可以通过放置并设置部件来对场景进行编辑，在运行模式下可以对场景进行实时仿真来模拟运行效果。要切换这两种模式只需要点击工具栏上的 ▷ 按钮（或按 F5）来进行编辑模式与运行模式之间切换。

1.2.1 编辑模式

在编辑模式下，可以对场景进行打开、保存、新建和编辑操作。通过对部件的放置、移动和修改来进行场景的设计。

1. 部件的创建

部件的创建可以通过从部件库中直接拖拽到场景中，部件的复制可以直接点击要复制的部件，选中后直接运用（Ctrl+C）复制部件和（Ctrl+V）粘贴部件的操作并放置到指定位置，或者选中部件后按住（Alt）进行拖拽。注意：当复制部件所放置的位置和其他部件位置冲突时会使部件显示红色，如图 1.16 所示，同时会导致部件无法放置或被删除。

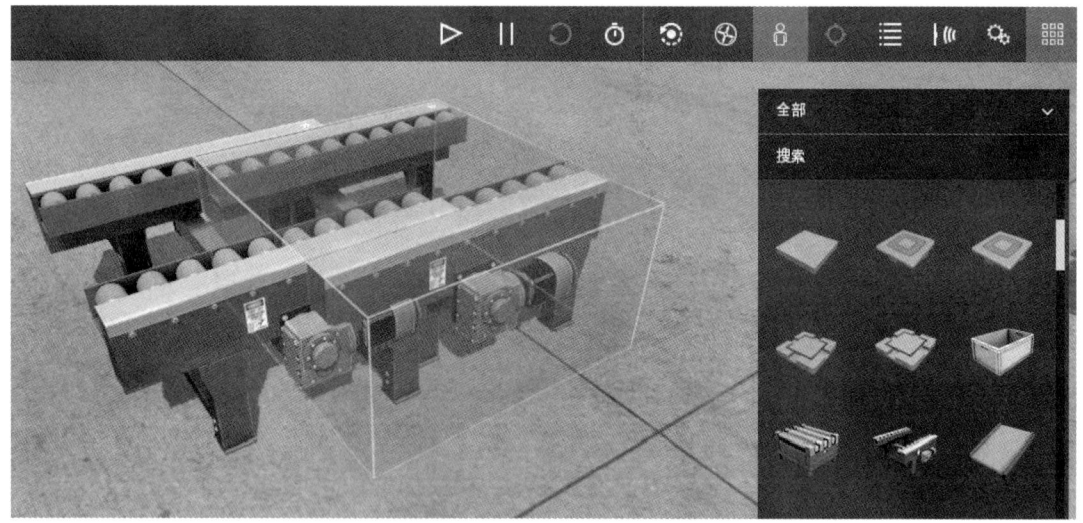

图 1.16

2. 部件的选择

选择单个部件可以使用鼠标左键直接点击部件，被选中的部件会在部件空间上显示透明的白色框架。也可以在场景中同时选择多个部件，通过按住鼠标右键，然后拉出矩形框来完成多部件选择，在矩形框内的部件都将被选中。另外一种选择多个部件的方式是按住 Ctrl 键，然后用鼠标左键连续点击需要选中的部件。

3. 部件的删除

选择要删除的部件，然后按"Delete"键直接进行删除。

4. 部件的移动

先通过鼠标左键选中需要移动的部件，然后进行拖拽使部件水平方向移动。要让部件在垂直方向上进行移动就需要按住"V"键，然后按下鼠标左键进行拖拽。FACTORY IO 具有智能冲突识别功能，该功能保证了部件只能被放在与其他部件不冲突的合理位置。

5. 部件的旋转

要对部件进行旋转可以先选中部件，按下"Y"键后部件会进行水平方向旋转，按下"R"键后部件会进行翻转，按下"T"键后部件也进行翻转，但是使用"R"和"T"进行翻转的轴在水平面相互垂直。注意：大多数部件只能以90°为单位进行旋转，输送线等部件只能进行水平旋转。

6. 部件的组合

可以将多个部件组合在一起作为一个整体，这样对组合部件进行整体移动非常方便。选中想要进行组合的部件后按住"Ctrl+G"就完成了部件的组合，若要选中组合中的单个部件，可以按住"Ctrl"键然后选择要单独编辑的部件，取消部件组合可以同样按住"Ctrl+G"。

7. 背景菜单

前面讲到的大部分对部件的编辑操作都可以通过背景菜单来完成，选择部件后点击鼠标右键就会弹出部件的背景菜单如图 1.17 所示。

图 1.17

1.2.2 运行模式

在运行模式下，可通过手动控制或外部控制器（例如 PLC）的程序来控制整个场景进行场景内部件的实时仿真。在运行过程中可以通过鼠标来对可以进行交互动作的部件进行操作（如点击按钮、拖拽部件）。

如图 1.18 所示，在工具栏中有四个运行模式控制的功能键，功能键主要控制仿真的运行与停止、仿真的暂停、仿真的重置。当按下"暂停仿真"按钮后，仿真状态会停在当前暂停的瞬间，此时可以检查各个仿真部件的当前状态；当按下"仿真重置"按钮后，场景内已经产生的托盘和零件都会消失，场景保持仿真前的初始状态；当按下"在慢速环境下运行仿真（10×）"时，场景内所有部件会以原来速度的十分之一运行，在此模式下可以更好地观察各个部件传感器状态的变化。

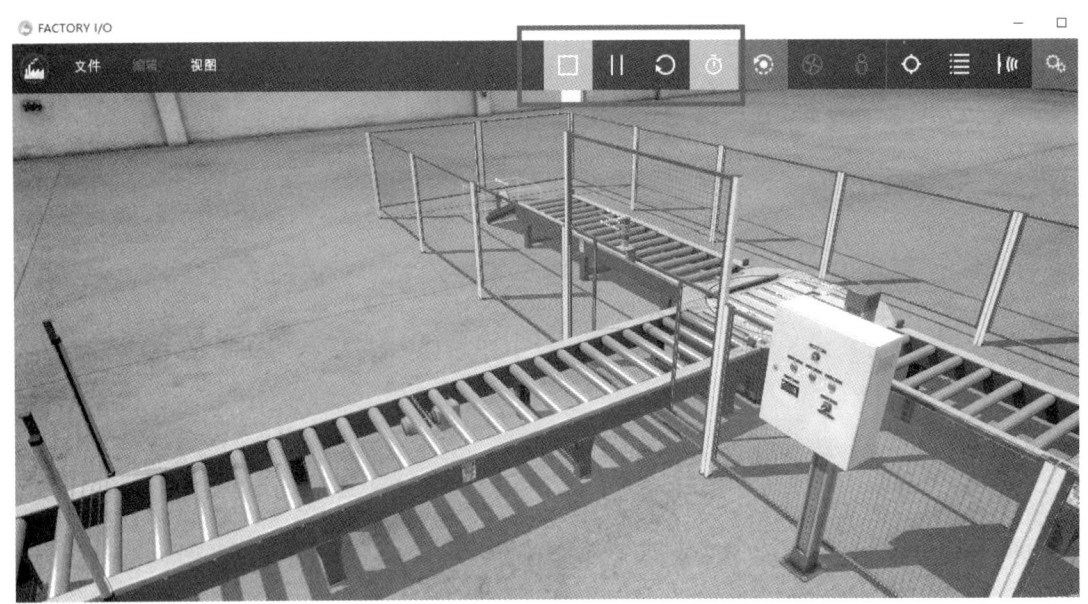

图 1.18

1.3 部件的标签

每一个传感器或执行器都有一个或多个标签，标签用于将传感器或执行器的值与 PLC 进行连接，而且还可以通过控制执行器的值来手动控制部件。

1.3.1 标签的编辑与类型

一个标签由标签名和标签的内部值组成。当创建一个部件时，部件的标签名是自动分配生成的。最好对标签进行重命名，可以使用简短有描述性的标签命名，因为在分配 PLC 或控制器的传感器和执行器时会用到这些标签。以图 1.19 为例，图中就将默认的传感器标签名重命名为"入口检测"，这样既方便记忆，也便于调试。

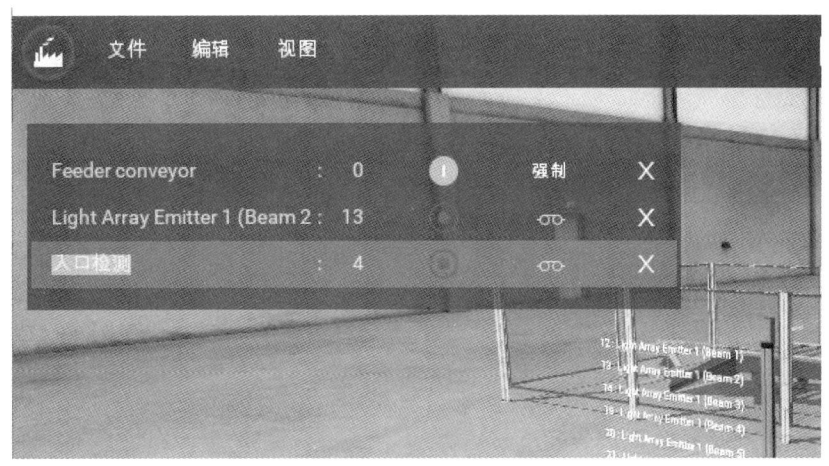

图 1.19

标签可以有三种不同的数据类型,如表 1.4 所示。标签所使用的数据类型要根据传感器类型、执行器类型以及它们的配置而定。Bool 类型针对开关量(OFF/ON)信号,Float 类型针对实数数值,Int 类型针对整数数值。注意:每一种不同类型的控制器可能会要求将标签的数据类型进行相互转换,这种类型转换可能会导致数据丢失。例如,Modbus TCP/IP Client 驱动器会将 Int 和 Float 类型转换为 2 个字节的整型数据。

表 1.4

数据类型	数据大小(字节数)	IEC 61131-3 数据类型
Bool	1	Bool
Float	4	REAL
Int	1	DINT

可以通过点击如图 1.20 所示工具栏上的对应图标来对传感器和执行器的标签进行显示和隐藏。

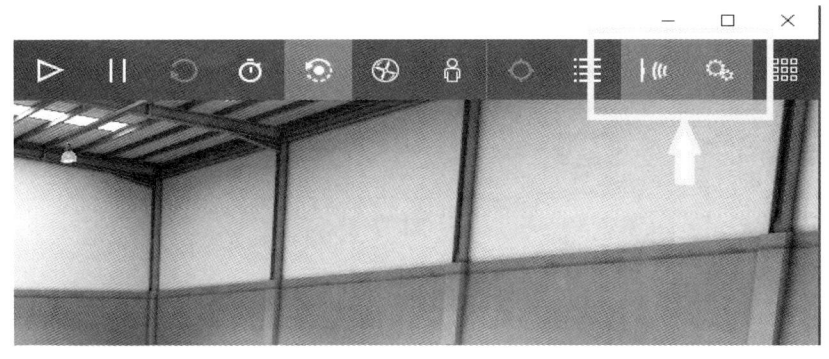

图 1.20

当用鼠标左键点击部件的标签后,标签会被绑定到场景视图的左上角,如图 1.21 所示。这些标签会独立显示在场景视图上。一旦标签被绑定,就可以对标签进行重命名、强制和插入故障等操作。可以通过点击"视图>清空任务栏"来对被绑定的标签进行清除。

图 1.21

1.3.2 标签的强制

通过鼠标点击被绑定的传感器或执行器的标签可以对这些部件进行强制操作，具体操作上可以点击绑定标签上的强制按钮、滑条或是输入数字（具体取决于标签本身的数据类型）。具体强制操作对应的数据类型如表 1.5 所示。

表 1.5

类型	强制开	强制关	强制操作
开关量（布尔型）			左键点击切换开关状态
模拟量（浮点型）	8.4	0.0	左键点击拖拽设置目标值
数值（整数型）	25	0	左键点击选中并输入整数数值

要解除强制，可点击强制/释放按钮进行标签的强制解除，如图 1.22 所示。

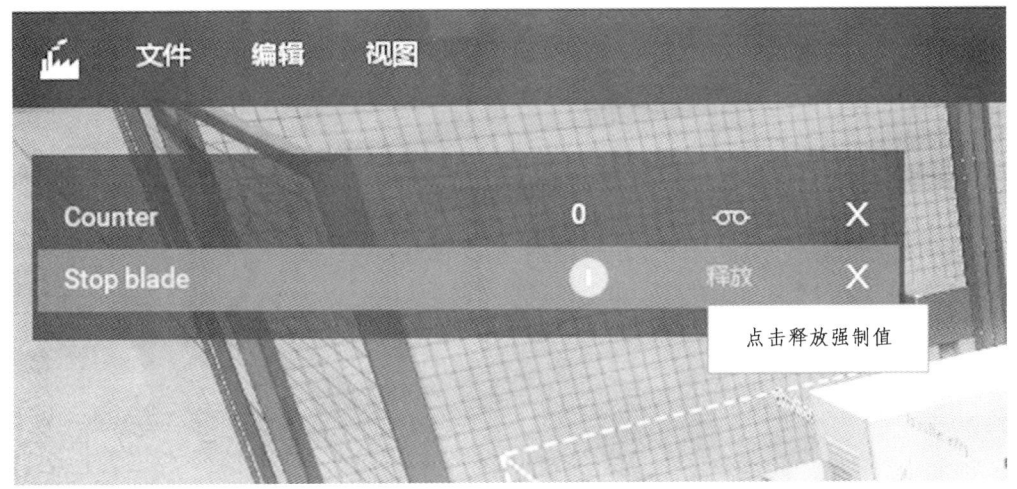

图 1.22

1.3.3 标签的故障导入

FACTORY IO 中允许通过对部件插入故障来训练学员的快速排查故障的能力，这个故障将会贯穿到 PLC 和部件之间的连接输入输出信号。例如部件中传感器的信号对应的 PLC 输入信号，通过故障可以将此类信号直接设置为常开或者常闭，而不随场景中实际的运行而改变信号的状态，这样就真实模拟了现场实际应用中遇到的常见传感器故障。

添加故障可以通过点击部件标签  的图标，通过多次点击图标可以对故障种类进行切换，如图 1.23 所示。

故障类型	故障描述
	未添加故障
	常闭故障
	常开故障

图 1.23

常开故障状态如图 1.24 所示。

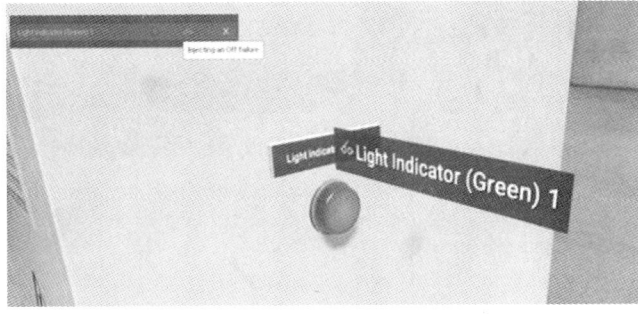

图 1.24

常闭故障状态如图 1.25 所示。

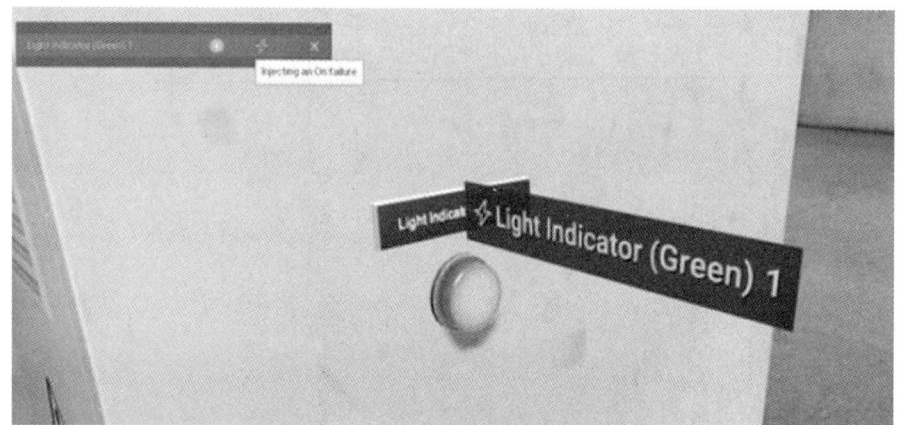

图 1.25

1.4 场景的初次应用

1.4.1 场景的搭建

下面通过对软件操作来完成如图 1.26 所示的场景搭建过程。

图 1.26

在场景中共包含以下部件：
发生器（Emitter）：1 套；
接收器（Remover）：2 套；

4 米皮带输送线（Belt Conveyor 4m）：1 套；
2 米皮带输送线（Belt Conveyor 2m）：1 套；
挡板（Stop Blade）：1 套；
推杆气缸（Pusher）：1 套；
漫反射传感器（Diffuse Sensor）：1 套；
角钢支架（Metal Corner）：1 套；
大型安全围栏（Safeguard（L））：1 套；
小型安全围栏（Safeguard（S））：4 套。

以下分步在新建场景中拖入所需要的部件并进行准确定位的放置。

步骤一：在场景中放置一个"4 米皮带输送线"，如图 1.27 所示。

图 1.27

步骤二：在 4 米皮带输送线的末端放置"挡板"，保持"挡板"与皮带线处于水平对齐，放置后如图 1.28 所示。

图 1.28

步骤三：在 4 米皮带输送线和挡板的后端放置一套 2 米皮带输送线，放置后如图 1.29 所示。

图 1.29

步骤四：在如图 1.30 所示的位置放置"推杆气缸"。

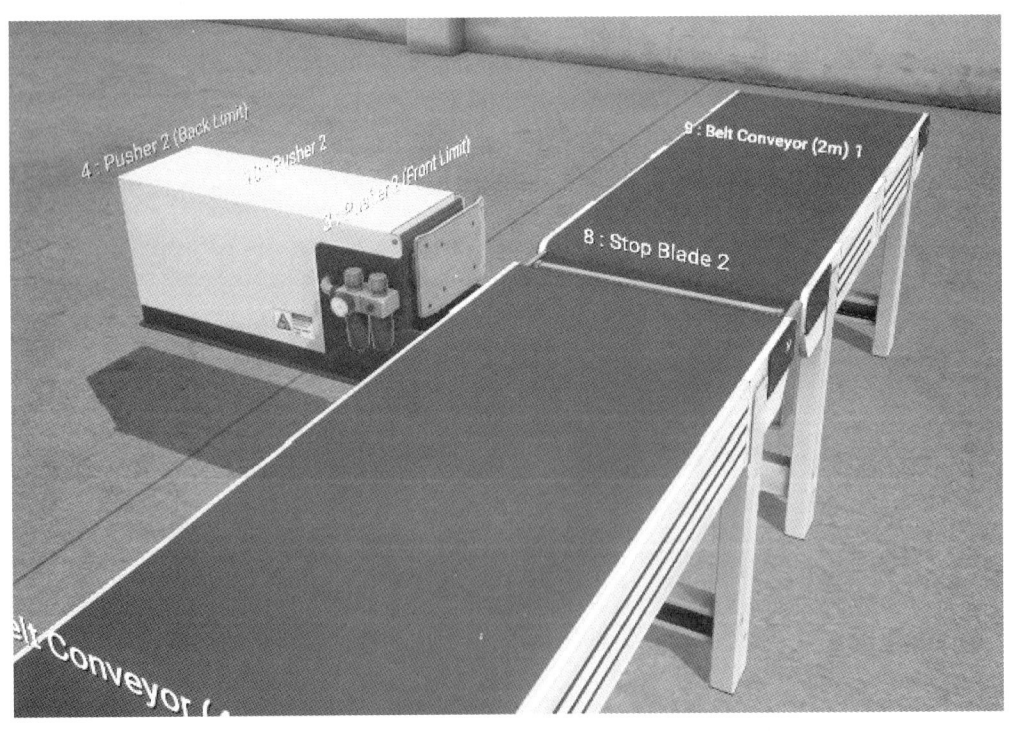

图 1.30

步骤五：在皮带线另一侧和"推杆气缸"相对应的位置放置"滑坡"，用于接收推杆气缸从皮带线上所移出的货箱，如图 1.31 所示。

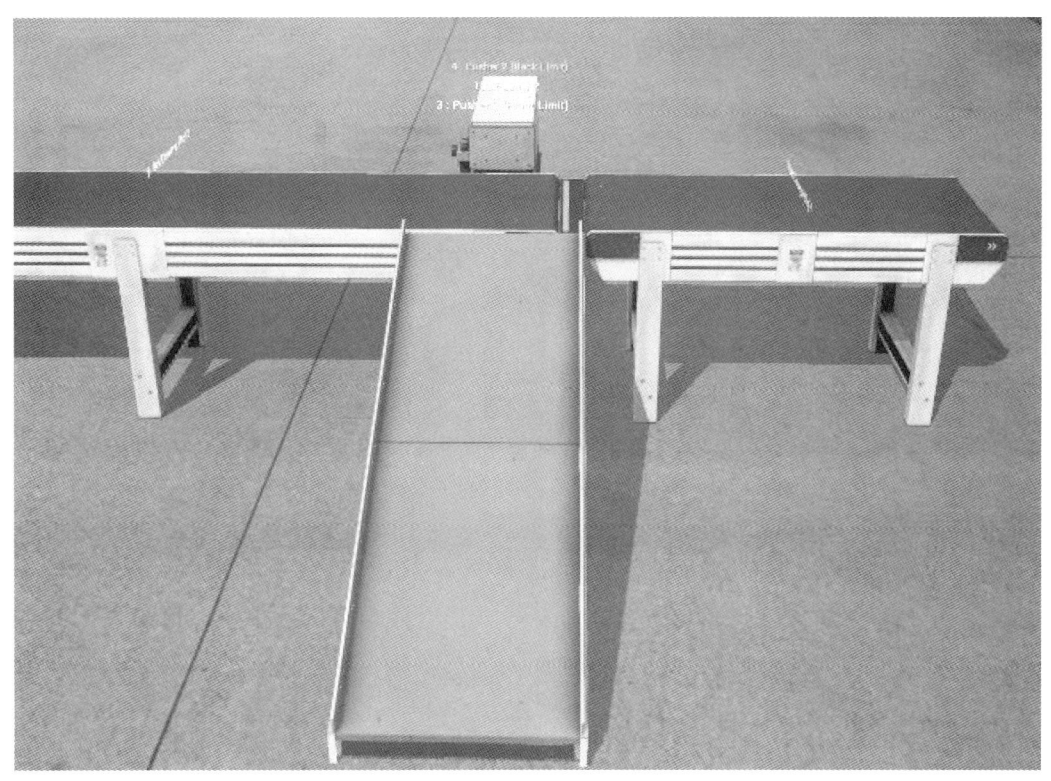

图 1.31

步骤六：在"推杆气缸"旁先放置一套"角钢支架"，接着在支架上放置"漫反射传感器"用于检测皮带输送线上的货箱，如图 1.32 所示。

图 1.32

步骤七：分别在皮带输送线入口处放置发射器，在皮带输送线出口和滑坡末端分别放置接收器，如图 1.33 所示。

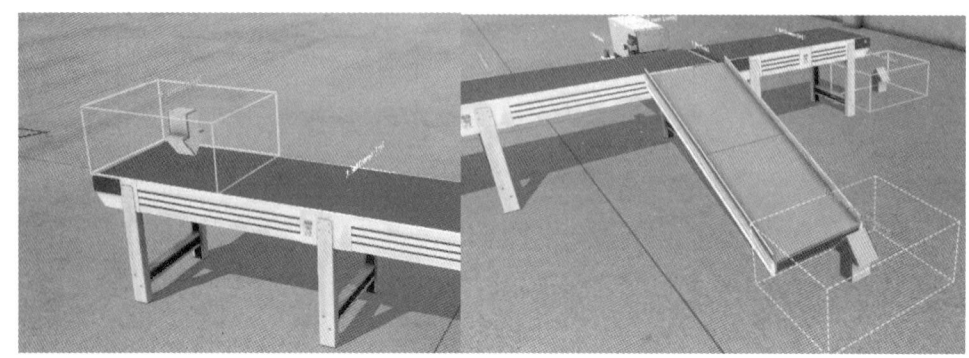

图 1.33

步骤八：在输送线外侧分别用一个大型安全围栏和四个小型安全围栏对输送线进行安全防护，完成场景搭建。

1.4.2 场景的手动控制

在 1.4.1 中已经完成了一个场景的搭建，由于在 FACTORY IO 中还没有通过"驱动"的配置连接 PLC 等控制器，因此场景中的部件还不能根据程序逻辑自动运行。不过每次场景搭建完后也需要对场景中部件的放置位置进行调试并通过手动强制部件来进行功能的演示。

在"视图"中"添加所有标签至任务栏"后就可以在图 1.34 中看到所有的传感器和执行器的标签列表。手动控制场景中的各个部件时需要对所有部件进行"强制"操作。

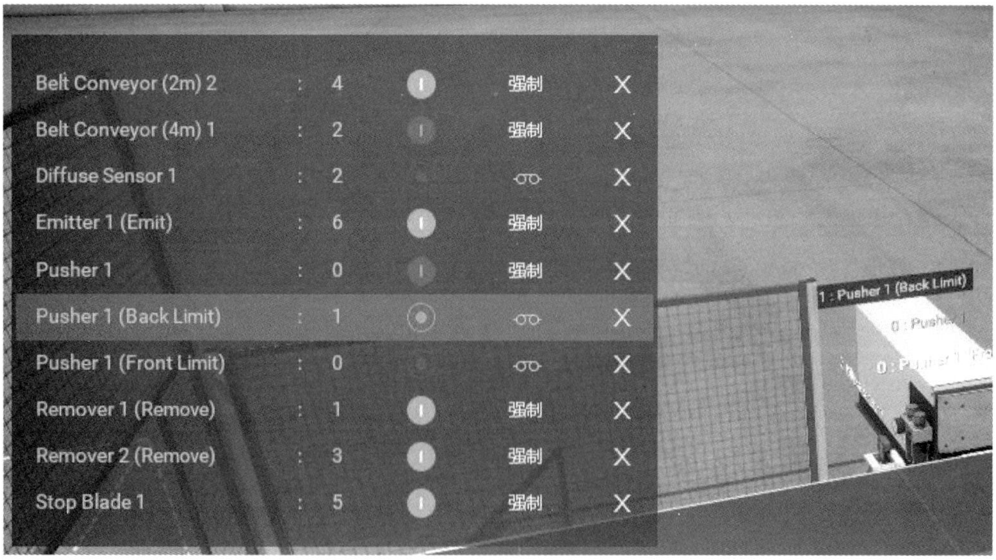

图 1.34

设置发射器以 10 s 间隔产生一个小型货箱，当传感器检测到货箱离开后手动控制挡板升起，随后控制推杆气缸将货箱推出到滑坡上并回到原位，最后放下挡板，仿真如图 1.35 所示。

图 1.35

2 部件使用手册

2.1 物 料

2.1.1 发射器与接收器

1. Emitter（发射器）

物料发射器如图 2.1 所示，用于在场景内产生物料（例如纸箱和托盘等），当有物料在发射器单元内时，发射器不能再产生新的物料。在发射器的选项设置中可以对输出的货物和托盘类型进行选择，还可以对产生物料的时间间隔、物料数量以及物料产生时的方向和位置是否随机进行设置。通过发射器的标签开关可以对发射器进行使能控制。发射器的选项设置如图 2.2 所示。

图 2.1

图 2.2

① 产生基座的设置中可以勾选"Pallet""Square Pallet"和"空",如图 2.3 所示。如果选择超过一个选项,例如同时选择了普通托盘和正方形托盘,那么发射器每次将会随机产生其中一种托盘,如果"空"选项被选择就代表发射器可以产生零件而不需要配套托盘。

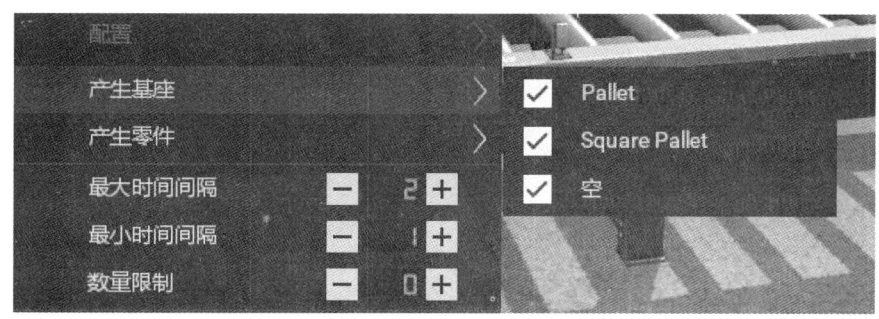

图 2.3

② 产生零件的设置中可以勾选 Box(L)大号货箱、Box(M)中号货箱、Box(S)小号货箱和 Palletizing Box 包装盒等,如图 2.4 所示。如果勾选超过一个选项,那么发射器每次将会随机产生其中一种零件,如果"空"选项被选择就代表发射器可以产生托盘而不需要配套零件。

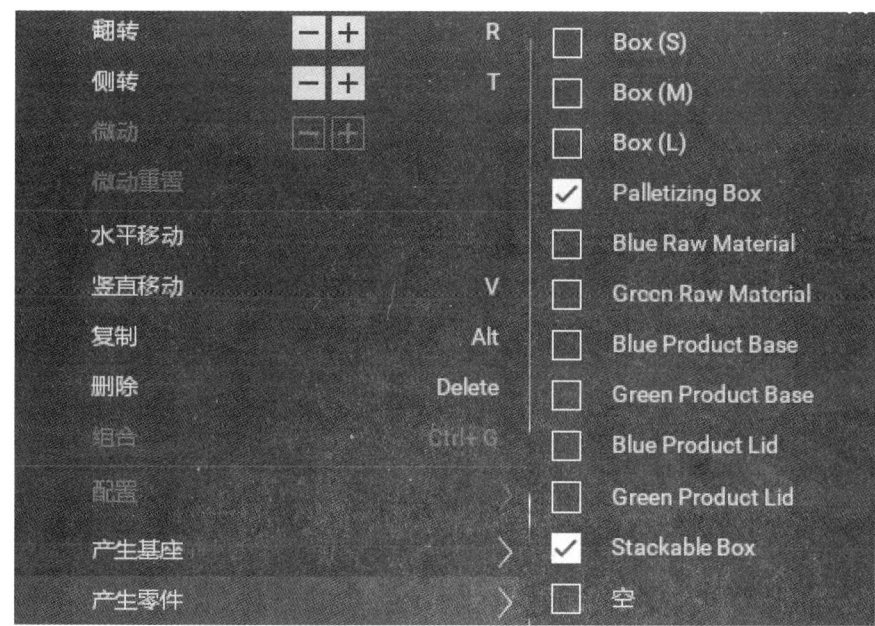

图 2.4

③ 最大/最小时间间隔:发射器会在最小时间间隔和最大时间间隔之间随机产生物料,如果最大间隔和最小间隔都设置为 0,发射器将不产生物料。如果要设定固定的时间间隔就需要把最大时间间隔和最小时间间隔保持一致。

④ 数量限制:对于发射器产生物料的最大数量,如果设置为 0,发射器会产生软件默认的最大数量上限(500 件)。

⑤ 零件位置/方向随机:发射器每个产生的物料会出现在随机的位置或方向。

2. Remover(接收器)

接收器如图 2.5 所示。

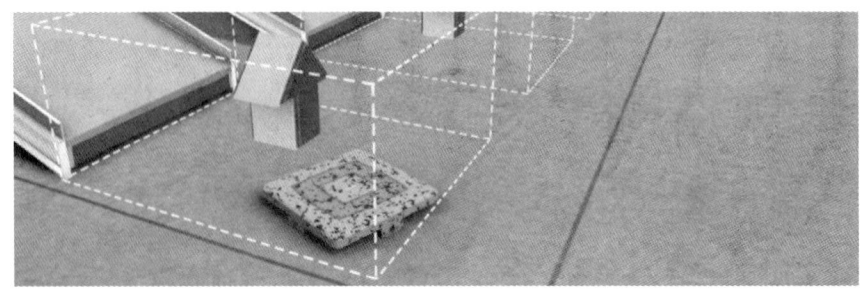

图 2.5

当一个或多个物料进入到接收器单元内,接收器会将这些物料清除。

3. Items(物品)

物品如图 2.6 所示。

图 2.6

2.1.2 货 箱

这里有 4 种不同的货箱,如图 2.7 所示。每种货箱都有不同的尺寸和重量。

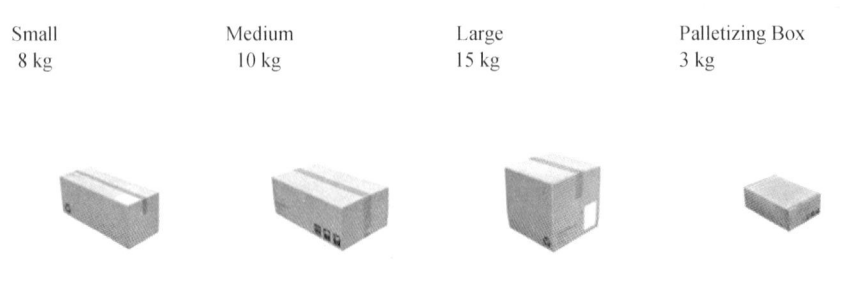

图 2.7

2.1.3 托 盘

木制托盘如图 2.8 所示,用来堆栈或运输各种货物。

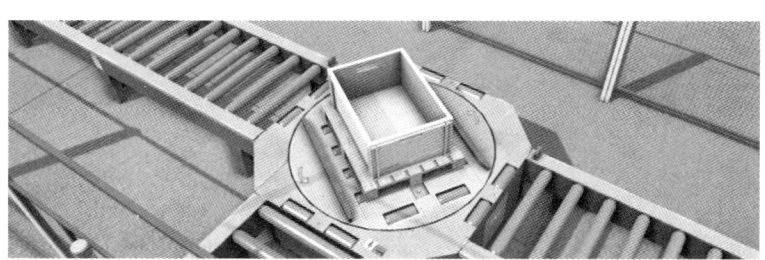

图 2.8

2.1.4 料 盒

料盒如图 2.9 所示,用来放置并输送一些类型的物料,例如原材料、产品底座和产品盖等物料。

图 2.9

2.1.5 生产物料

1. 原材料

原材料经过加工中心的处理后会生产出组装成产品所需要的产品底座和产品盖。这里有三种类型的原材料：蓝色塑料原材料、绿色塑料原材料和金属材质原材料，如图 2.10 所示。

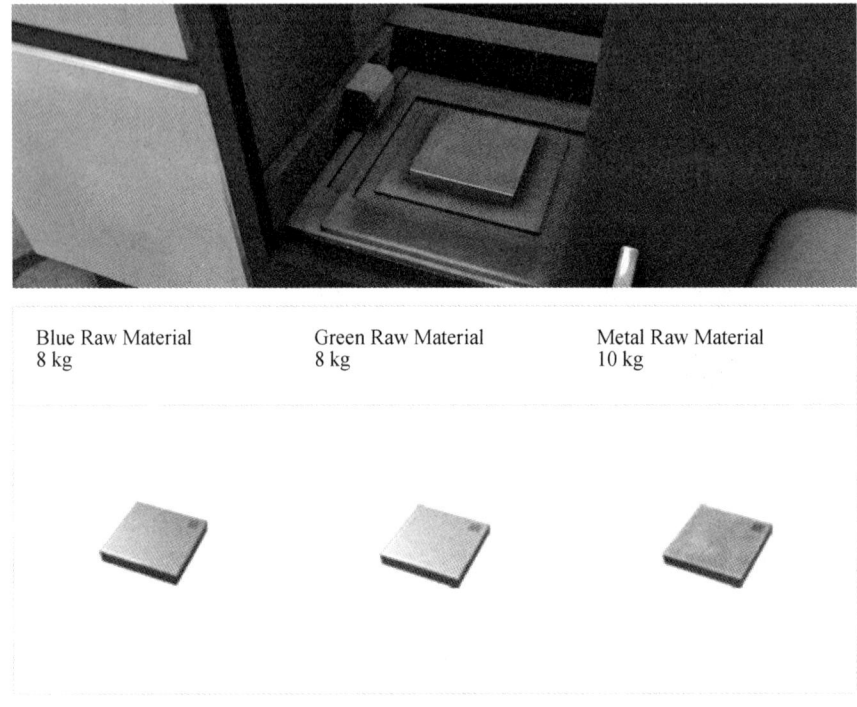

图 2.10

2. 产品盖、产品底座和成品

不管是什么材质的原材料最后都可以加工成具有该原材料材料种类的产品底座和产品盖，如图 2.11 所示，将产品底座和产品盖组装在一起可以得到成品。不同材质或不同颜色的产品底座和产品盖都可以进行组装，但是不同材质的产品盖和产品底座组装后的成品重量会有不同。

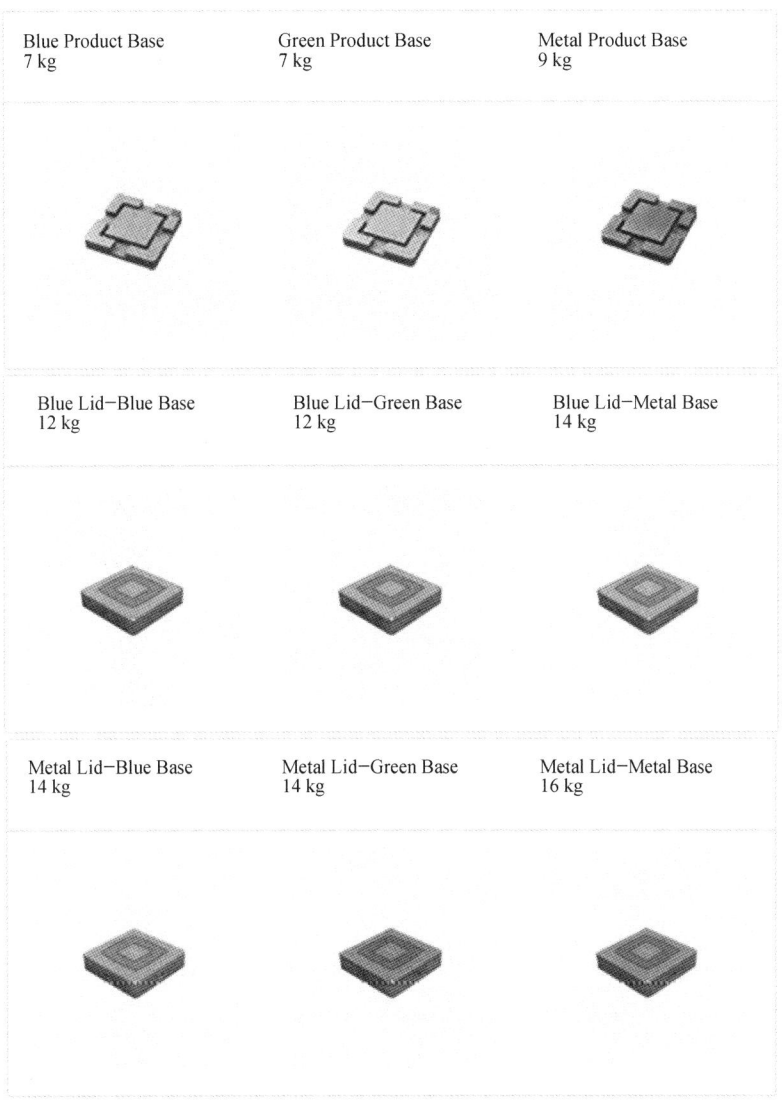

图 2.11

2.2 重载类型部件

重载类型的部件包括所有适合输送较重货物的部件,如图 2.12 所示。重载设备本身具有坚固、宽大、表面高度低、低速运行的特点。

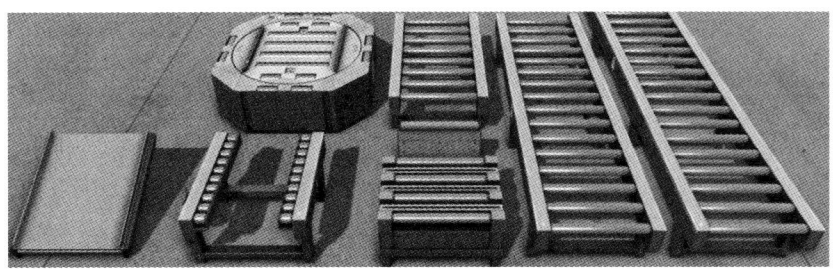

图 2.12

1. 滚筒输送线

重载滚筒输送线，如图 2.13 所示，可以通过配置来选择使用数字量控制或是模拟量控制，如表 2.1 所示。滚筒输送线特性参数如下：

- 滚筒半径：46 mm。
- 可选滚筒长度：2 m、4 m 和 6 m。
- 最大输送速度：0.45 m/s（数字量控制）；0.8 m/s（模拟量控制）。

图 2.13

表 2.1

配置	标签	控制器 IO	类型	描述
Digital	Roller Conveyor (2m, 4m, 6m) #	输出	Bool	正方向滚动（按箭头方向）
Digital(+/−)	Roller Conveyor (2m, 4m, 6m) # (+)	输出	Bool	正方向滚动（按箭头方向）
	Roller Conveyor (2m, 4m, 6m) # (−)	输出	Bool	反方向滚动
Analog	Roller Conveyor (2m, 4m, 6m) # (V)	输出	Float	[−10, 10] V: 在正反方向上设置运行速度

2. 移载输送线

移载输送线由左右两侧并行的两条滚筒结构组成，中间是中空结构，如图 2.14 所示。它主要用来完成码垛机的上下料，它的滚筒半径和最大输送速度与滚筒输送线相同。

图 2.14

3. 滚筒挡停器

滚筒挡停器是一个气动机构,如图 2.15 所示。机构动作后会向上伸出一个黄色滚筒,该机构用于滚筒输送线上物料的挡停、累积或阻止物料间发生碰撞冲击。

图 2.15

4. 链条移载机

链条移载机将货物转移到几个彼此相邻的滚筒输送线上,它最适合用来输送正方形的托盘。链条移载机由滚筒输送线和三个链条传送带共同组成,如图 2.16 所示,其性能参数如下:

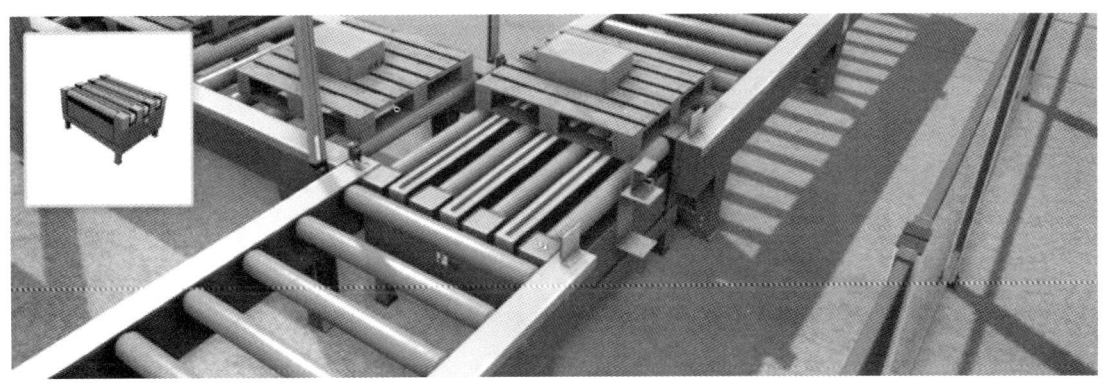

图 2.16

- 链条线平面上升行程:40 mm。
- 滚筒最大传输速度:0.45 m/s。
- 链条最大传输速度:0.45 m/s。

相关配置说明如表 2.2 所示。

表 2.2

配置	标签	控制器 IO	类型	描述
无	Chain Transfer # (+)	输出	Bool	正方向滚动(按箭头方向)
	Chain Transfer # (−)	输出	Bool	反方向滚动
	Chain Transfer # (Left)	输出	Bool	提升台面并使链条向左运转
	Chain Transfer # (Right)	输出	Bool	提升台面并使链条向右运转

5. 转 台

动力转台如图 2.17 所示，主要用于分拣托盘。转台中部配备有常规运转滚筒，边缘处设计了无动力自由滚筒，在转台上还集成了感应传感器。

图 2.17

相关配置说明如表 2.3 所示。

表 2.3

配置	标签	控制器 IO	类型	描述
Monostable（单向）	Turntable # Roll (+)	输出	Bool	正方向滚动（按箭头方向）
	Turntable # Roll (-)	输出	Bool	反方向滚动
	Turntable # Turn	输出	Bool	转台旋转（按箭头方向）
	Turntable # (Front Limit)	输入	Bool	前端感应传感器
	Turntable # (Back Limit)	输入	Bool	后端感应传感器
	Turntable # (Limit 0)	输入	Bool	0°位置感应开关
	Turntable # (Limit 90)	输入	Bool	90°位置感应开关
Bistable（双向）	Turntable # Roll (+)	输出	Bool	正方向滚动（按箭头方向）
	Turntable # Roll (-)	输出	Bool	反方向滚动
	Turntable # Turn（+）	输出	Bool	转台顺时针旋转
	Turntable # Turn（-）	输出	Bool	转台逆时针旋转
	Turntable # (Front Limit)	输入	Bool	前端感应传感器
	Turntable # (Back Limit)	输入	Bool	后端感应传感器
	Turntable # (Limit 0)	输入	Bool	最小旋转角度感应开关（0°）
	Turntable # (Limit 90)	输入	Bool	最大旋转角度感应开关（90°）

2.3 轻载类型部件

轻载类型的部件包括所有适合输送较轻货物的部件,如图 2.18 所示。轻载部件被设计用来执行高速输送的任务并具有连续性,因此这些部件具有轻质、运行速度快的特点。

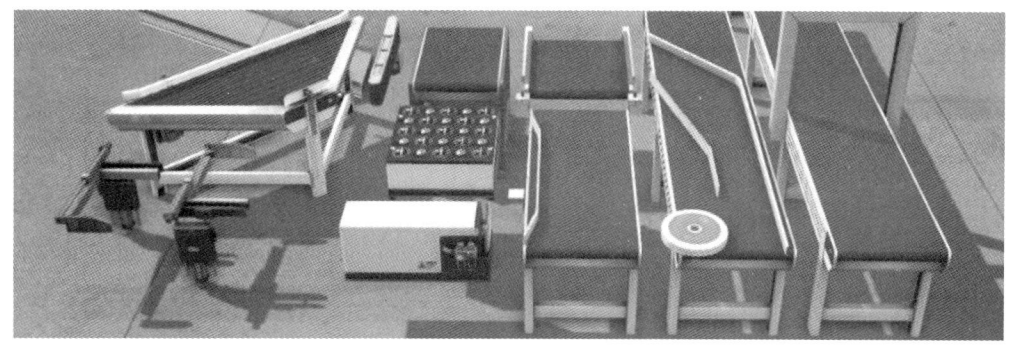

图 2.18

1. 皮带输送线

轻载类皮带输送线被用来输送轻载的物料,如图 2.19 所示,可以通过配置来选择使用数字量控制或是模拟量控制,如表 2.4 所示。

- 可选皮带线长度:2 m、4 m 和 6 m。
- 最大输送速度:0.6 m/s(数字量控制);3 m/s(模拟量控制)。

图 2.19

表 2.4

配置	标签	控制器 IO	类型	描述
Digital	Belt Conveyor (2m, 4m, 6m) #	输出	Bool	正方向滚动(按箭头方向)
Digital(+/−)	Belt Conveyor (2m, 4m, 6m) # (+)	输出	Bool	正方向滚动(按箭头方向)
	Belt Conveyor (2m, 4m, 6m) # (−)	输出	Bool	反方向滚动
Analog	Belt Conveyor (2m, 4m, 6m) # (V)	输出	Float	[−10, 10] V:在正反方向上设置运行速度

2. 通道型皮带输送线

通道型皮带输送线用来为皮带线中间提供一个专门的人员通道，该类输送线本身也是皮带输送线，通道型皮带输送线与普通皮带输送线一样可以通过数字量或模拟量进行控制，它可以在仿真运行过程中由第一人视角手动打开一定角度，同时皮带线上还配有一个判断通道打开状态的接近传感器信号，如图 2.20 所示。

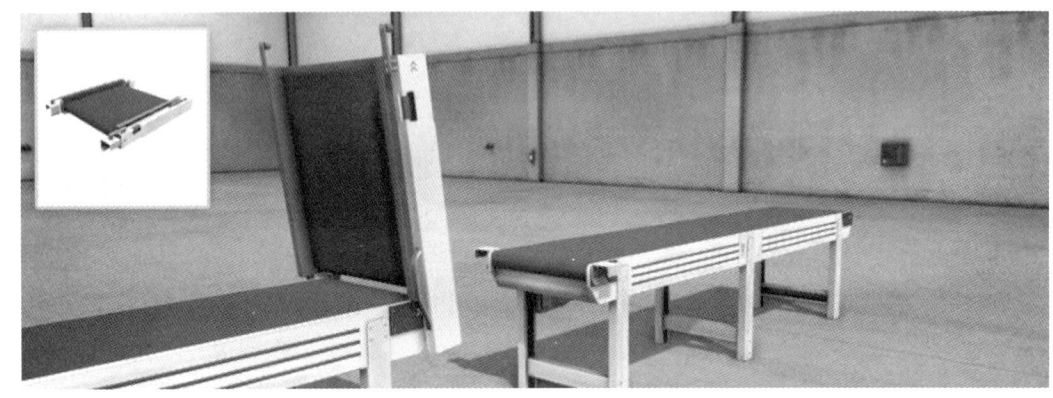

图 2.20

3. 称重型皮带输送线

称重型皮带输送线用来对输送的物料进行称重并用于后续控制，如图 2.21 所示，可以根据配置来选择不同的称重量程，如表 2.5 所示。

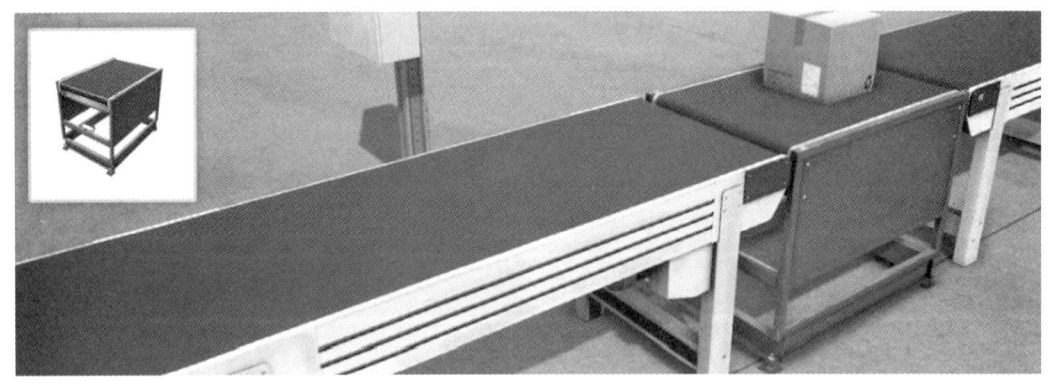

图 2.21

- 最大输送速度：0.6 m/s。
- 称重量程：20 kg 和 100 kg。

表 2.5

配置	标签	控制器 IO	类型	描述
20 kg/100 kg	Conveyor Scale # (+)	输出	Bool	正方向滚动（按箭头方向）
	Conveyor Scale # (−)	输出	Bool	反方向滚动
	Conveyor Scale # Weight (V)	输入	Float	[0, 10] V：当前的重量

4. 直角皮带输送线

直角皮带输送线是多传送带结构的输送线，它用于精准地连接两条相互垂直放置的皮带输送线，如图 2.22 所示，可以通过配置来选择使用数字量控制或是模拟量控制，如表 2.6 所示。

最大输送速度：0.8 m/s（数字量控制）；3 m/s（模拟量控制）。

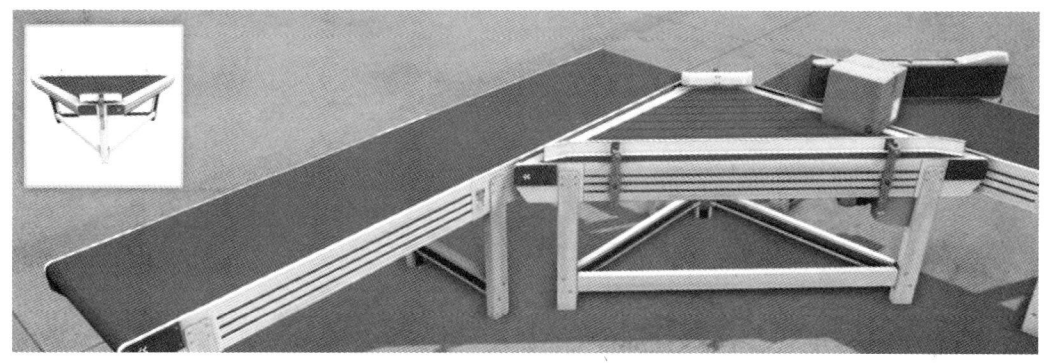

图 2.22

表 2.6

配置	标签	控制器 IO	类型	描述
Digital(+/−)	Straight Spur Conveyor # (+)	输出	Bool	正方向滚动（按箭头方向）
	Straight Spur Conveyor # (−)	输出	Bool	反方向滚动
Analog	Straight Spur Conveyor # (V)	输出	Float	[−10, 10] V：在正反方向上设置运行速度

5. 转臂分拣器

转臂分拣器是一个可 45° 旋转的转运器，它通过一个齿轮电机进行驱动。分拣器的接触面上配备了一个输送皮带用于将要分拣的物料流畅地输送到下一个部件，如图 2.23 所示。通过部件配置可以实现转臂分拣器向左或向右旋转，如表 2.7 所示。

- 皮带输送速度：2 m/s。
- 转臂旋转角速度：5 rad/s。

图 2.23

表 2.7

配置	标签	控制器 IO	类型	描述
Turn Left	Pivot Arm Sorter # (Turn)	输出	Bool	转臂向左摆动
	Pivot Arm Sorter # (+)	输出	Bool	皮带正转
	Pivot Arm Sorter # (-)	输出	Bool	皮带反转
Turn Right	Pivot Arm Sorter # (Turn)	输出	Bool	转臂向右摆动
	Pivot Arm Sorter # (+)	输出	Bool	皮带正转
	Pivot Arm Sorter # (-)	输出	Bool	皮带反转

6. 凸轮分拣器

凸轮分拣器通过凸轮顶升结构和凸轮旋转可将物料向三个不同的方向进行分拣，如图 2.24 所示。这三个方向分别是：中心原位（不改变原本方向）、左 45°方向（向左输送线转运）、右 45°方向（向右输送线转运），如表 2.8 所示。

- 滚轮半径：0.05 m。
- 输送速度：1.5 m/s。
- 凸轮顶升行程：3 mm。

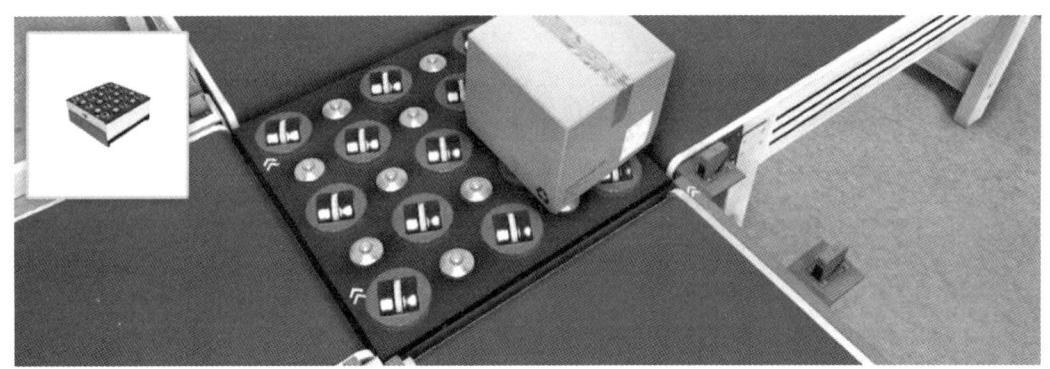

图 2.24

表 2.8

配置	标签	控制器 IO	类型	描述
无	Pop Up Wheel Sorter # (+)	输出	Bool	顶升并旋转
	Pop Up Wheel Sorter # (Left)	输出	Bool	向左旋转或返回原位
	Pop Up Wheel Sorter # (Right)	输出	Bool	向右旋转或返回原位

7. 推杆气缸

推杆气缸是气动执行机构，用于进行输送线上的分拣，如图 2.25 所示。推杆气缸上配有两个磁性开关，分别安装在气缸行程的两个极限位置。推杆气缸上还配有伺服控制阀，通过它可以控制气缸的运行速度并监视推杆气缸的移动位置。可以通过配置来选择使用数字量控制或是模拟量控制。

- 默认速度：1 m/s。
- 快速模式速度：4 m/s。
- 行程：0.9 m。

图 2.25

在单电控模式下输出信号为 1 时推杆气缸伸出，输出信号为 0 时推杆气缸缩回，同时也可以配置成快速模式，如表 2.9 所示，快速模式下推杆伸出和缩回的速度为 4 m/s。

表 2.9

配置	标签	控制器 IO	类型	描述
Monostable /Monostable （快速模式）	Pusher #	输出	Bool	推杆伸出/推杆缩回（快速模式）
	Pusher # (Front Limit)	输入	Bool	气缸伸出位置信号
	Pusher # (Back Limit)	输入	Bool	气缸缩回位置信号

在如表 2.10 所示的双电控模式下，可以理解为通过 3 位 5 通电磁阀来控制气缸的伸出和缩回。

表 2.10

配置	标签	控制器 IO	类型	描述
Bistable （双电控）	Pusher #（+）	输出	Bool	推杆伸出
	Pusher #（-）	输出	Bool	推杆缩回
	Pusher # (Front Limit)	输入	Bool	气缸伸出位置信号
	Pusher # (Back Limit)	输入	Bool	气缸缩回位置信号

Pusher#（+）为 1，Pusher#（-）为 0 时，气缸伸出；
Pusher#（+）为 0，Pusher#（-）为 1 时，气缸缩回；
Pusher#（+）为 1，Pusher#（-）为 1 时，气缸保持当前状态；
Pusher#（+）为 0，Pusher#（-）为 0 时，气缸保持当前状态。

在如表 2.11 所示的模拟量控制模式下，Pusher#Set Point 用于设置气缸移动的方向和速度，正值伸出气缸，负值缩回气缸。Pusher#Position 用于反馈当前气缸的停留位置，数值 0 为原位，数值 10 为极限位置。

表 2.11

配置	标签	控制器 IO	类型	描述
Analog	Pusher # Set Point (V)	输出	Float	[-10, 10] V: 设置移动方向和目标速度
	Pusher # Position (V)	输入	Float	[0, 10] V: 推杆位置反馈信号

模拟量数字量的混合控制只是在模拟量控制的模式下加了一对气缸位置的传感器信号，如表 2.12 所示。

表 2.12

配置	标签	控制器 IO	类型	描述
Digital &Analog	Pusher # Set Point (V)	输出	Float	[-10, 10] V: 设置移动方向和目标速度
	Pusher # Position (V)	输入	Float	[0, 10] V: 推杆位置反馈信号
	Pusher # (Front Limit)	输入	Bool	气缸伸出位置信号
	Pusher # (Back Limit)	输入	Bool	气缸缩回位置信号

8. 挡　板

挡板是一个气动驱动部件，它用于在皮带输送线上挡停或累计货物。

9. 定位杆

定位杆通过气缸夹紧的方式对不同位置的物体进行精确定位。定位杆有提升和夹紧两个动作，通常与抓取系统（两轴机械手或三轴机械手）联合使用。定位杆分为左侧定位杆和右侧定位杆两种不同的部件，如图 2.26 所示，用户可以根据场景需求进行选择。

- 顶升行程：0.373 m。
- 夹紧行程：4 m。

图 2.26

左侧定位杆的使用，如表 2.13 所示，右侧定位杆同左侧定位杆的使用完全一样。

表 2.13

配置	标签	控制器 IO	类型	描述
无	Positioning Left Bar # (Clamp)	输出	Bool	定位夹紧
	Positioning Left Bar # (Raise)	输出	Bool	顶升放行
	Positioning Left Bar # (Clamped)	输入	Bool	夹紧到位
	Positioning Left Bar # (Limit)	输入	Bool	到达极限位置或原位

2.4 传感器

传感器用来探测物料、测量距离并识别零件的类别，如图 2.27 所示。

图 2.27

1. 微调旋转

所有传感器都包含一个可视化的虚拟外部轮廓，用于进行微调旋转的操作，如图 2.28 所示。传感器可以通过用鼠标进行拖拽的方式沿着轴线进行旋转。

图 2.28

2. 检测范围调节

传感器的测量范围可以通过手动设置,拖拽传感器外轮廓白色虚线的圆圈就可以完成检测范围的设置(比如电容传感器、磁感应传感器、漫反射传感器、反射传感器),如图 2.29 所示。

图 2.29

3. 电容传感器

电容传感器属于接近传感器,它可以检测靠近它的任何材质的物体,如图 2.30 所示。它配有一个 LED 指示灯用来提示它的检测范围内是否存在被测物体,其测量值可以是数字量或是模拟量,可以通过配置进行选择,如表 2.14 所示。

- LED 指示灯:检测到显示绿色。
- 可检测物体:固体和液体。
- 感知距离:0~0.2 m。

图 2.30

表 2.14

配置	标签	控制器 IO	类型	描述
Digital	Capacitive Sensor #	输入	Bool	检测到物体
Analog	Capacitive Sensor # (V)	输入	Float	[0, 10] V: 传感器与被测物体间距离

4. 漫反射传感器

漫反射光电传感器能够检测任何固体物质，如图 2.31 所示，其配置如表 2.15 所示。
- LED 指示灯：检测到显示红色。
- 可检测物体：固体。
- 感知距离：0~1.6 m。

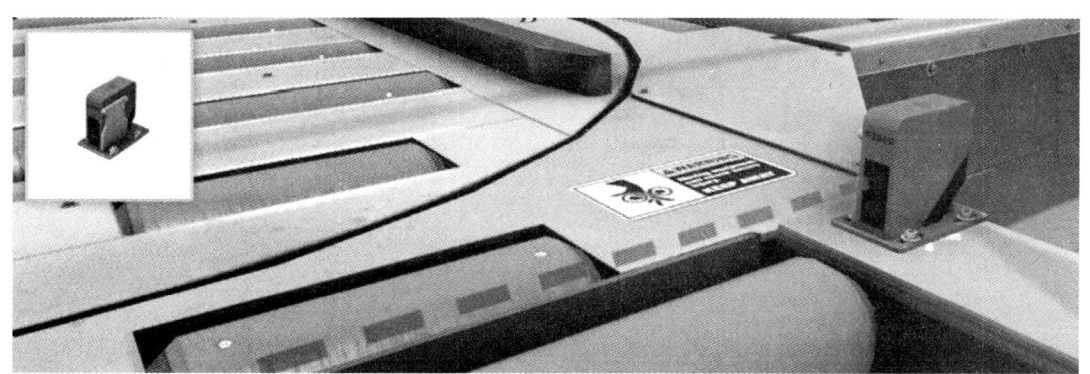

图 2.31

表 2.15

配置	标签	控制器 IO	类型	描述
Digital	Diffuse Sensor #	输入	Bool	检测到物体

5. 电感传感器

电感传感器属于接近传感器，用来检测靠近它的金属物体，如图 2.32 所示。它配有一个 LED 指示灯，用来提示它的检测范围内是否存在被测物体，其测量值可以是数字量或是模拟量，可以通过配置进行选择，如表 2.16 所示。
- LED 指示灯：检测到显示红色。
- 可检测物体：导电金属。
- 感知距离：0~0.1 m。

图 2.32

表 2.16

配置	标签	控制器 IO	类型	描述
Digital	Inductive Sensor #	输入	Bool	检测到物体
Analog	Inductive Sensor #(V)	输入	Float	[0, 10] V：传感器与被测物体间距离

6. 光栅

光栅通过设置一组平行排列的光束来进行区域检测。它由一个发射器和一个接收器组成，如图 2.33 所示。为确保发射器和接收器能匹配，需要将它们面向对准进行安装。匹配对准成功以后会有绿色指示灯亮，所有的光栅被遮挡就会被检测到。可以配置成模拟量、数字量和数值型三种模式，如表 2.17 所示。

- 光束数量：8。
- 检测范围：1.5 m。
- 可检测物体：固体。
- 模拟量检测值：（10×被遮挡光束数量/8）V。

图 2.33

表 2.17

配置	标签	控制器 IO	类型	描述
Numerical	Light Array Emitter # (Value)	输入	Integer	被遮挡光束数量
Digital	Light Array Emitter # (Beam 1)	输入	Bool	检测到物体
	Light Array Emitter # (Beam 2)	输入	Bool	检测到物体
	Light Array Emitter # (Beam 3)	输入	Bool	检测到物体
	Light Array Emitter # (Beam 4)	输入	Bool	检测到物体
	Light Array Emitter # (Beam 5)	输入	Bool	检测到物体
	Light Array Emitter # (Beam 6)	输入	Bool	检测到物体
	Light Array Emitter # (Beam 7)	输入	Bool	检测到物体
	Light Array Emitter # (Beam 8)	输入	Bool	检测到物体
Analog	Light Array Emitter # (V)	输入	Float	对应被遮挡光束

7. 反射传感器

与其他的传感器不同，反射传感器需要一个反射板，如图 2.34 所示，反射传感器只有对准反射板才能正常使用。传感器上配备有两个 LED 指示灯，与反射板对准时绿色指示灯点亮，没有检测到物体时则黄色指示灯亮。其配置如表 2.18 所示。

- 绿灯：已对准反射板。
- 黄灯：未检测到物体。
- 可检测物体：固体。
- 感知距离：0 ~ 6 m。

图 2.34

表 2.18

配置	标签	控制器 IO	类型	描述
Digital	Retroreflective Sensor #	输入	Bool	未检测到物体

8. 视觉传感器

视觉传感器，如图 2.35 所示，可以识别原材料、产品盖和产品底座以及它们对应的颜色。
- 红灯：检测到物体。
- 可检测材料：原材料、产品底座和产品盖。
- 感知距离：0.3～2 m。

图 2.35

通过选择合适的配置，传感器可以识别出多种类型的物体。
- 数字量返回值：返回 4 位二进制数来确定检测到的物体类型。
- 数值型返回值：返回整数编码值来确定检测到的物体类型。
- ID 型返回值：为检测到的每个物体都分配一个唯一的 ID 号（随机分配但不重复），这种方式同条形码或 RFID 的读取类似。

不同配置的被测物体编码如表 2.19 所示。

表 2.19

被测物体	数字量	数值	ID
	Bit 0 1 2 3	值	值
无	0 0 0 0	0	0
蓝色原材料	1 0 0 0	1	ID 号
蓝色产品盖	0 1 0 0	2	ID 号
蓝色产品底座	1 1 0 0	3	ID 号
绿色原材料	0 0 1 0	4	ID 号
绿色产品盖	1 0 1 0	5	ID 号
绿色产品底座	0 1 1 0	6	ID 号
金属原材料	1 1 1 0	7	ID 号
金属产品盖	0 0 0 1	8	ID 号
金属产品底座	1 0 0 1	9	ID 号

2.5 工作站

1. 加工中心

加工中心是一个把原材料加工成产品盖和产品底座的站点，如图 2.36 所示。在加工过程中，关节机械手等待原材料输送到进料口，当感知到有原材料进入后，关节机械手将原材料放入 CNC（数控加工中心）内，然后 CNC 关闭防护门开始进行材料加工过程。不同加工产品所需要的时间间隔也有差别（产品盖需要 6 s，产品底座需要 3 s）。

图 2.36

加工过程在任何时候都可以通过控制来实现停止、重启或复位。可以通过安装在安全门旁边的电气操作盒上的按钮来实现与加工中心的交互控制，如表 2.20 所示。

表 2.20

配置	标签	控制器 IO	类型	描述
无	Machining Center # (Produce Lids)	输出	Bool	设置 1 生产产品盖，设置 0 生产产品底座
	Machining Center # (Start)	输出	Bool	启动
	Machining Center # (Stop)	输出	Bool	停止
	Machining Center # (Reset)	输出	Bool	复位
	Machining Center # (Is Busy)	输入	Bool	提示正在运行
	Machining Center # (Has Error)	输入	Bool	提示无效来料错误
	Machining Center # (Opened)	输入	Bool	CNC 防护门打开
	Machining Center # (Progress)	输入	Float	运行过程中（过程值从 0 到 100）

- Emergency（急停）：通过按下急停按钮触发一个紧急停止，来中断关节机器人和 CNC。当急停功能被触发后，需通过释放急停按钮后再按下重启按钮才能重启。
- Start（启动）：启动加工中心。
- Stop（停止）：停止加工中心，要再重启可按下启动按钮或重启按钮。
- Reset（重启）：重启加工中心。

安装在安全门上方的两个三色灯柱提供了加工中心当前工作状态的信息指示。

- 绿灯：空闲状态。
- 黄灯：运行状态。

- 红灯：故障状态（在进料口探测到错误的原材料）。

2. 升降机

重载链驱动型升降机用作在不同楼层之间传输所有类型的物料。升降机的滚筒输送线平台配备有两个反射型传感器，分别安装在平台的两端极限位置上，如图 2.37 所示，可以通过配置来选择对升降机的升降模式使用数字量控制或是模拟量控制，其配置如表 2.21 所示。

- 滚筒半径：46 mm。
- 平台行程：7 m。
- 平台升降速度：0.68 m/s。
- 滚筒输送速度：0.45 m/s（数字量控制）；0.8 m/s（模拟量控制）。
- 反射传感器：绿灯（检测到有遮挡），黄灯（无遮挡），传感器是常闭型信号。

图 2.37

表 2.21

配置	标签	控制器 IO	类型	描述
Digital	Elevator # (Up)	输出	Bool	平台上升
	Elevator # (Down)	输出	Bool	平台下降
	Elevator # (Slow)	输出	Bool	平台慢速移动（默认速度的 20%）
	Elevator # (+)	输出	Bool	滚筒线正转
	Elevator # (−)	输出	Bool	滚筒线反转
	Elevator # (Left Limit)	输入	Bool	滚筒线左极限位
	Elevator # (Right Limit)	输入	Bool	滚筒线右极限位
Analog	Elevator # Set Point (V)	输出	Float	[0, 10] V：设置的目标位置
	Elevator # Position (V)	输入	Float	[0, 10] V：当前位置
	Elevator # (+)	输出	Bool	滚筒线正转
	Elevator # (−)	输出	Bool	滚筒线反转
	Elevator # (Left Limit)	输入	Bool	滚筒线左极限位
	Elevator # (Right Limit)	输入	Bool	滚筒线右极限位

注意：在数字量控制模式下，要想让升降机精确的运行到指定位置最好配合两个电感型传感器，其中一个信号用于作减速控制，另一个用于作运行终点控制。具体使用可以参考软件自带的升降机应用场景。

3. 三轴机械手

安装在龙门架上的三轴机械手通过伺服电机进行驱动，通常用作搬运轻载的物料（例如纸盒）到其他输送线或托盘上。

三轴机械手一共有4个自由度，如图2.38所示，其中三个自由度分别用于X、Y、Z三个轴的线性运动，另一个自由度是机械手末端抓取机构的旋转。抓取机构是由真空吸盘构成，并包含一个感知物体的接近传感器。可以通过配置来选择对三轴机械手使用数字量控制或是模拟量控制，具体配置如表2.22所示。当使用数字量控制模式时，三个轴的运动需要通过上升沿脉冲输出控制，每输出一次脉冲信号对应的轴就移动一段步进行程（0.125 m）。

- Y轴行程：1.25 m。
- X轴行程：2.125 m。
- Z轴行程：0.5 m。
- 步进行程：0.125 m。
- 线性移动速度：1.5 m/s。
- 真空吸盘旋转角速度：4.6 rad/s。

图 2.38

表 2.22

配置	标签	控制器 IO	类型	描述
Digital	Pick & Place # X(+)	输出	Bool	X轴正方向步进
	Pick & Place # X(−)	输出	Bool	X轴负方向步进
	Pick & Place # Y(+)	输出	Bool	Y轴正方向步进
	Pick & Place # Y(−)	输出	Bool	Y轴负方向步进
	Pick & Place # Z(+)	输出	Bool	Z轴正方向步进
	Pick & Place # Z(−)	输出	Bool	Z轴负方向步进
	Pick & Place # C(+)	输出	Bool	吸盘旋转
	Pick & Place # (Grab)	输出	Bool	吸盘抓取
	Pick & Place # (Moving-Z)	输入	Bool	沿Z轴运动中
	Pick & Place # (Moving-XY)	输入	Bool	沿XY轴运动中
	Pick & Place # (Box Detected)	输入	Bool	检测到物体
	Pick & Place # (C Limit)	输入	Bool	旋转极限位置

续表

配置	标签	控制器 IO	类型	描述
Analog	Pick & Place # X Set Point (V)	输出	Float	[0, 10] V：设置 X 轴的目标位置
	Pick & Place # Y Set Point (V)	输出	Float	[0, 10] V：设置 Y 轴的目标位置
	Pick & Place # Z Set Point (V)	输出	Float	[0, 10] V：设置 Z 轴的目标位置
	Pick & Place # C(+)	输出	Bool	吸盘旋转
	Pick & Place # (Grab)	输出	Bool	吸盘抓取
	Pick & Place # X Position (V)	输入	Float	[0, 10] V：当前 X 轴的位置
	Pick & Place # Y Position (V)	输入	Float	[0, 10] V：当前 Y 轴的位置
	Pick & Place # Z Position (V)	输入	Float	[0, 10] V：当前 Z 轴的位置
	Pick & Place # (Box Detected)	输入	Bool	检测到物体
	Pick & Place # (C Limit)	输入	Bool	旋转极限位置
Digital &Analog	Pick & Place # X Set Point (V)	输出	Float	[0, 10] V：设置 X 轴的目标位置
	Pick & Place # Y Set Point (V)	输出	Float	[0, 10] V：设置 Y 轴的目标位置
	Pick & Place # Z Set Point (V)	输出	Float	[0, 10] V：设置 Z 轴的目标位置
	Pick & Place # C(+)	输出	Bool	吸盘旋转
	Pick & Place # (Grab)	输出	Bool	吸盘抓取
	Pick & Place # X Position (V)	输入	Float	[0, 10] V：当前 X 轴的位置
	Pick & Place # Y Position (V)	输入	Float	[0, 10] V：当前 Y 轴的位置
	Pick & Place # Z Position (V)	输入	Float	[0, 10] V：当前 Z 轴的位置
	Pick & Place # (Moving-Z)	输入	Bool	沿 Z 轴运动中
	Pick & Place # (Moving-XY)	输入	Bool	沿 XY 轴运动中
	Pick & Place # (Box Detected)	输入	Bool	检测到物体
	Pick & Place # (C Limit)	输入	Bool	旋转极限位置

4. 码垛料仓

轨道型码垛料仓用于存放大重量物料，它包含一个轨道平移小车、一个可垂直升降平台和两个可以平行滑动的叉手，如图 2.39 所示。

在平移小车和升降平台上配有两个激光测距仪，分别用来测量平台的垂直位置和水平位置。料仓由水平的钢梁和垂直的钢架相连接而构成，料仓用来存放物料。物料仓是每个仓位只能存储一个托盘的独立物料仓,从料仓的两侧都可以进行托盘的存放。

每个料架必须完全贴靠在轨道的外侧边沿,这样才能使平移小车准确停靠到正确的位置上。可以通过配置选择对码垛料仓使用数字量控制、模拟量控制和数值控制,如表 2.23 所示。

表 2.23

配置	标签	控制器 IO	类型	描述
Numerical	Stacker Crane # Target Position	输出	Integer	移动到指定单元
	Stacker Crane # (Left)	输出	Bool	叉手左移
	Stacker Crane # (Right)	输出	Bool	叉手右移
	Stacker Crane # Lift	输出	Bool	平台升降
	Stacker Crane # Moving-X	输入	Bool	X 轴运动中
	Stacker Crane # Moving-Z	输入	Bool	Z 轴运动中
	Stacker Crane # Left Limit	输入	Bool	叉手左极限位置
	Stacker Crane # Middle Limit	输入	Bool	叉手中间位置
	Stacker Crane # Right Limit	输入	Bool	叉手右极限位置
Digital	Stacker Crane # Target Position Bit0	输出	Integer	移动到指定单元
	Stacker Crane # Target Position Bit1	输出	Bool	叉手左移
	Stacker Crane # Target Position Bit2	输出	Bool	叉手右移
	Stacker Crane # Target Position Bit3	输出	Bool	平台升降
	Stacker Crane # Target Position Bit4	输出	Bool	X 轴运动中
	Stacker Crane # Target Position Bit5	输出	Bool	Z 轴运动中
	Stacker Crane # (Left)	输出	Bool	叉手左移
	Stacker Crane # (Right)	输出	Bool	叉手右移
	Stacker Crane # Lift	输出	Bool	平台升降
	Stacker Crane # Moving-X	输入	Bool	X 轴运动中
	Stacker Crane # Moving-Z	输入	Bool	Z 轴运动中
	Stacker Crane # Left Limit	输入	Bool	叉手左极限位置
	Stacker Crane # Middle Limit	输入	Bool	叉手中间位置
	Stacker Crane # Right Limit	输入	Bool	叉手右极限位置
Analog	Stacker Crane # X Set Point (V)	输出	Float	[0, 10] V: 设置 X 轴目标位置
	Stacker Crane # Z Set Point (V)	输出	Float	[0, 10] V: 设置 Z 轴目标位置
	Stacker Crane # (Right)	输出	Bool	叉手左移
	Stacker Crane # Lift	输出	Bool	叉手右移
	Stacker Crane # X Position (V)	输入	Float	[0, 10] V: X 轴当前位置
	Stacker Crane # Z Position (V)	输入	Float	[0, 10] V: Z 轴当前位置

续表

配置	标签	控制器 IO	类型	描述
Analog	Stacker Crane # Left Limit	输入	Bool	叉手左极限位置
	Stacker Crane # Middle Limit	输入	Bool	叉手中间位置
	Stacker Crane # Right Limit	输入	Bool	叉手右极限位置

- 插手行程：1.2 m。
- 平移小车行程：10.5 m。
- 升降平台行程：6.625 m。
- 叉手速度：1.4 m/s。
- 平移小车速度：0.5 m/s。
- 升降平台速度：1.7 m/s。
- 料仓单元数量：18。

图 2.39

- Numerical（数值模式）：通过 1 到 54 的整数数值对料仓的 54 个仓位进行编号。当数值输入 0 时，码垛机停留在当前位置，如果输入数值超过 54，比如输入 55 时，码垛机会回到初始位置。
- Analog（模拟量模式）：通过模拟量来对每个轴设置目标位置并测量当前位置。
- Digital（数字量模式）：料仓号由 5 位二进制数值进行编码，编码规则如表 2.24 所示。

表 2.24 料仓号编码

位置	执行器输出					
	Bit 0	1	2	3	4	5
锁定位置	0	0	0	0	0	0
1 号	1	0	0	0	0	0
2 号	0	1	0	0	0	0
3 号	0	0	1	0	0	0
……	……					
原位	1	1	1	0	1	1

5. 堆垛机

高层堆垛机用于把上层输送线的纸箱堆垛在下层输送线的托盘上，如图 2.40 所示，其配置如表 2.25 所示。

- 推杆行程：0.88 m。
- 升降机行程：1.75 m。
- 升降机速度：2 m/s。

图 2.40

表 2.25

配置	标签	控制器 IO	类型	描述
Digital	Palletizer # (Push)	输出	Bool	移动推杆
	Palletizer # (Turn)	输出	Bool	旋转鳍型挡板（使纸箱旋转 90°）
	Palletizer # (Clamp)	输出	Bool	夹紧定位
	Palletizer # Belt (+)	输出	Bool	上层皮带正转
	Palletizer # Belt (−)	输出	Bool	下层皮带反转
	Palletizer # Chain (+)	输出	Bool	下层链条正转
	Palletizer # Chain (−)	输出	Bool	下层链条反转
	Palletizer # (Open Plate)	输出	Bool	上层底板打开
	Palletizer # Elevator +	输出	Bool	底板上升
	Palletizer # Elevator −	输出	Bool	底板下降
	Palletizer # Elevator (Move to Limit)	输出	Bool	上升或下降时直接移动到极限位置
	Palletizer # (Clamped)	输入	Bool	已夹紧
	Palletizer # (Plate Limit)	输入	Bool	上层底板已关闭
	Palletizer # (Pusher Limit)	输入	Bool	推杆伸出极限位
	Palletizer # (Elevator Moving)	输入	Bool	升降机移动中
	Palletizer # Elevator (Back Limit)	输入	Bool	升降机下限位
	Palletizer # Elevator (Front Limit)	输入	Bool	升降机上限位

6. 两轴机械手

两轴机械手如图 2.41 所示。可以用作装配零件盖和零件底座，也用于将物料从一个位置移动到另一个位置。为确保装配准确，在装配前需要用定位杆对零件盖和零件底座进行精确定位。具体配置如表 2.26 所示。

- X 轴行程：1.125 m。
- Z 轴行程：0.625 m。
- 轴移动速度：2 m/s。

图 2.41

表 2.26

配置	标签	控制器 IO	类型	描述
Digital	Two-Axis Pick & Place # X	输出	Bool	沿 X 轴运动
	Two-Axis Pick & Place # Z	输出	Bool	沿 Z 轴运动
	Two-Axis Pick & Place # (Grab)	输出	Bool	吸盘抓取
	Two-Axis Pick & Place # (Moving X)	输出	Bool	沿 X 轴运动中
	Two-Axis Pick & Place # (Moving Z)	输出	Bool	沿 Z 轴运动中
	Two-Axis Pick & Place # (Detected)	输出	Bool	检测到物体
Analog	Two-Axis Pick & Place # X Set Point (V)	输出	Float	[0, 10] V：设置 X 轴的目标位置
	Two-Axis Pick & Place # Z Set Point (V)	输出	Float	[0, 10] V：设置 Z 轴的目标位置
	Two-Axis Pick & Place # (Grab)	输出	Bool	吸盘抓取
	Two-Axis Pick & Place # X Position (V)	输入	Float	[0, 10] V：当前 X 轴的位置
	Two-Axis Pick & Place # Z Position (V)	输入	Float	[0, 10] V：当前 Z 轴的位置
	Two-Axis Pick & Place # (Detected)	输入	Bool	检测到物体

7. 储液罐

储液罐，如图 2.42 所示，包括两个控制阀门和一个电容式液位传感器，通过它们来控制储液罐的入水口流量和出水口流量。控制阀门是气动执行器，通过 0 ~ 10 V 的模拟量电压信号来控制阀门开度。电容式传感器主要用于检测储液罐内的液位。储液罐主要使用 PID 算法来控制液位和流量，配置如表 2.27 所示。

图 2.42

表 2.27

配置	标签	控制器 IO	类型	描述
Analog	Tank # (Fill Valve)	输出	Float	[0, 10] V: 进水口阀门开度
	Tank # (Discharge Valve)	输出	Float	[0, 10] V: 排水口阀门开度
	Tank # (Level Meter)	输入	Float	[0, 10] V: 液位测量值
	Tank # (Flow Meter)	输入	Float	[0, 10] V: 流量测量值（10 V=0.3543 m³/s）
Digital	Tank # (Fill Valve)	输出	Bool	打开进水口阀门
	Tank # (Discharge Valve)	输出	Bool	打开出水口阀门

- 储液罐高度：3 m。
- 直径：2 m。
- 排水管半径：0.125。
- 进水口最大流量：0.25 m³/s。
- 出水口最大流量：0.3543 m³/s。

2.6 操作台

操作台如图 2.43 所示。

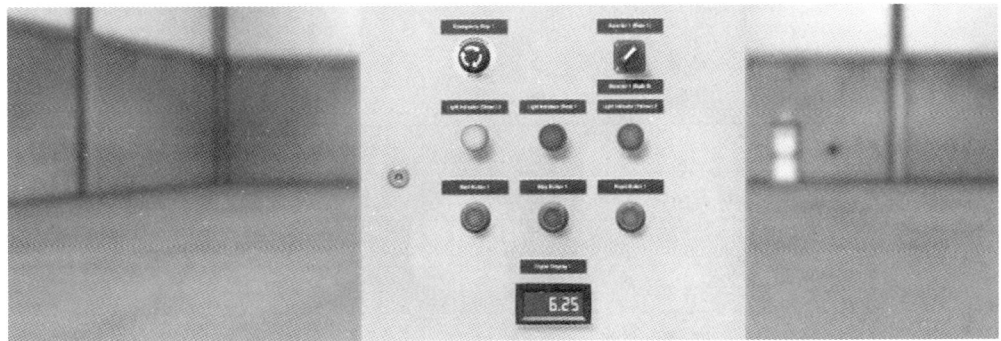

图 2.43

1. 急停按钮

急停按钮为两位触发按钮，用于紧急事件，其按钮设计为蘑菇头形状，如图 2.44 所示。按下时触发开关，配置如表 2.28 所示，再次按下时无法解除，需要旋转蘑菇头进行解除。

按钮为常闭触点。

图 2.44

表 2.28

配置	标签	控制器 IO	类型	描述
	Emergency Stop #	输入	Bool	急停按下

2. 按钮开关

按钮开关有三种不同的颜色并内置对应颜色的指示灯（绿色：启动，黄色：复位，红色：停止），如图 2.45 所示。用户根据需求可以将按钮配置成自复位型和自锁型，如表 2.29 所示。

红色停止按钮为常闭触点。

图 2.45

表 2.29

配置	标签	控制器 IO	类型	描述
Momentary Action（自复位型）	(Start, Reset or Stop) Button #	输入	Bool	按下/松开
	(Start, Reset or Stop) Button # (Light)	输出	Bool	指示灯点亮熄灭
Alternate Action（自锁型）	(Start, Reset or Stop) Button #	输入	Bool	切换
	(Start, Reset or Stop) Button # (Light)	输出	Bool	指示灯点亮熄灭

3. 指示灯

面板指示灯如图 2.46 所示，通常用在面板仪表上进行状态指示或安全应用。配置如表 2.30 所示。

有 4 种可用颜色：蓝色、红色、绿色、黄色。

图 2.46

表 2.30

配置	标签	控制器 IO	类型	描述
	Light Indicator (Blue, Red, Green or Yellow) #	输出	Bool	指示灯点亮/熄灭

4. 选择开关

选择开关如图 2.47 所示。不带指示灯的选择开关主要用于指定当面的状态或模式，用鼠标左键点击并拉拽选择开关可以使其在 0 和 1 之间进行切换，如表 2.31 所示，默认状态为 0。

图 2.47

表 2.31

配置	标签	控制器 IO	类型	描述
	Selector # (State 0)	输入	Bool	状态 0 被选择
	Selector # (State 1)	输入	Bool	状态 1 被选择

5. 电位计

通过拨动电位计上的旋钮来设定一个相对应的模拟量，通过选择不同的配置可以定义不同的电压值范围，如表 2.32 所示。

表 2.32

配置	标签	控制器 IO	类型	描述
[0, 10] V	Potentiometer # (V)	输入	Bool	当前电压值
[-10, 10] V	Potentiometer # (V)	输入	Bool	当前电压值
[-5, 5] V	Potentiometer # (V)	输入	Bool	当前电压值

6. 数码显示器

数码显示器，如图 2.48 所示，在模拟仿真中显示数值，可通过选择不同的配置定义不同的数值范围和数据类型，如表 2.33 所示。

图 2.48

表 2.33

配置	标签	控制器 IO	类型	描述
[0, 10] V	Digital Display #	输出	Float	显示数值
[-10, 10] V	Digital Display #	输出	Float	显示数值
Integer	Digital Display #	输出	Integer	显示数值
BCD	Digital Display #	输出	BCD 码	显示数值
Hexadecimal	Digital Display #	输出	16 进制码	显示数值

7. 电控柜

电控柜，如图 2.49 所示，用于放置设计场景时需要的按钮开关和仪表显示。

图 2.49

8. 型材柱

金属型材柱,如图 2.50 所示,主要用来放置电控柜。

图 2.50

3 FACTORY IO 的 PLC 控制

3.1 西门子 PLCSIM 方式的 PLC 控制

3.1.1 仿真运行条件

下面以西门子博图软件自带的 PLCSIM 仿真为例来进行讲解。PLCSIM 是集成在西门子博图软件内的专门对博图软件所支持的 S7-1200/S7-1500 系类 PLC 进行仿真的一款专业软件，通过 PLCSIM 和 FACTORY IO 配合使用可以实现从 PLC 程序控制到现场设备动作实现的完全虚拟仿真环境。

下面以博图 V15 版本为例进行配套讲解，同时适用于博图 V13 和 V14 版本，至于博图 V15 以上版本还没有在 FACTORY IO V2.2.3 以后的版本中进行测试。

注意：请确保在博图 V15 中已经安装了 PLCSIM V15.1 或和博图 V15 相对应的版本，如图 3.1 所示。

图 3.1

3.1.2 以 PLCSIM 为例的 PLC 配置

通过 PLCSIM 与 FACTORY IO 进行连接，必须使用 FACTORY IO 官方网站中提供的博图工程模板程序，其官网下载界面如图 3.2 所示，在下载模板时官网提供了 V13、V14、V15/16 三个版本并且每个版本中都有针对 S7-1200 系列和 S7-1500 系列 PLC 的划分。此次以博图 V15/V16 的 S7-1200 为例下载对应模板，之后需要建立与 FACTORY IO 场景连接的 PLC 程序都需要基于这个工程模板编写。

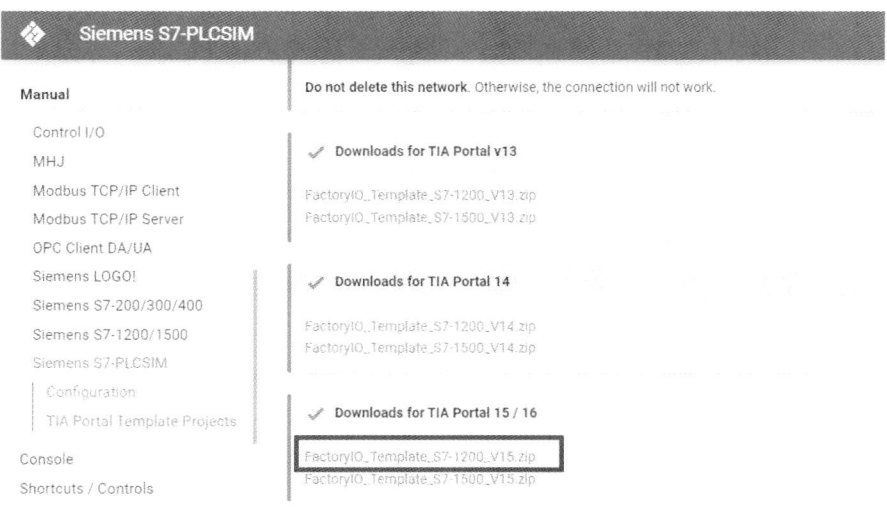

图 3.2

当模板下载完成后进行解压,里面是一个完整的博图 PLC 项目文件(以*.ap15 为文件类型命名的文件),如图 3.3 所示。

图 3.3

在博图软件中打开该项目文件后可以看到模板项目文件,见图 3.3,文件几乎是一个空项目,只是在主程序块中调用了与 FACTORY IO 进行连接的专用程序块,此程序块在项目中是名为"MHJ-Lab-Function-S71200[FC900]"的专用程序块,程序块如图 3.4 所示,将该项目作为模板程序使用时不要对该程序块进行任何修改,并保持该程序块在主程序中被正常调用。

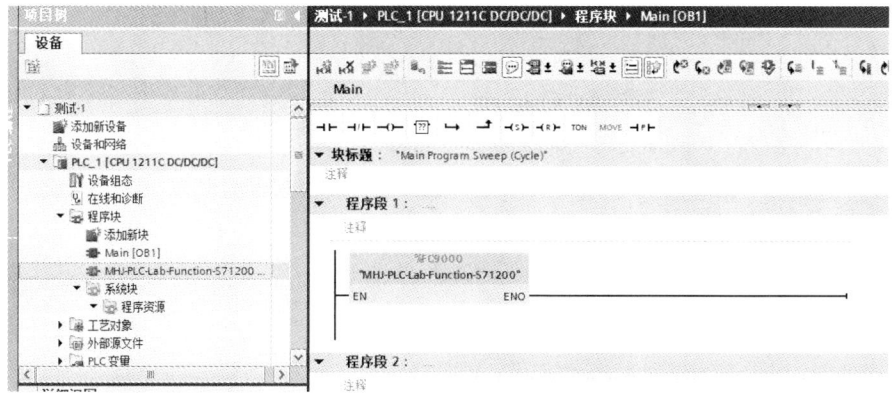

图 3.4

3.1.3 PLC 配置与场景实现

下面以 FACTORY IO 的自带场景（2-From A to B Set and Reset）为对象场景，在博图软件中编写一个简单的滚筒线控制程序，将物料箱从滚筒线的入口检测传感器 A 移动到出口检测传感器 B，程序写好后开始进行仿真，在博图中点击仿真按钮，如图 3.5 所示。

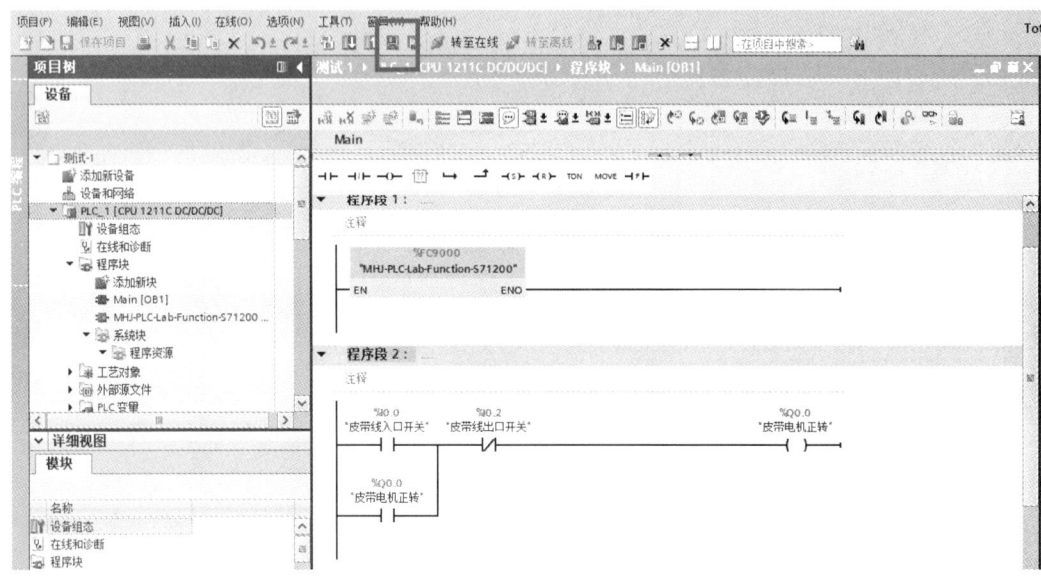

图 3.5

点击按钮后会弹出如图 3.6 所示的 PLCSIM 界面并同时弹出 PLC 下载界面，在界面中选择 PG/PC 接口为"PLCSIM"，同时点击"开始搜索"，当列表中出现了目标设备后选择目标设备"CPUcommon"，随后点击"下载"将程序下载到 PLC 仿真器中。

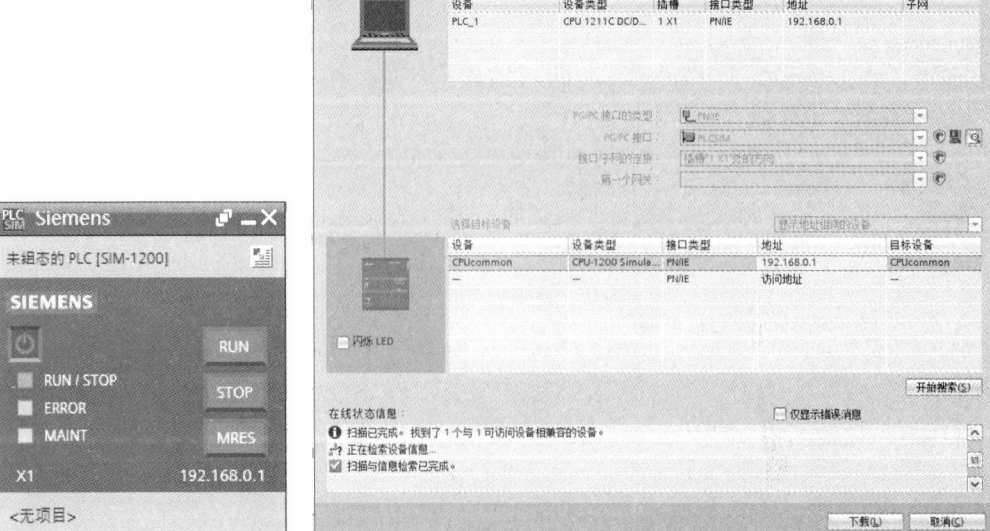

图 3.6

下载成功后 PLCSIM 界面上会从之前显示的"未组态的 PLC[SIM-1200]"变为项目中所选的 PLC 的 CPU 型号"PLC_1[CPU 1211C DC/DC/DC]",具体界面如图 3.7 所示,同时点击界面上的"RUN"按钮让 PLC 处于模拟运行状态,同时 RUN/STOP 指示灯绿灯保持常量状态。

注意:如果 PLC 未处于运行状态,PLCSIM 将无法同 FACTORY IO 建立连接。

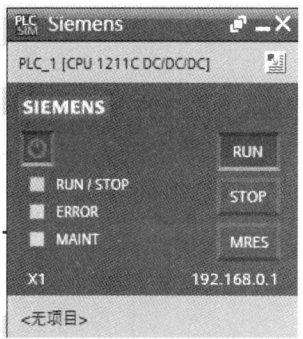

图 3.7

随后在 FACTORY IO 的场景中打开软件自带的"2-From A to B Set and Reset"场景,如图 3.8 所示,场景由 5 个部件组成,分别是 2 m 滚筒线、6 m 滚筒线、2 个反射传感器和一个物料盒。

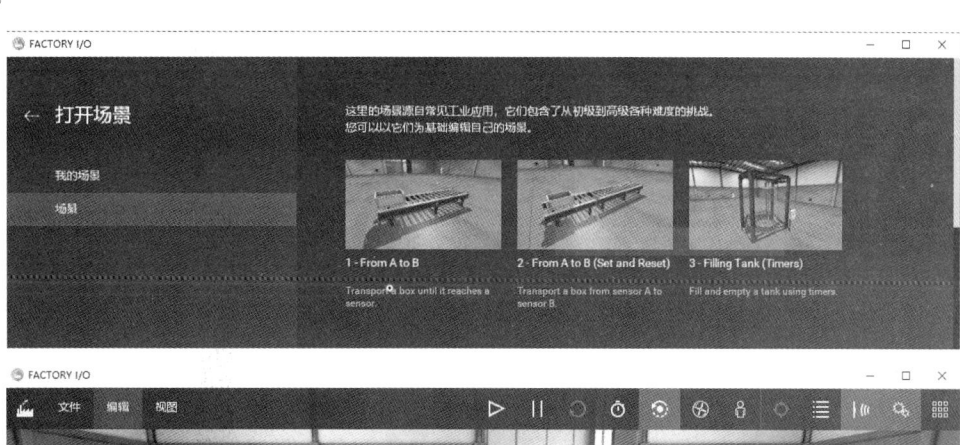

图 3.8

当 FACTORY IO 的 "2-From A to B Set and Reset" 场景打开后，在 "文件" / "驱动" 中进行配置，点击 "驱动" 或按快捷键 "F4" 后进入驱动配置界面，如图 3.9 所示，在驱动选择中选择 "Siemens S7-PLCSIM"。

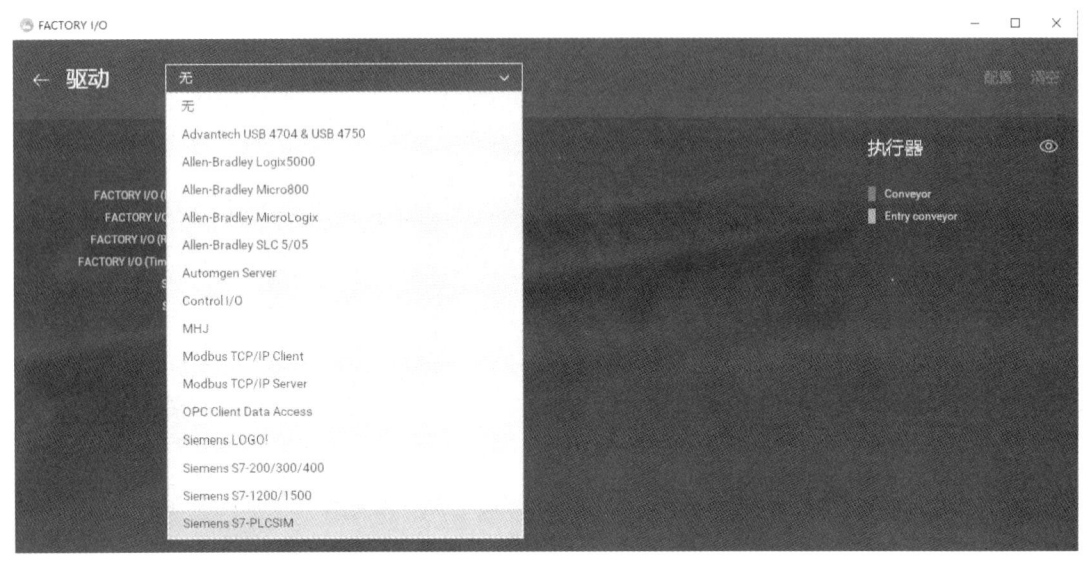

图 3.9

当驱动类型选择完成后进入如图 3.10 所示的配置界面，勾选 "自动连接" 选项，根据所选用的 PLC 型号选择类型，这里以书中使用的 S7-1200 系列 PLC 为例，选择 "S7-1200（V13/14）"，其他选项采用默认配置。

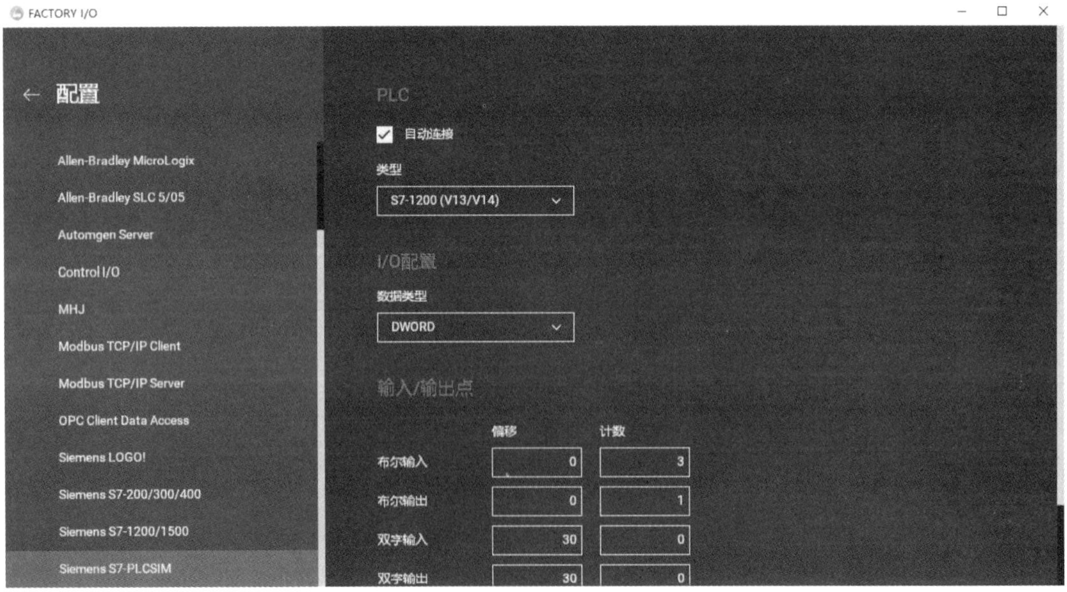

图 3.10

当配置完成后进入驱动器的信号配置界面，如图 3.11 所示。该例中一共使用了 3 个 PLC 输入输出信号 I0.0、I0.2 和 Q0.0，分别对应场景中的 SensorA、SensorB 和 Conveyor 3 个标签，这 3 个标签在 PLC 程序的编写时也一定要和驱动器分配的 IO 信号保持一致。

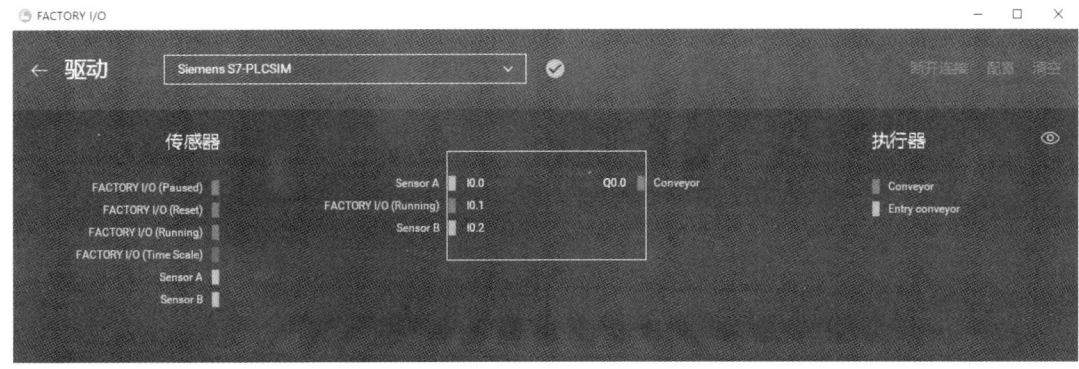

图 3.11

该场景的功能为：2 m 滚筒线处于强制运行状态，6 m 滚筒线的运行受 PLC 的程序控制，当物料盒运动到 6 m 滚筒线入口处时，PLC 检测到反射传感器 1 状态由 OFF 变为 ON，PLC 自锁控制 6 m 滚筒线正转运行，当物料盒运动到 6 m 滚筒线出口处时，PLC 检测到反射传感器 2 状态由 OFF 变为 ON，PLC 自锁程序断开，6 m 滚筒线停止运行。

下面根据场景的功能编写 PLC 的控制程序，如图 3.12 所示。该程序采用一个简单的自锁程序就可实现，首先调用模板程序提供的"MHJ-PLC-Lab-Function-S71200"程序，然后在程序段后编写滚筒线控制程序。

注意：SensorA 和 SensorB 两个反射传感器是常闭类型传感器，因此程序中传感器未检测到物体时是闭合状态，检测到物体时是断开状态。

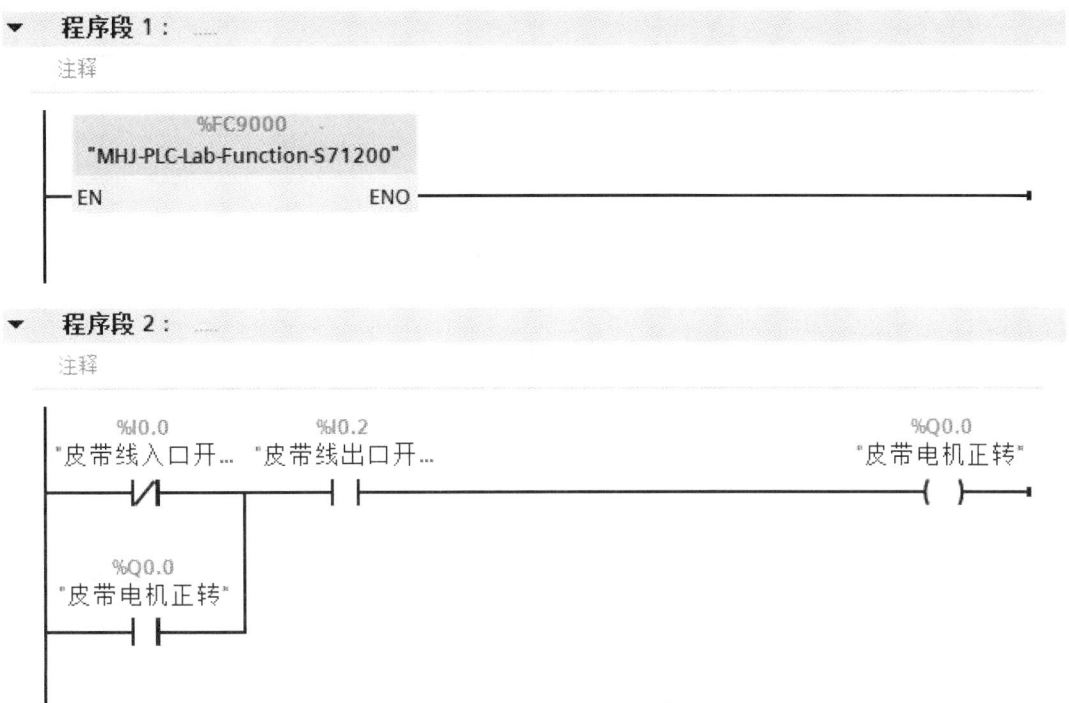

图 3.12

3.2 三菱 OPC 方式的 PLC 控制

在 FACTORY IO 的驱动中直接支持的 PLC 品牌只有西门子和 Allen Bradley，但是其他品牌的 PLC 也可以利用 OPC 或是 MODBUS TCP 通信等多种方式和 FACTORY IO 进行联合仿真。例如，在市面上除西门子品牌外，市场占有率较高的有三菱、欧姆龙和汇川等品牌，本节以三菱系列 PLC 来进行演示说明，使用 OPC 方式来对三菱 PLC 进行控制程序的 FACTORY IO 仿真。

3.2.1 三菱 OPC 使用设置

这里使用三菱官方提供的 OPC 软件 MX OPC Server，可以先从三菱官网进行下载并安装。本节中使用的是 MX OPC Server 6.04 版本，在桌面创建快捷方式 MX OPC Configurator，如图 3.13 所示。

图 3.13

打开 MX OPC Configurator 后先新建一个工程，如图 3.14 所示，注意新建的工程不能包含汉字。

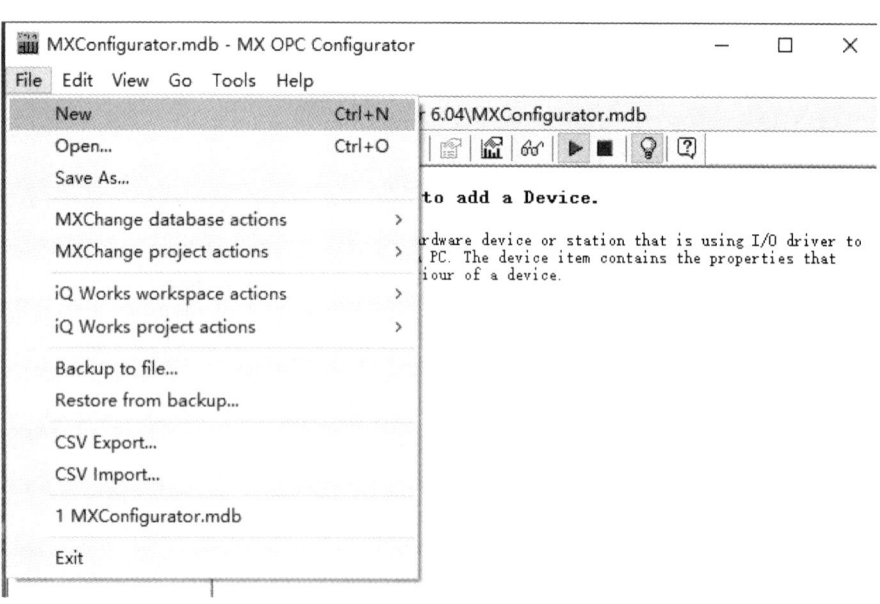

图 3.14

接下来在工程中选择"New MX Device"新建一个 PLC 设备，如图 3.15 所示。

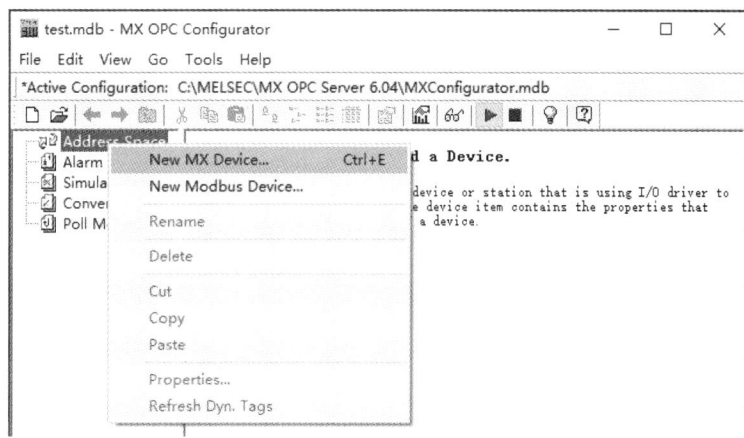

图 3.15

在该工程中需要选择通信连接方式，因为是利用 GX Works2 软件的编程环境下自带的仿真功能进行仿真，因此这里选择"GX Simulator2"，如图 3.16 所示。

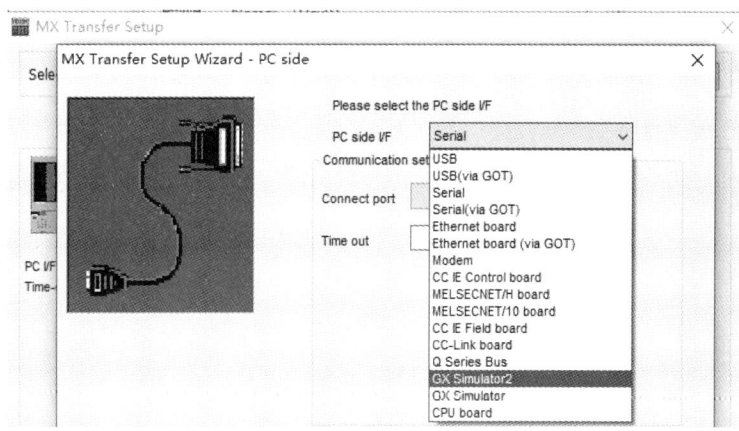

图 3.16

当选择好仿真器类型后，还需要根据 GX Works2 中选择的三菱 PLC 类型来确认此处的"CPU Series"，这里以 LCPU 为例（注意用户手册中指出 MX OPC Server 只支持三菱 L 系列和 Q 系列的部分型号的 PLC），具体支持型号如图 3.17 所示。

Support for additional L-series PLCs:
- L02S
- L06
- L26

Support for additional Q-series PLCs:
- Q03UDV
- Q04UDV
- Q06UDV
- Q13UDV
- Q26UDV

Support for C controller PLCs:
- Q12DC-V
- Q24DHC-V

Support for Q motion controller PLCs:
- Q172, Q173
- Q172H, Q173H
- Q172D, Q173D
- Q172DS, Q173DS

图 3.17

如果 GX Works2 中的仿真已经运行，可以通过"Browse"功能来直接对设置选项进行匹配，如图 3.18 所示。

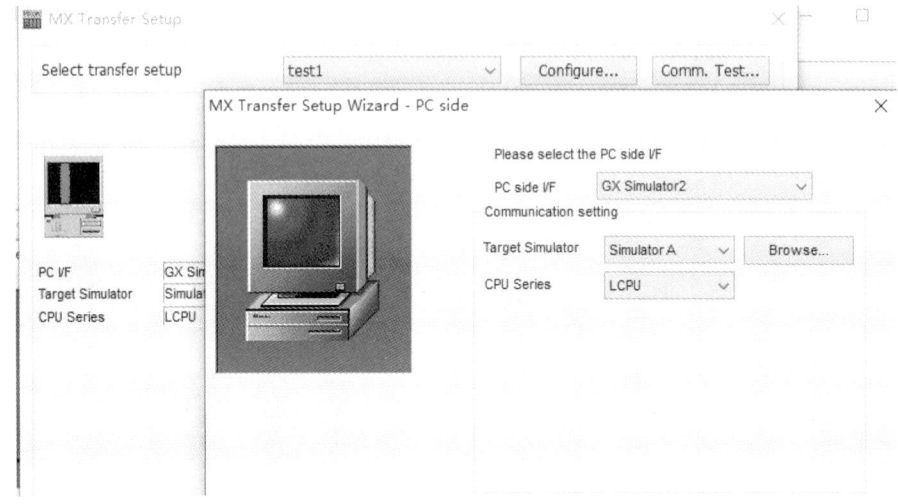

图 3.18

设置完成后，点击左侧项目数中的项目名称，点击鼠标右键选择"New DataTag"来新建连接 FACTORY IO 场景中的输入/输出信号的 PLC 信号，如图 3.19 所示。

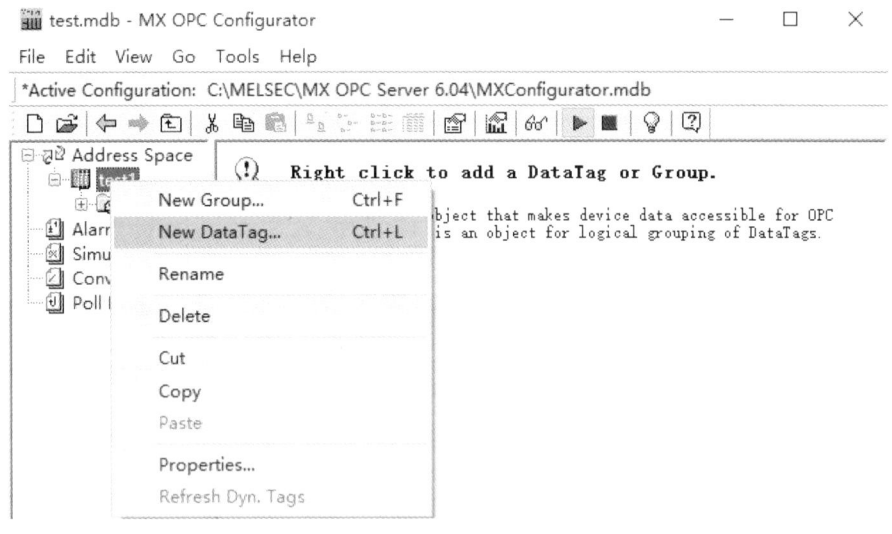

图 3.19

在本例中使用一个输出信号 Y0 对应场景中的绿色信号灯 light1，对应设置如图 3.20 所示，这里可以设置信号的权限，如 Read（只读）、Write（只写）或是 Read，Write（读写）类型。

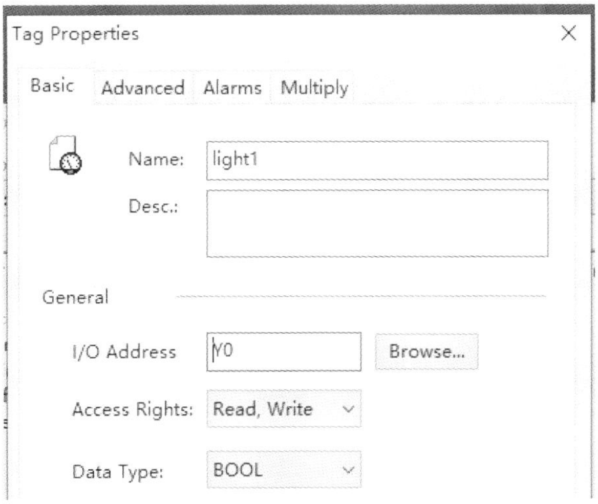

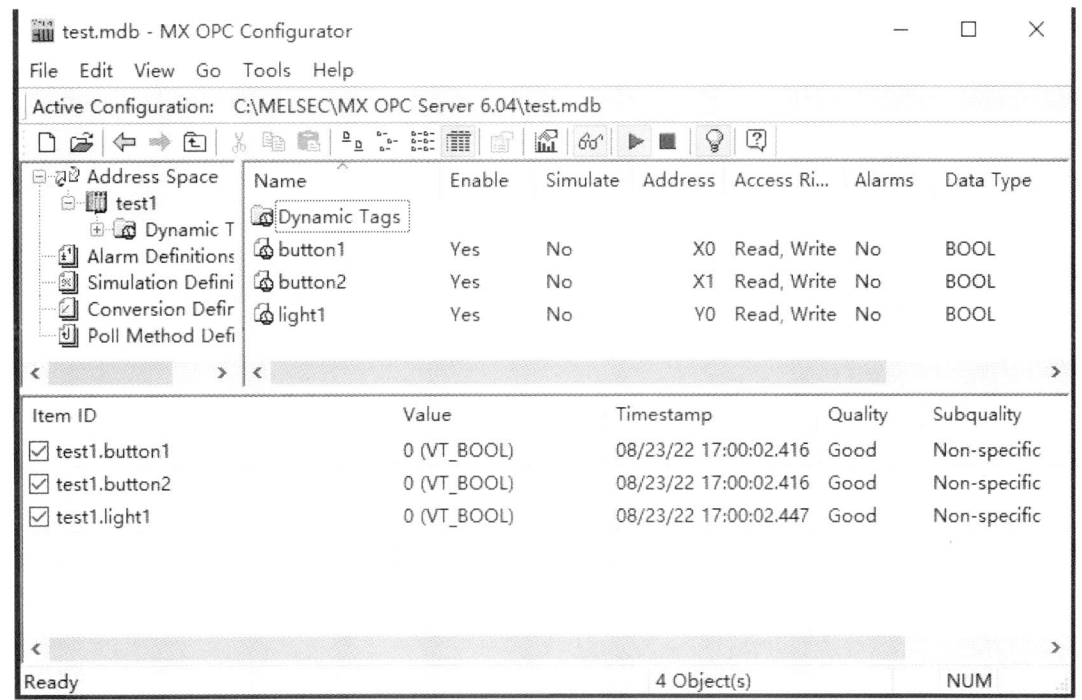

图 3.20

当所有需要连接的信号都设置完后,就可以启动 OPC 服务器并对信号进行监控,如图 3.21 所示,如果信号连接正常,下端监视栏中的"Quality"项会显示为"Good"。

图 3.21

3.2.2 GX Works2 设置与编程

本例中使用 GX Works2 作为三菱 PLC 的编程环境,新建工程时使用 L 系列的 L02S 型号的 CPU,如果工程使用的是其他型号,可通过"工程"菜单中的"PLC 类型更改"进行修改,具体操作如图 3.22 所示。

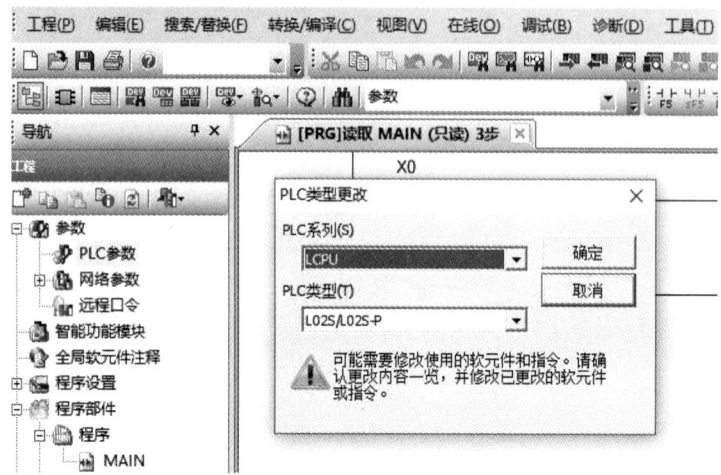

图 3.22

下面设计一个简单的 PLC 程序（指示灯闪烁）。该程序中一共设计有两个按钮和一个指示灯，分别对应 X0、X1 和 Y0。具体功能：按下绿色按钮 X0 后红色指示灯 Y0 闪烁点亮，按下黄色按钮 X1 后指示灯停止闪烁。具体 PLC 程序编辑后如图 3.23 所示。

图 3.23

程序编写完成后，在 GX Works2 中点击仿真按钮，出现如图 3.24 所示界面，在 PLC 写入完成后点击"关闭"按钮。

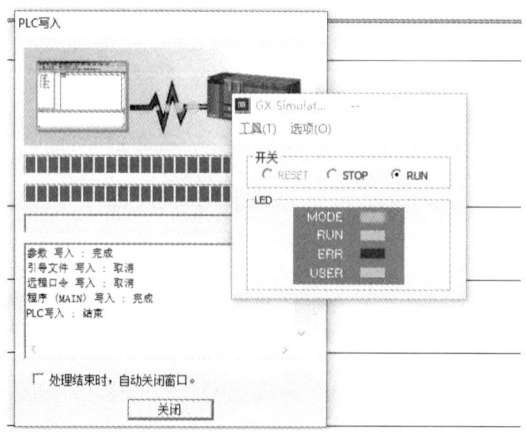

图 3.24

当仿真界面中 MODE 和 RUN 指示灯都为绿灯时代表程序仿真运行正常,如图 3.25 所示。

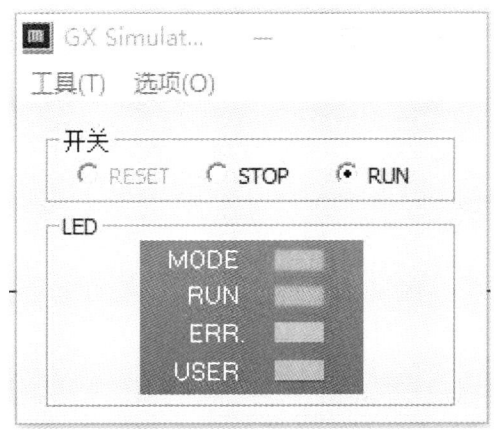

图 3.25

3.2.3 场景搭建、驱动设置与仿真

按照 3.2.2 节中的功能描述在 FACTORY IO 中搭建场景,如图 3.26 所示。

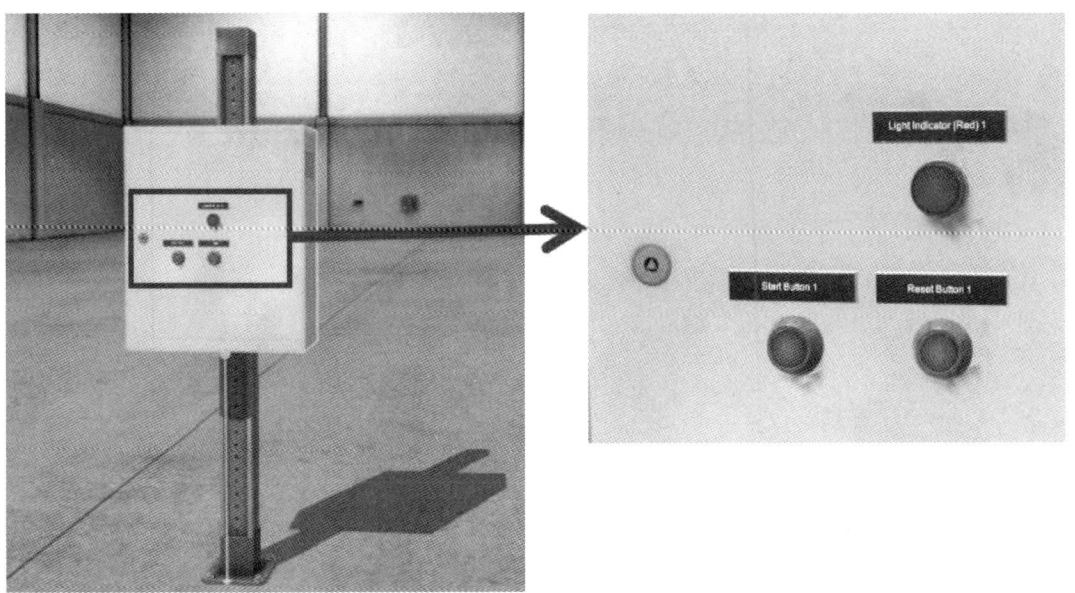

图 3.26

当场景内部件搭建完成后,点击"文件"中的"驱动",进入驱动配置界面如图 3.27 所示,本例中选择"OPC Client Access"方式,其他系统列表中不包含的 PLC 品牌也可以使用"OPC Client Access"方式。

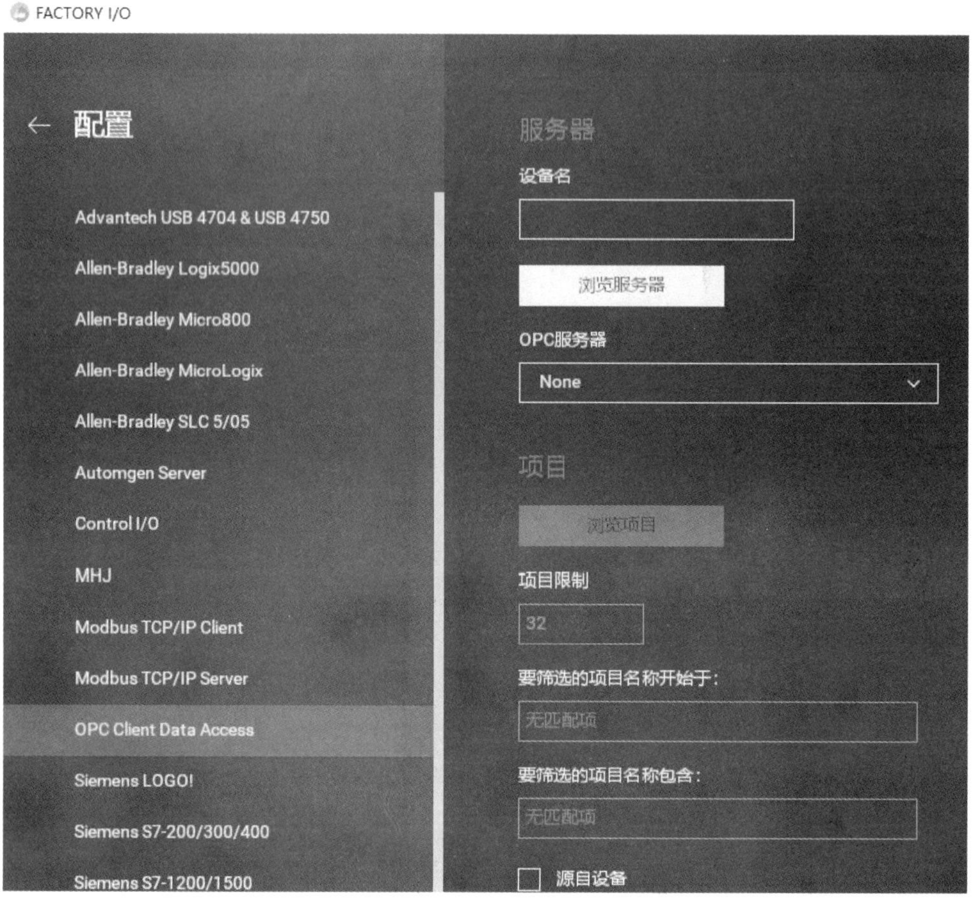

图 3.27

随后在 OPC 服务器中选择 "Mitsubishi.MXOPC.6"，如图 3.28 所示。

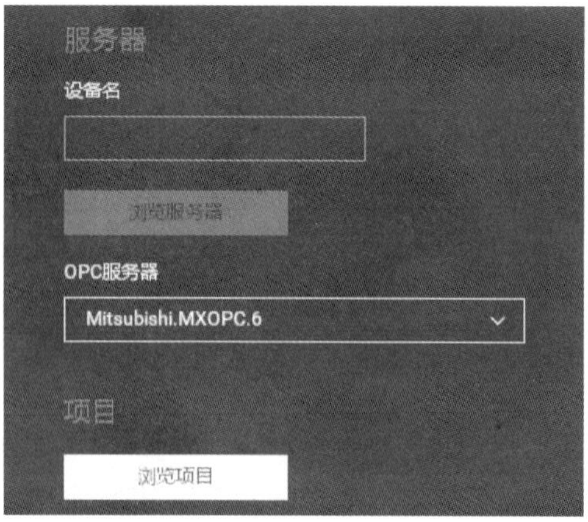

图 3.28

在配置完成后，"OPC Client Data Access" 选项框后的绿色小勾代表已经连接成功，随后就可以在如图 3.29 所示界面中向服务器分配对应的输入输出信号。

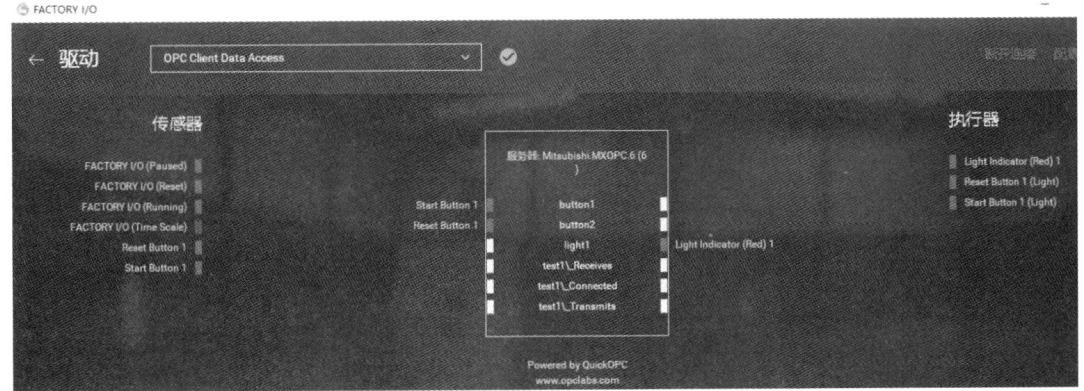

图 3.29

当驱动配置完成并分配好所有场景内所有的输入输出信号后就可以运行仿真,效果如图 3.30 所示,当按下绿色启动按钮后红色指示灯一直闪烁,再按下黄色按钮红色指示灯停止闪烁。

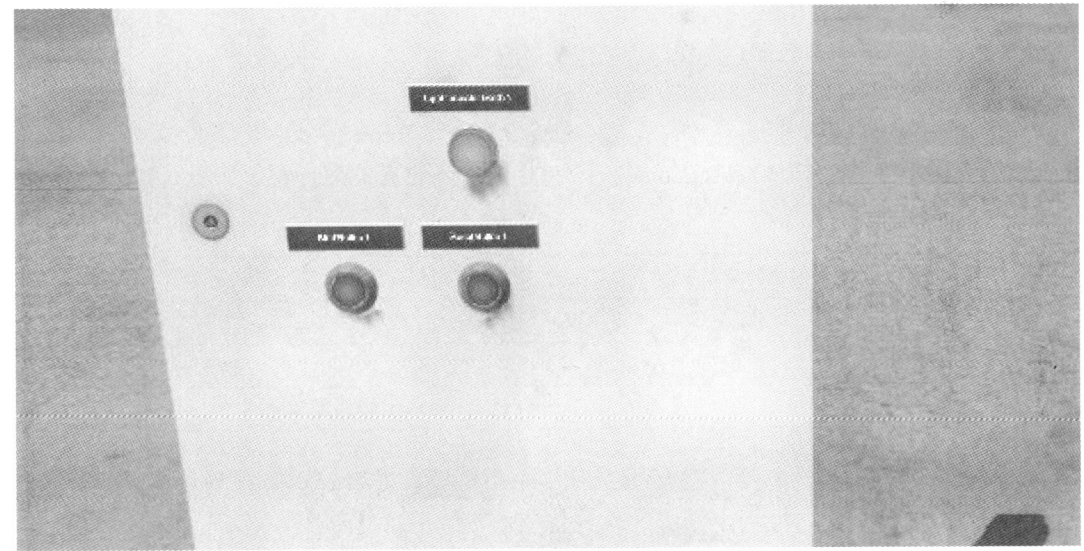

图 3.30

4 西门子 S7-1200 编程入门

4.1 S7-1200PLC 设计基础入门

4.1.1 西门子 S7-1200 编程软件博图的安装

1. 软件安装的计算机配置要求

要运行 TIA 博图 STEP7 Professional V13 SP1 软件,计算机配置要求如表 4.1 所示。

表 4.1 计算机配置要求

硬件/软件	要求
处理器	Intel® Core^{TM} i5-3320M 3.3GHz 或更高版本
内存	≥ 8 GB
硬盘占用	≥ 20 GB(包含安装 STEP7、WINCC、PLCSIM 和 Startdrive)
操作系统	Microsoft Windows 7 专业版/企业版/旗舰版 SP1; Microsoft Windows 8.1(仅 STEP 7 基本版); Microsoft Windows 8.1 专业版/企业版; Microsoft Windows 10 家庭版(仅 STEP 7 基本版); Microsoft Windows 10 专业版; Microsoft Windows 10 企业版
屏幕分辨率	1920×1080(推荐)

2. 软件安装步骤

一般先对安装包进行解压,解压后会包含:SIMATIC_STEP_7_Professional_V13_SP1、SIMATIC_WinCC_Professional_V13_SP1 和 SIMATIC_S7_PLCSIM_V13_SP1 三个安装文件夹。首先安装 SIMATIC_STEP_7_Professional_V13_SP1,这里以安装 STEP_7 为例说明,安装过程如下:

(1)在 SIMATIC_STEP_7_Professional_V13_SP1 文件夹中点开"Start.exe"文件,如图 4.1 所示,以管理员身份运行并开始安装。

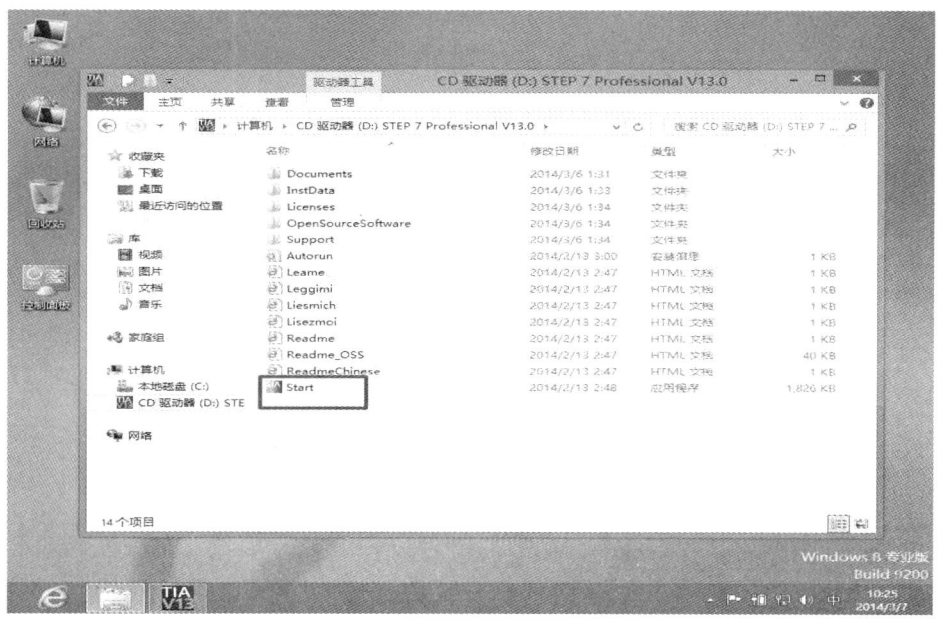

图 4.1

（2）当软件环境初始化后，进入如图 4.2 所示的安装语言选择界面，建议选择"安装语言：中文（M）"，然后点击"下一步"按钮。

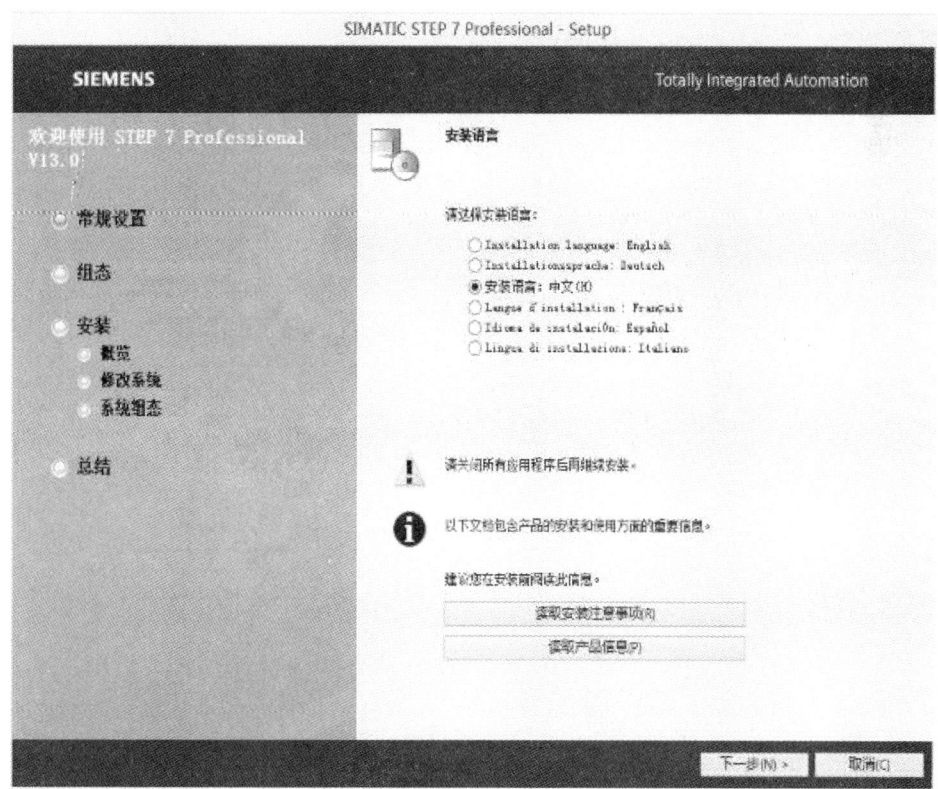

图 4.2

（3）在如图 4.3 所示界面中，选择产品的语言，这里勾选"中文（M）"，同时系统默认同时选择"英语（E）"作为基础产品语言，然后单击"下一步"按钮。

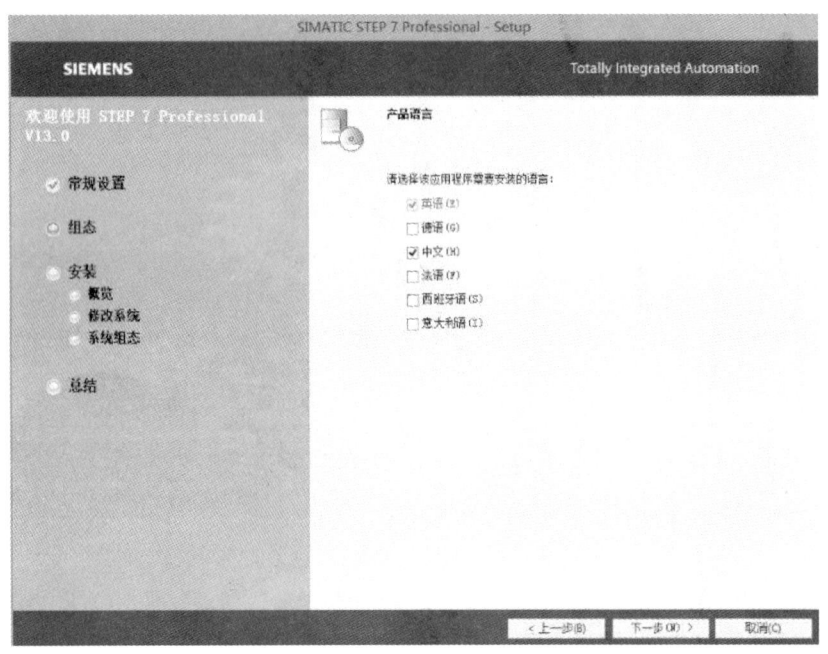

图 4.3

（4）在如图 4.4 所示界面中，虽然 STEP7 只需要 10G 左右的安装空间，但是考虑 WINCC 以及其他组件，需要最少在安装盘预留出 20G 的安装空间，默认的安装路径在 C 盘下，也可以安装到其他盘，目标目录确认后点击"下一步"进入安装界面。

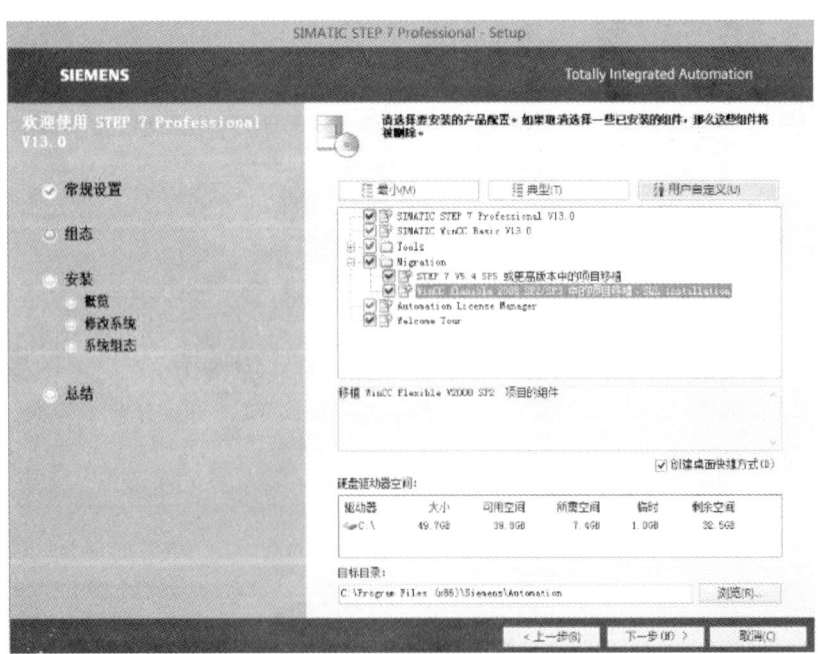

图 4.4

(5)安装过程需要 30 到 60 分钟,如图 4.5 所示,安装完成后会弹出如图 4.6 所示的对话框,请选择"是,立即重启计算机",然后点击"重新启动"按钮。

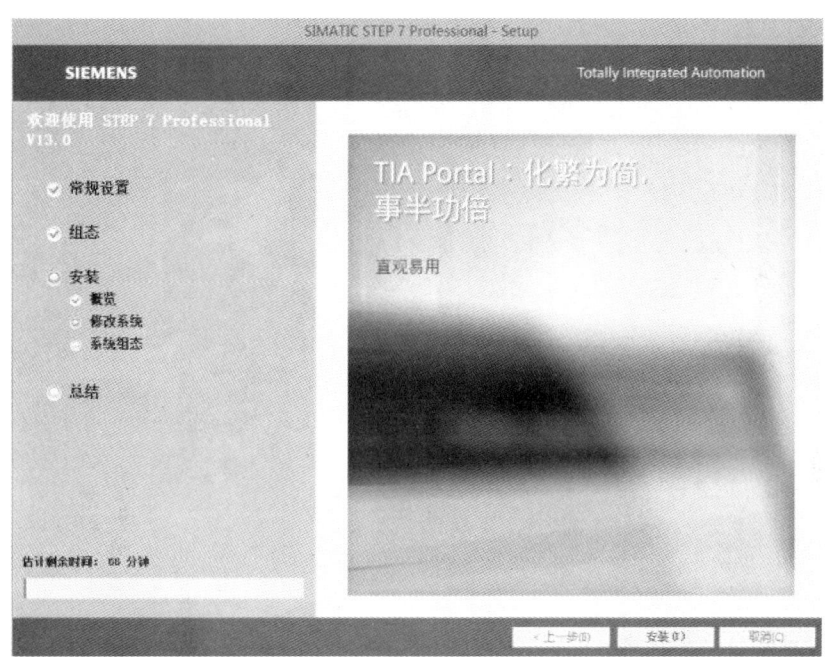

图 4.5

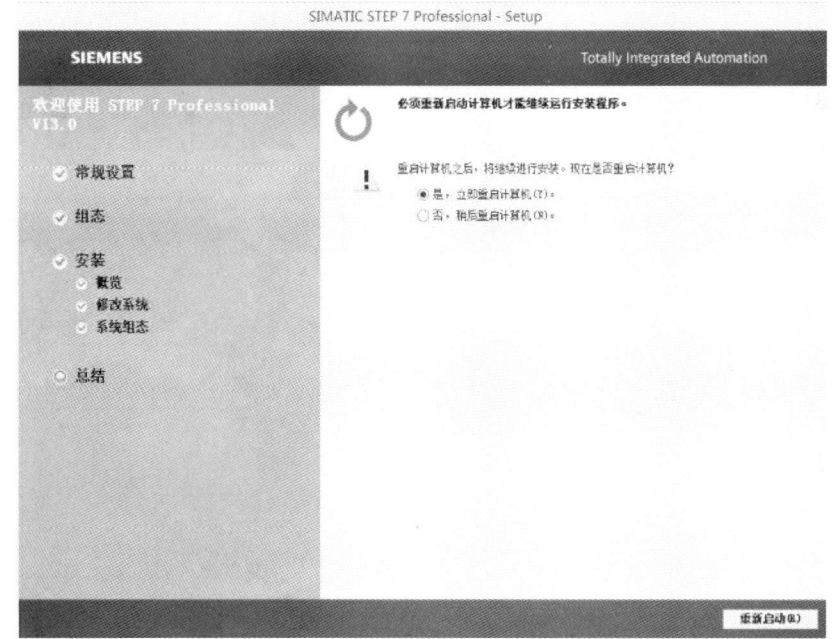

图 4.6

(6)STEP7 安装完成后,再用同样的方法安装 WINCC 和 PLCSIM。PLCSIM 为仿真软件,后续会同 FACTORY IO 配合使用完成编程任务实例。

4.1.2 简单 S7-1200 PLC 编程下载

安装完成后打开 TIA 博图软件，默认进入启动界面，如图 4.7 所示。在启动界面中可以点击"打开现有项目"来打开已经新建保存的项目文件，所有现有文件在右侧列表中。

图 4.7

第一次打开软件由于没有现有项目，因此需要先创建新项目。如图 4.8 所示，点击"创建新项目"后，在右侧创建新项目界面中编辑项目名称并选择项目保存的路径。

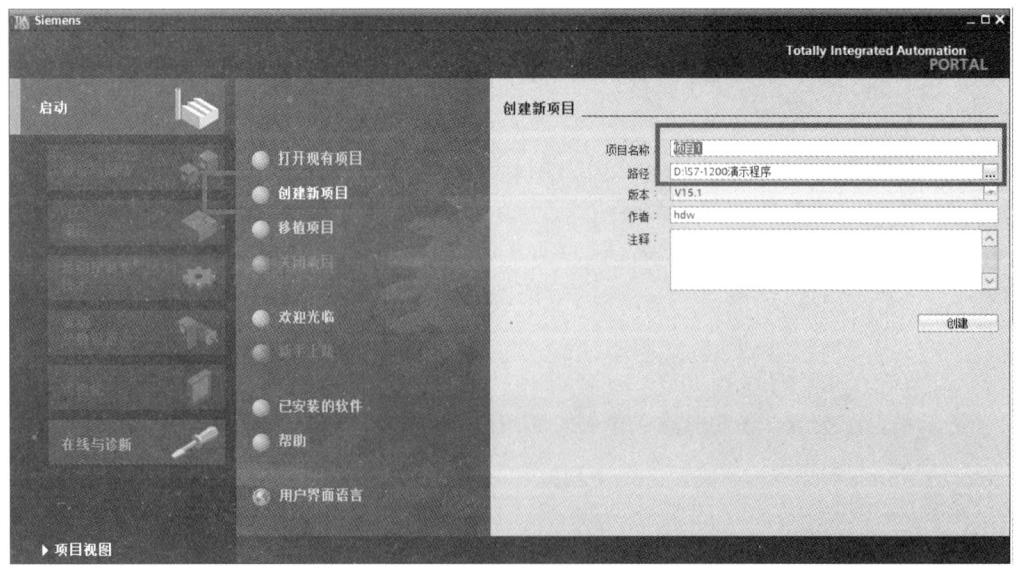

图 4.8

创建完成后点击界面中的"项目视图"进入主界面，如图 4.9 所示。

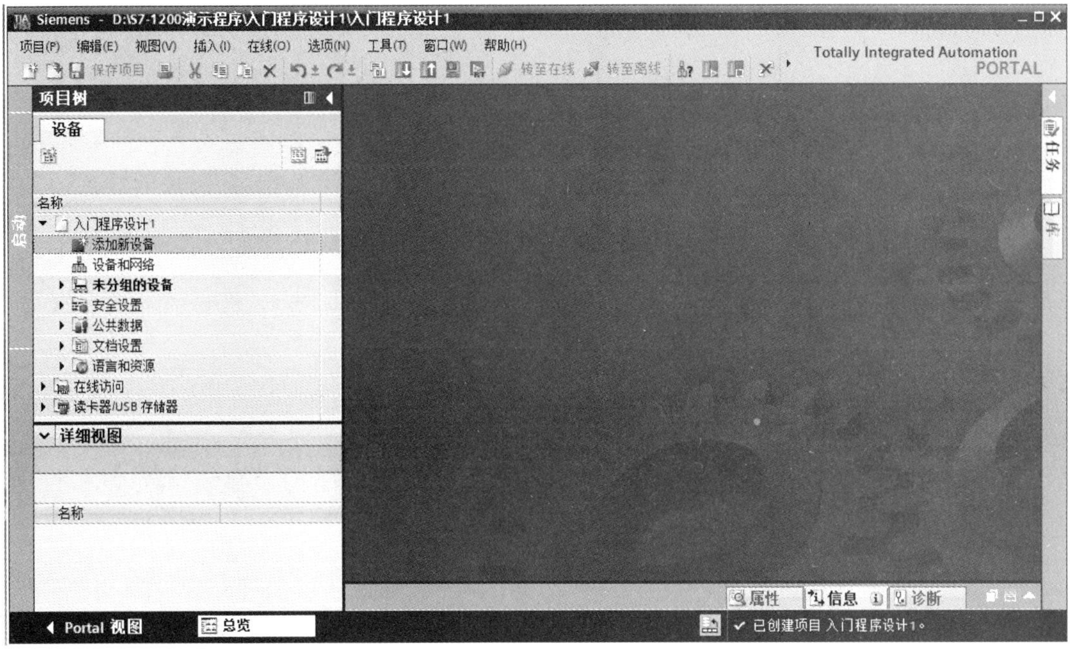

图 4.9

S7-1200 PLC 的编程下载入门需要完成以下内容：
- 硬件组态与 CPU 系统配置。
- 变量表编辑变量。
- 程序编写设计。
- 下载、仿真、在线监控。

（1）硬件组态与 CPU 系统配置。

在界面左侧的项目树中点击"添加新设备"后，进入如图 4.10 所示的添加新设备界面。在博图中可以添加控制器（PLC）、HMI（触摸屏）、PC 系统（上位机）和驱动（电机控制器）四大类型的设备。点击左侧"控制器"后可见控制器的各型号列表，本书中均以 S7-1200 系列 PLC 的 CPU 1214C DC/DC/DC 为例，在"控制器"中选择"SIMATIC S7-1200"，然后选中"CPU"中的"CPU 1214C DC/DC/DC"，最后选择该型号的订货号"6ES7 214-1AG40-0XB0"。订货号是用于确定 PLC 的唯一设备型号，必须与实际 PLC 上的订货号一致。

当确认并添加好设备后进入主界面，在项目树中双击"设备组态后"，分别出现设备视图窗口、硬件目录窗口和 PLC 属性窗口，如图 4.11 所示。设备视图用于显示添加的 PLC CPU 模块和各种扩展模块，由于本书中仅使用仿真功能来实现实例程序的运行和模拟，因此没有添加扩展模块；硬件目录中列出了需要添加的所有 CPU 模块类型和其他种类扩展模块。

图 4.10

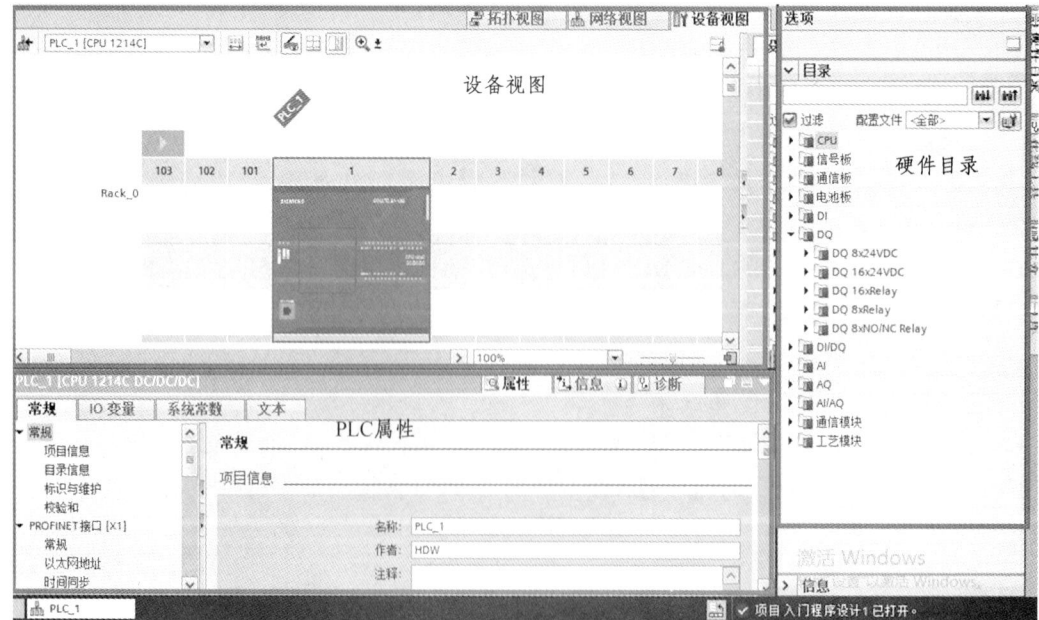

图 4.11

在 PLC 属性视图中提供了该 PLC 型号 CPU 模块的相关信息，可以根据设计要求来修改各个属性菜单中的配置，如图 4.12 所示。

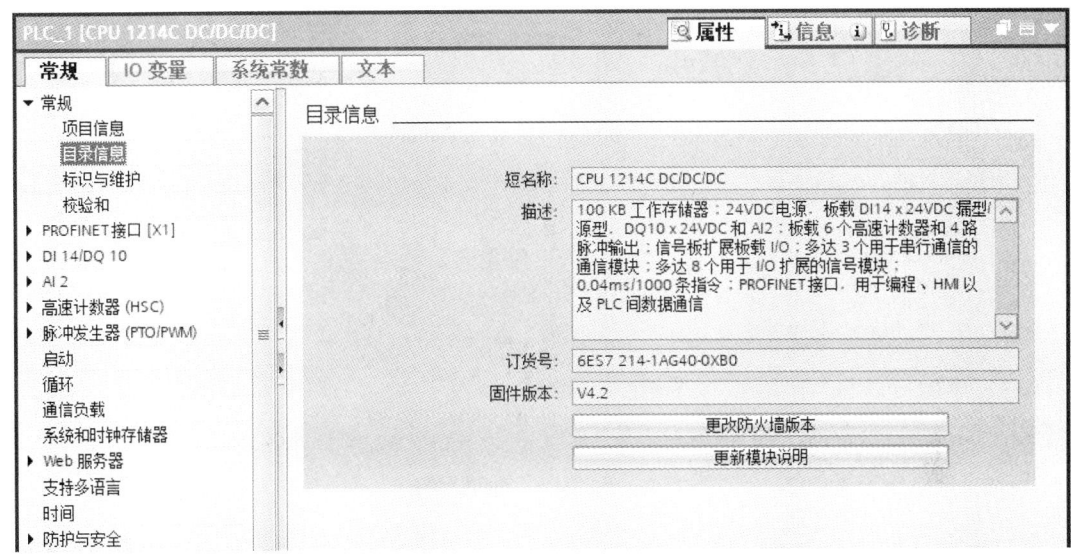

图 4.12

由于 S7-1200PLC 全系列都配置了标准的 PROFINET 网络接口，因此在如图 4.13 所示的"PROFINET 接口（X1）"中的"以太网地址"中需要手动分配 IP 地址用于编程计算机与 PLC 建立通信。

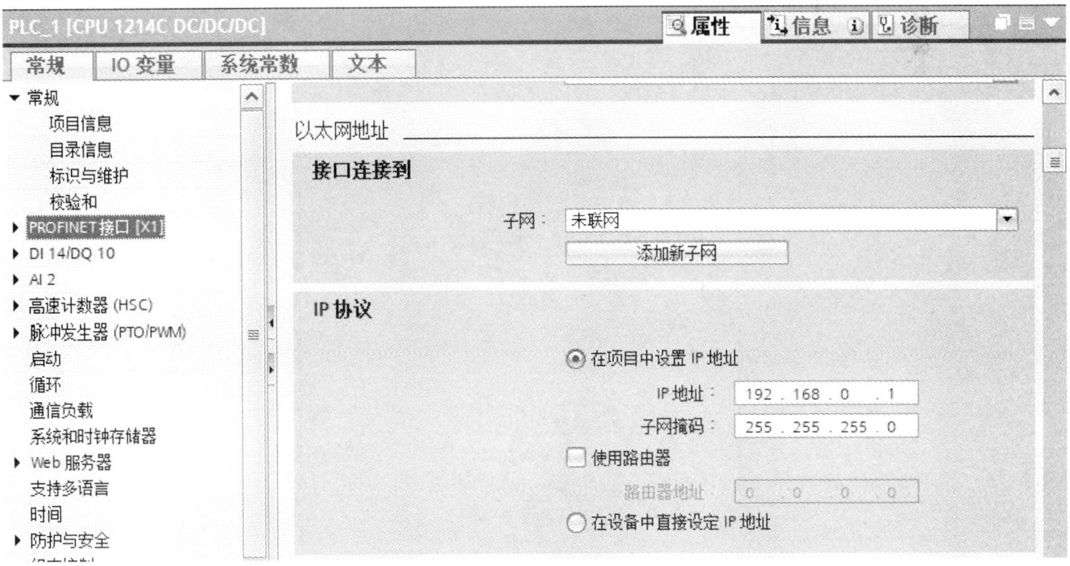

图 4.13

在图 4.14 中设置编程计算机的 IP 地址，例如本例中 PLC 的 IP 地址为"192.168.0.1"，同一网段内的其他 IP 地址，例如"192.168.0.2"到"192.168.0.255"。

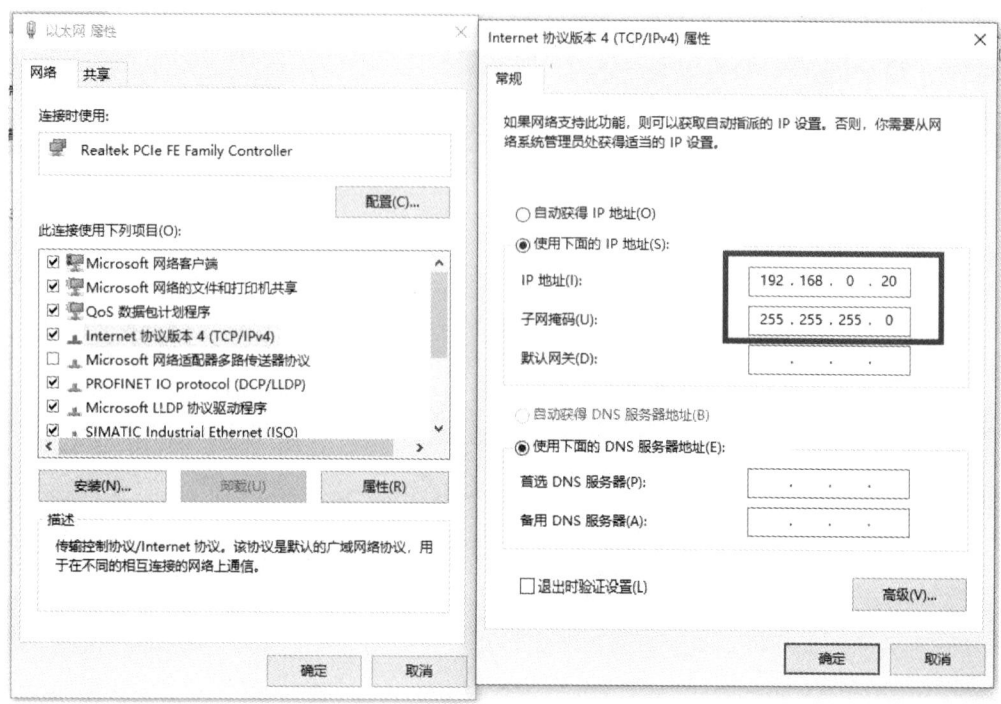

图 4.14

（2）变量表编辑变量。

在 PLC 编程时所有用到的变量和系统变量都会在"项目树"中"PLC 变量"的"显示所有变量"中展示，也可以通过"添加新变量表"来单独建立一个单独的变量表，如图 4.15 所示，这里为程序新建一个变量表。

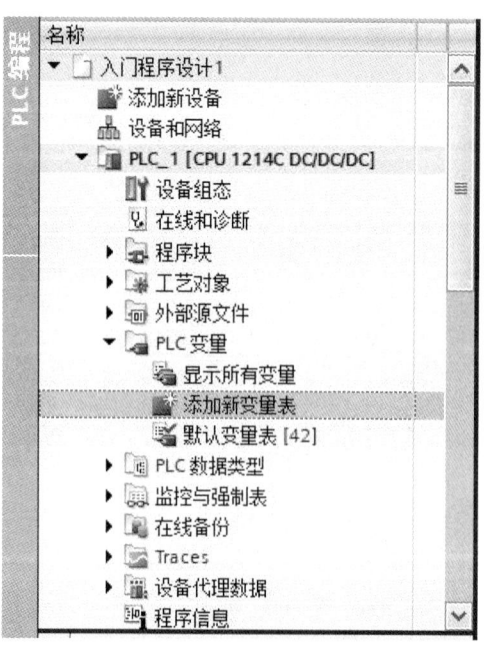

图 4.15

编写一个简单的"指示灯自锁程序"需要两个 PLC I/O 输入变量"启动按钮""停止按钮"和一个输出变量"指示灯",如图 4.16 所示。在程序下载运行后也可以通过"启用/禁用监视"对变量进行监视。

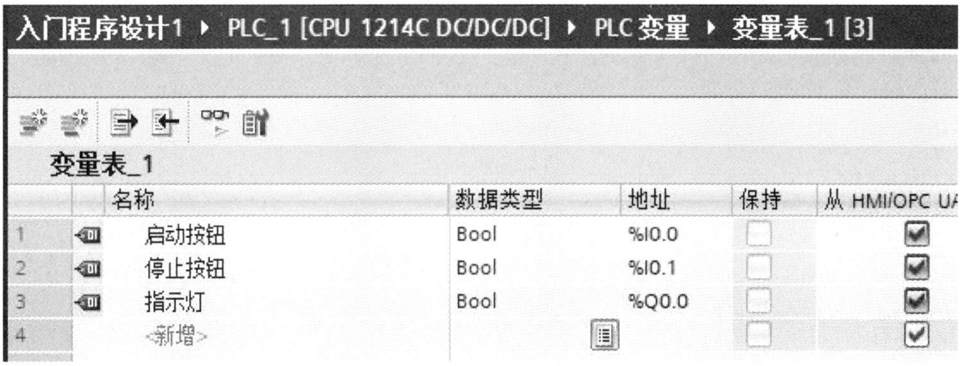

图 4.16

(3)程序编写设计。

在项目树中点击"程序块"后,此时默认只有一个"Main(OB1)"主程序,如图 4.17 所示。双击打开"Main(OB1)"主程序,主程序在 PLC 运行后循环执行,因此除中断程序外其他程序都通过主程序启动运行,本例也在主程序中进行编程。

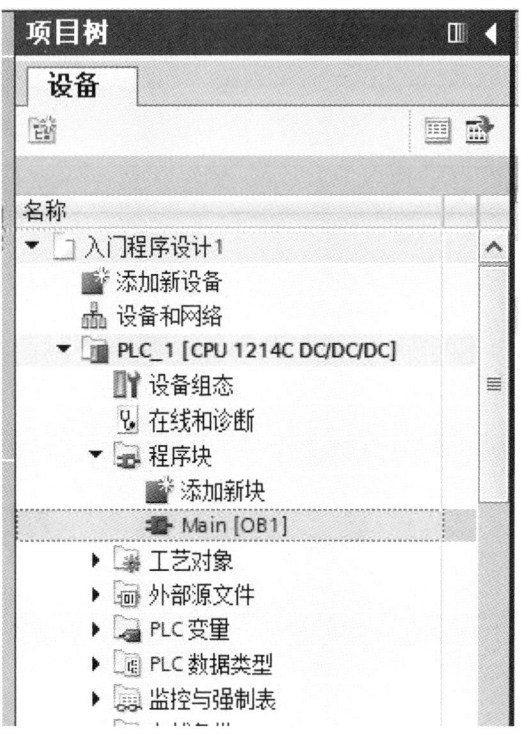

图 4.17

打开"Main(OB1)"主程序后进入图 4.18 所示的程序编辑界面,在界面的右侧是指令任务栏,可以直接通过拖拽将需要的指令拖入程序中进行编辑。

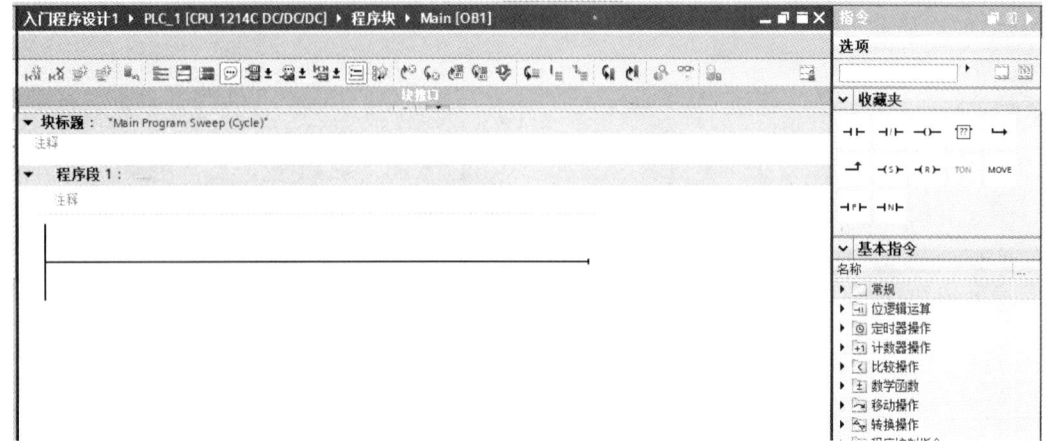

图 4.18

将自锁控制程序需要的指令都拖入到程序段 1 内后可按照图 4.19 进行梯形图放置，此时触点和线圈上都是空白，需要进行进一步的编辑来为各部件分配变量。

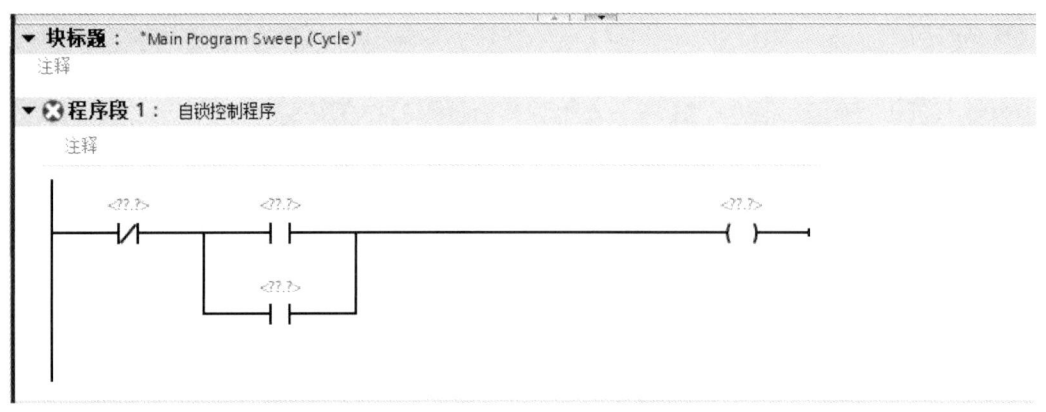

图 4.19

点击指令部件上方的红色<??.?>标签就会弹出变量选择列表，这里可以直接输入变量地址，例如"I0.0"或是通过列表选择已经在变量表中建立的变量标签，如图 4.20 所示。

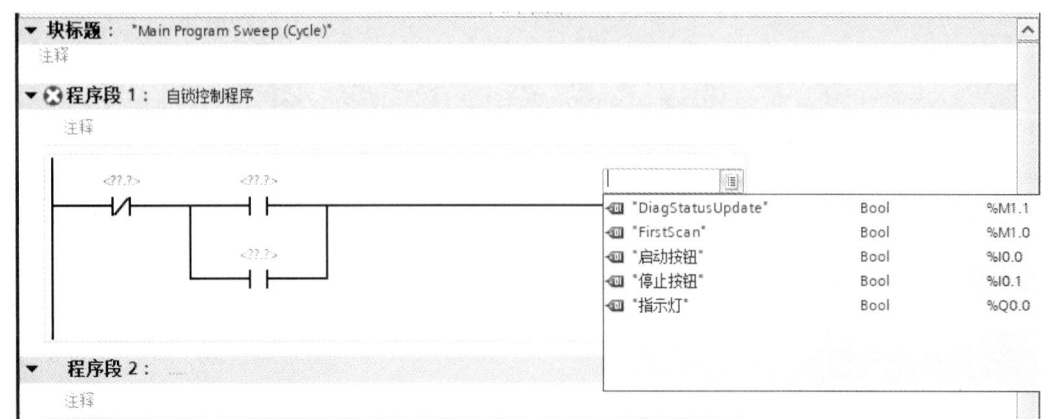

图 4.20

编写完成的梯形图程序如图 4.21 所示，同时对工程进行保存。

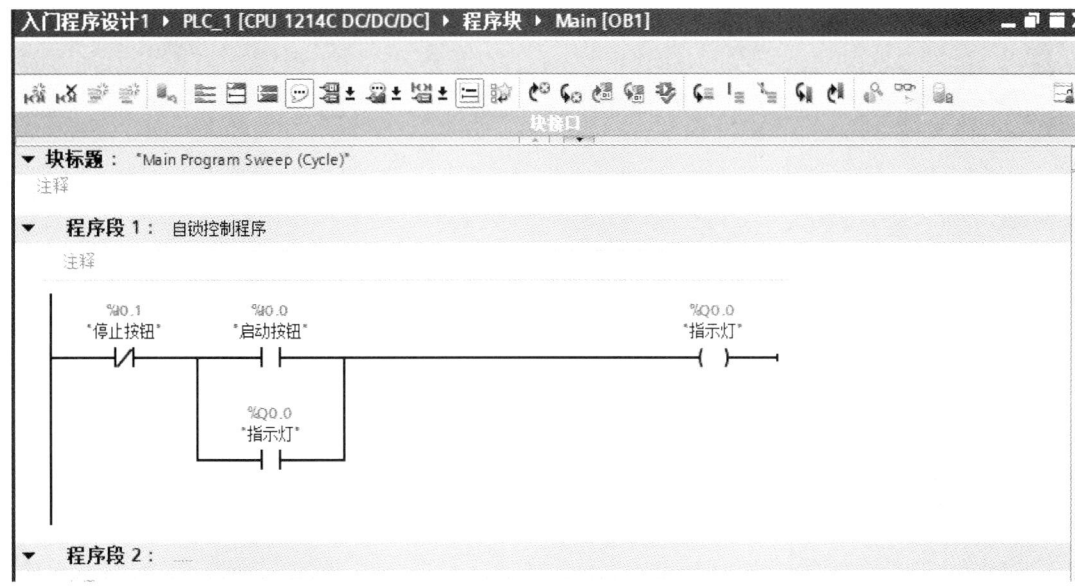

图 4.21

（4）下载、仿真、在线监控。

将用户程序下载到 PLC 或是下载到 PLCSIM 仿真器时，程序在下载之前会先进行编译，编译过程中可对硬件配置、程序语法以及可执行性进行分析，也可以通过软件中的编译命令或使用快捷键"Ctrl+B"单独进行编译，如图 4.22 所示。

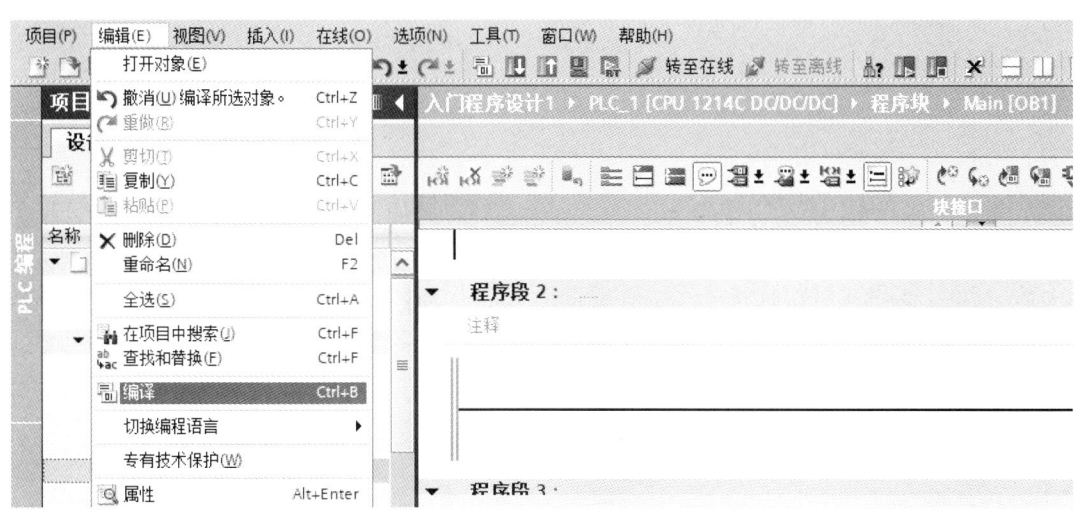

图 4.22

编译结果会在信息栏的编译界面进行显示，如图 4.23 所示。如果编译不通过也会提供报警提示信息，用户可以根据提示信息来排除程序故障。

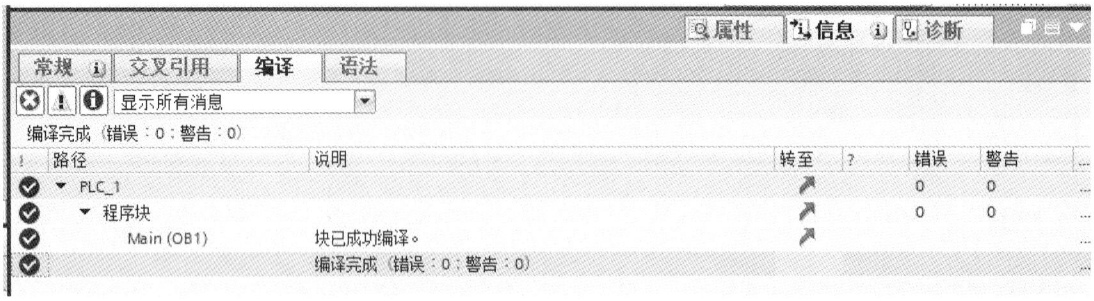

图 4.23

编译完成后可以通过"在线"中"下载到设备"或"扩展的下载到设备"将项目中的硬件配置和用户程序全部下载到设备中,如图 4.24 所示。

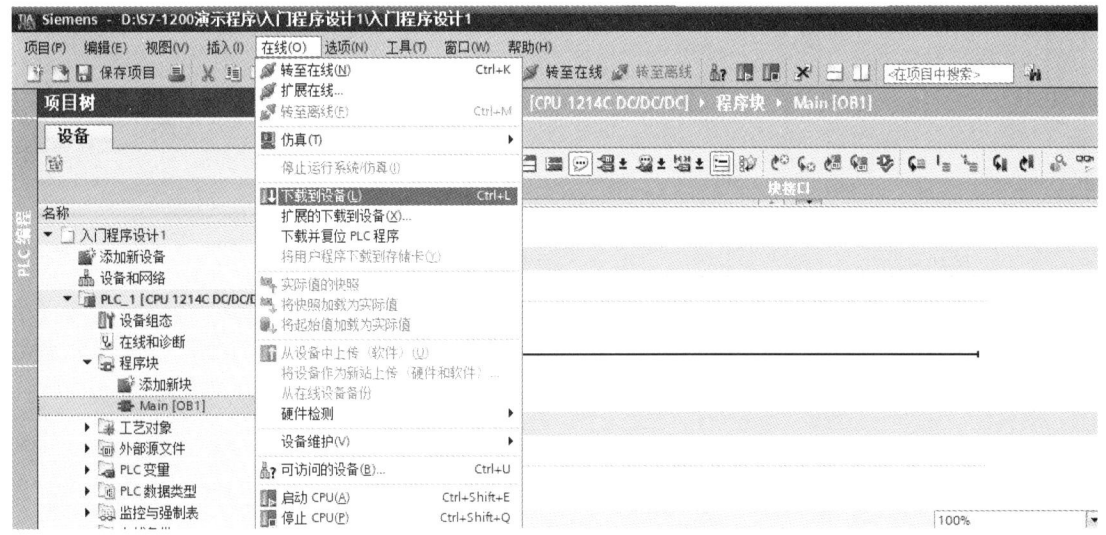

图 4.24

在下载界面中可以通过下载到不同的设备来选择不同的"PG/PC 接口",如果下载到与本机 PC 相连的 PLC 中要在此处选择编程本机 PC 的网卡,由于本书中的例程都是与 FACTORY IO 进行仿真,因此只需要选择 PLCSIM 作为"PG/PC 接口",当选项选择完成后,点击下方的"开始搜索",如图 4.25 所示,在设备列表中选择图 4.25 中设备名为"CPUcommon"的目标设备后就可以点击"下载"进行下载。

下载完成后在仿真器面板上会显示 PLCSIM 仿真器的连接状态,这里点击"RUN"按钮使 PLC 程序在 PLC 仿真器中运行,如图 4.26 所示。

在程序界面点击监视按钮可以对当前程序进行在线监控,实线表示梯形图的线路执行接通,虚线代表未接通,如图 4.27 所示。

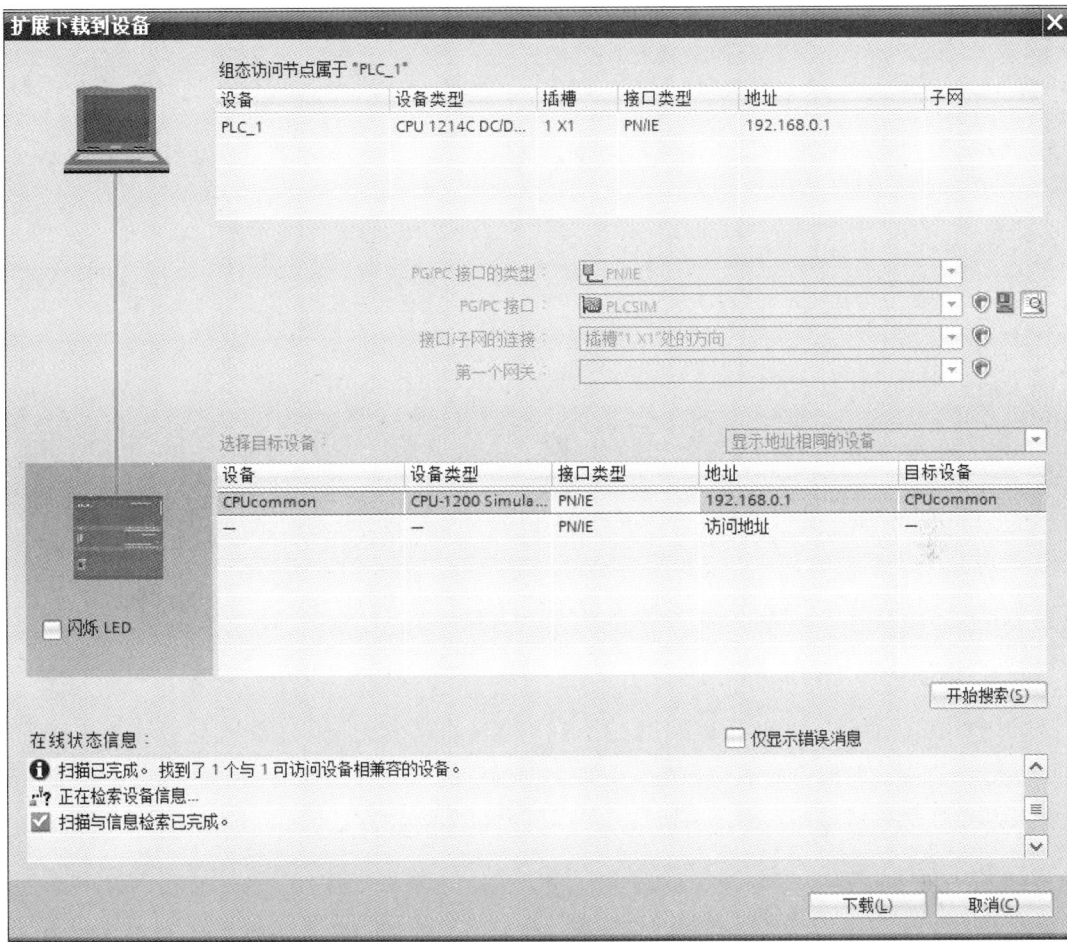

图 4.25

图 4.26

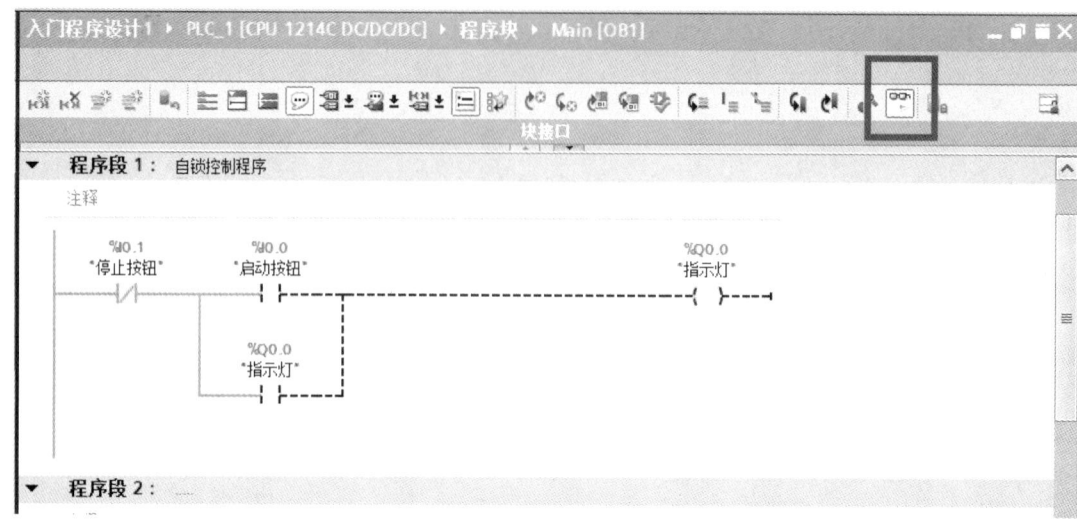

图 4.27

4.1.3 【任务 1】通过系统配置实现灯闪烁

1. 任务要求

通过对 PLC 的硬件中的系统进行配置,利用系统自带的 M 寄存器产生 1 秒和 2 秒的时钟脉冲信号,分别控制绿灯和黄灯闪烁,同时通过旋钮开关作为指示灯的总控制开关,旋钮接通绿灯和黄灯按指定频率闪烁,旋钮断开两个指示灯熄灭。

2. PLC 系统配置

在如图 4.28 所示的"系统和时钟存储器"中勾选"启用系统存储器字节",其中包括了 4 个常用的系统寄存器,在编写初始化程序和调试程序时会经常用到。

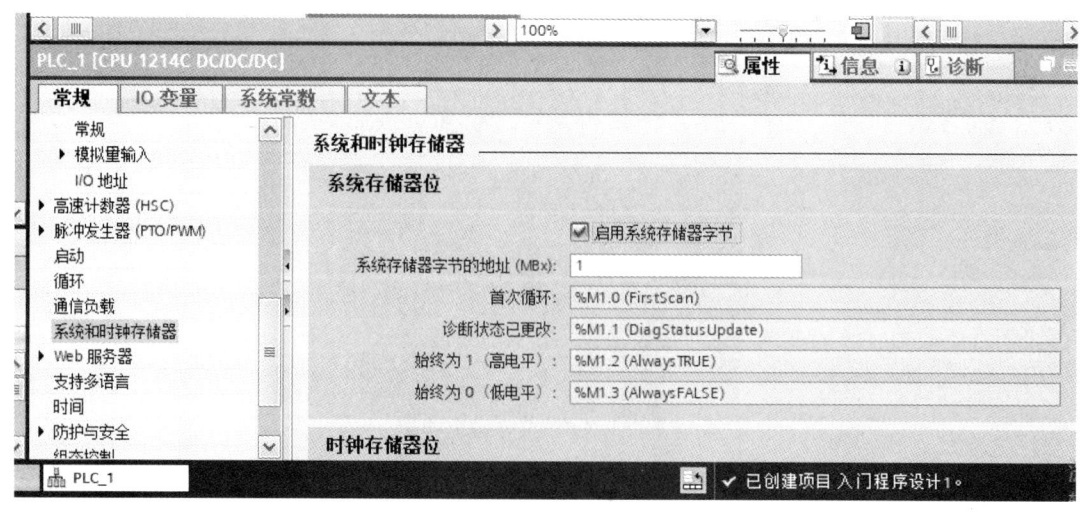

图 4.28

随后在"系统和时钟存储器"中勾选"时钟存储器字节",如图 4.29 所示,这里默认的是字节 MB0 中的 M0.0 到 M0.7，分别用于存放不同频率的时钟信号：

M0.0（产生 0.1 秒间隔闪烁）；
M0.1（产生 0.2 秒间隔闪烁）；
M0.2（产生 0.4 秒间隔闪烁）；
M0.3（产生 0.5 秒间隔闪烁）；
M0.4（产生 0.8 秒间隔闪烁）；
M0.5（产生 1 秒间隔闪烁）；
M0.6（产生 1.6 秒间隔闪烁）；
M0.7（产生 2 秒间隔闪烁）。

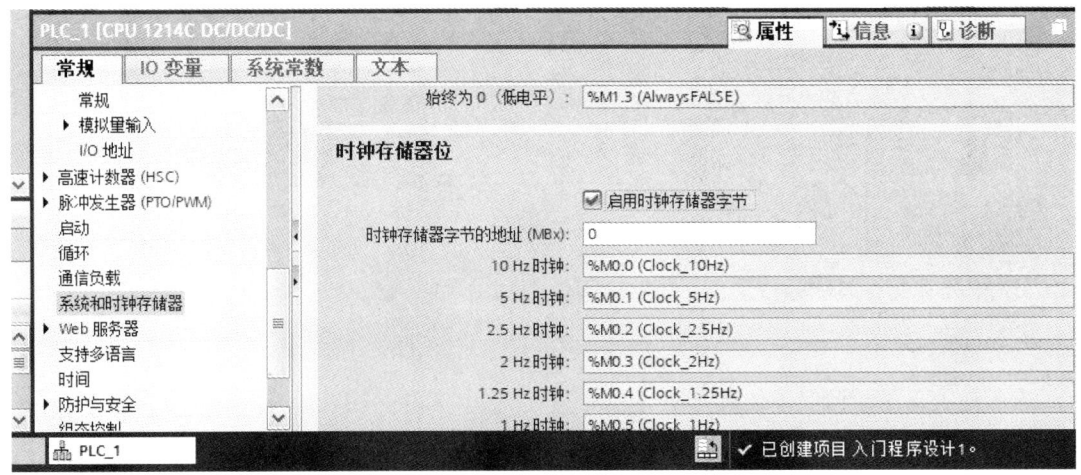

图 4.29

3. PLC 输入输出信号

PLC 输入输出信号如图 4.30 所示。

	名称	数据类型	地址	保持	可从…	从 H…	在 H…
1	旋钮控制开关	Bool	%I0.0		✓	✓	✓
2	绿色指示灯	Bool	%Q0.0		✓	✓	✓
3	黄色指示灯	Bool	%Q0.1		✓	✓	✓

图 4.30

4. 场景仿真

按照任务要求，在场景内放置一根立柱和电控柜，在电控柜上放置一个旋钮开关和两个信号指示灯，如图 4.31 所示。

图 4.31

当驱动中显示与西门子仿真器 PLCSIM 连接成功,如图 4.32 所示,就可以在场景中直接运行仿真。

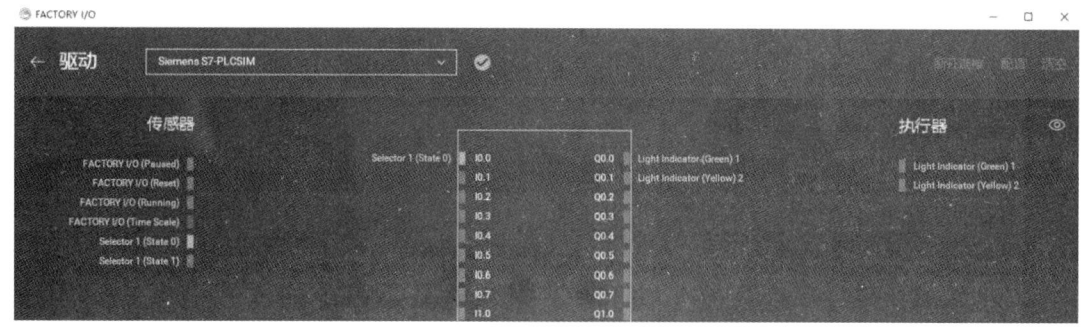

图 4.32

5. PLC 编程

根据任务要求,当旋钮开关接通后两个信号指示灯分别以 1 秒和 2 秒的周期进行闪烁,当电控柜上的旋钮开关断开后两个信号指示灯一起熄灭。对应的 PLC 编程如图 4.33 所示。

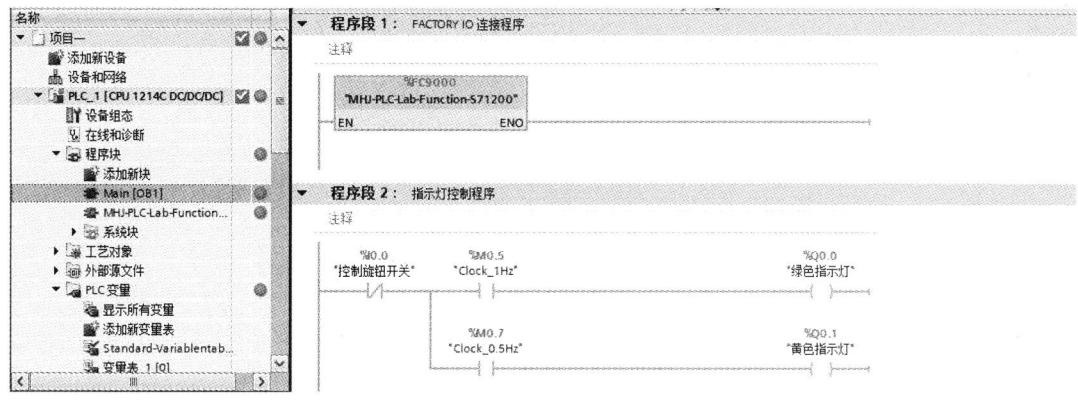

图 4.33

4.1.4 西门子 S7-1200PLC 的基本数据类型

西门子 S7-1200PLC 与其他品牌类型的 PLC 的数据读取方式不同，很多 PLC 都是通过符号代号来读取数据，而 S7-1200 序列 PLC 则是通过直接读取数据的存储地址来读写数据。PLC 存储器的地址区包括输入变量（I）区、输出变量（Q）区、中间变量存储器（M）区、数据块（DB）、临时存储（L）区等。地址数据的可访问地址区和地址数据的表示方式如表 4.2 所示。

表 4.2 PLC 地址区列表

地址区	地址数据单位类型	符号	符号举例
输入变量 I 区	输入（位）	I	%I0.0
	输入（字节）	IB	%IB0
	输入（字）	IW	%IW0
	输入（双字）	ID	%ID0
输出变量 Q 区	输出（位）	Q	%Q0.0
	输出（字节）	QB	%QB0
	输出（字）	QW	%QW0
	输出（双字）	QD	%QD0
中间变量存储 M 区	存储区（位）	M	%M0.0
	存储区（字节）	MB	%MB0
	存储区（字）	MW	%MW0
	存储区（双字）	MD	%MD0
数据块 DB	数据（位）	DBX	%DB1.DBX0.0
	数据（字节）	DBB	%DB1.DBB0
	数据（字）	DBW	%DB1.DBW0
	数据（双字）	DBD	%DB1.DBD0

续表

地址区	地址数据单位类型	符号	符号举例
临时存储 L 区	局部数据（位）	L	%L0.0
	局部数据（字节）	LB	%LB0
	局部数据（字）	LW	%LW0
	局部数据（双字）	LD	%LD0

存储区地址只表示了存储器的大小和存储区的位置，但是所有存储器都是用来存放数据的，所以在使用数据存放的地址时还要定义数据的类型。数据类型用于指定数据的大小和格式，在定义变量时一定要指定这个变量的数据地址，同时也需要定义这个变量的数据类型。例如，整数类型和字（WORD）类型数据都占用 16 位二进制数的存储空间，但是其中数据所表达的含义完全不同。西门子 S7-1200 系列 PLC 的基本数据类型如表 4.3 所示。

表 4.3　变量数据类型列表

变量类型	符号	位数	值范围	常数举例
位	Bool	1	0，1	TRUE，FALSE 或 1，0
字节	Byte	8	16#00 ~ 16#FF	16#12，16#1D
字	Word	16	16#0000 ~ 16#FFFF	16#CDEF，16#0001
双字	DWord	32	16#00000000 ~ 16#FFFFFFFF	16#1234ABCD
短整数	Sint	8	−128 ~ 127	123，−123
整数	Int	16	−32768 ~ 32767	12345，−12345
长整数	Dint	32	−2147483648 ~ 2147483647	12345678，−12345678
无符号短整数	USint	8	0 ~ 255	123
无符号整数	UInt	16	0 ~ 65535	12345
无符号长整数	UDint	32	0 ~ 4294967295	1234555555
浮点数（实数）	Real	32	$\pm 1.175495 \times 10^{-38}$ ~ $\pm 3.402823 \times 10^{38}$	12.45，−3.4，−1.2E+12
字符	Char	8	16#00 ~ 16#FF	'A'，'b'
时间	Time	32	T#−24d20h31m23s648ms ~ T#24d20h31m23s648ms	T#1d2h10m15s500ms

（1）"Bool"型数据类型。

位变量类型的数据类型为"Bool"型，表示一位二进制数。在软件中，Bool 变量的值显示为 0 和 1 或是显示 True 和 False。位数据的变量地址由字节地址和位地址共同组成，例如 I2.6 就是一个典型的 Bool 型变量，其中 I 表示输入信号，其中字节地址为 2，位地址为 6，此外 M1.0 和 Q1.3 分别表示中间存储区和输出存储区的 Bool 型变量。在软件编程时根据标准，直接变量的前缀需要加上百分号符号%，后面才是数据地址，如图 4.34 所示。

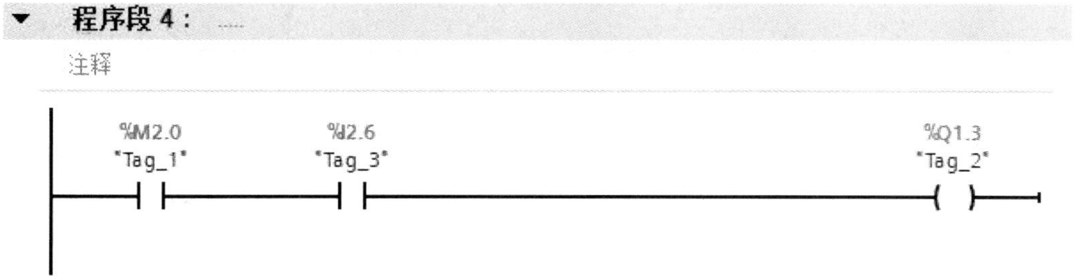

程序段 4：
注释

```
    %M2.0        %I2.6                                %Q1.3
    "Tag_1"      "Tag_3"                              "Tag_2"
────┤ ├──────────┤ ├──────────────────────────────────( )────
```

图 4.34

（2）字节型数据类型。

字节（Byte）由 8 位二进制数组成。例如，同一字节地址的 8 个位 I2.0 到 I2.7 组成一个字节 IB2，如图 4.35 所示。

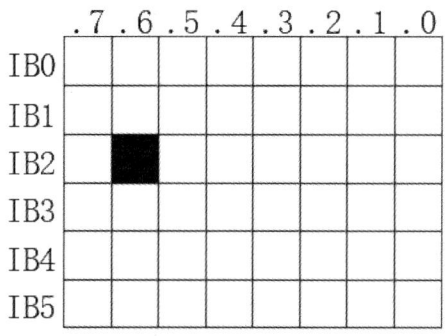

图 4.35

字（Word）由相邻的 2 个字节组成，例如字 MW100 由字节 MB100 和 MB101 组成。在地址表示时 M 表示为 M 存储区，W 表示数据类型为字。

双字（DWord）由相邻的 2 个字或相邻的 4 个字节组成，例如双字 MD100 由 MW102 和 MW100 组成或由 MB100 ~ MB103 组成。

字节、字和双字之间的关系如图 4.36 所示，其中字和双字都是以最小的字节编号作为自身的编号，但是其包含的最大编号的字节是其字或者双字的最低位字节。

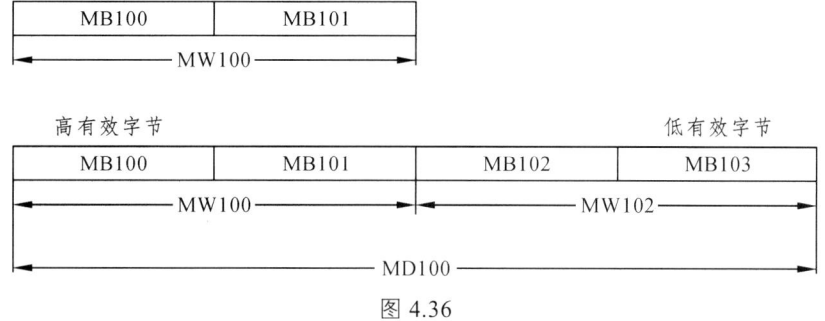

图 4.36

（3）整数型数据类型。

整数类型（Int）包含有无符号短整数、无符号整数、无符号长整数、短整数、整数、长整数共 6 种类型的整数。

（4）实数型数据类型。

实数类型包含浮点数实数（Real）和双精度浮点数实数（LReal），它们是用来存放有理数的，因此会显示小数部分。

（5）字符型数据类型。

每个字符（Char）占用一个字节（Byte）长度，Char 数据类型以 ASCII 格式存储，可以表示 256 个不同的字符，其中包含大小写字母、数字和一些特殊字符。

（6）时间型数据类型。

时间数据类型（Time）用于输入和显示时间，其中包含天数（d）、小时（h）、分钟（m）、秒（s）和毫秒（ms），它需要占用一个双字的存储空间。

4.1.5 【任务 2】不同类型变量赋值并监控

1. 任务要求

在 PLC 变量中新建变量：

MD100（变量类型为实数类型）；

MD200（变量类型为双字类型）；

MB100 ~ MB103（变量类型为字节类型）；

MB200 ~ MB203（变量类型为字节类型）；

MW300（变量类型为字类型）；

MW302（变量类型为整数类型）。

在程序段中通过"MOVE"移动指令分别对 MD100 和 MD200 赋值实数 1.01，对 MW300 和 MW302 赋值整数 64，完成编程后在 PLC 变量表中在线监控所有变量中的变量值。

2. 新建变量并定义数据类型

新建变量并定义数据类型如图 4.37 所示。

		名称	变量表	数据类型	地址	保持	可从…	从 H…	在 H…	注释
15		实数存储	Standard-Var...	Real	%MD100	☐	☑	☑	☑	
16		双字存储	Standard-Var...	DWord	%MD200	☐	☑	☑	☑	
17		MD100第一字节	Standard-Var...	Byte	%MB100	☐	☑	☑	☑	
18		MD100第二字节	Standard-Var...	Byte	%MB101	☐	☑	☑	☑	
19		MD100第三字节	Standard-Var...	Byte	%MB102	☐	☑	☑	☑	
20		MD100第四字节	Standard-Var...	Byte	%MB103	☐	☑	☑	☑	
21		MD200第一字节	Standard-Var...	Byte	%MB200	☐	☑	☑	☑	
22		MD200第二字节	Standard-Var...	Byte	%MB201	☐	☑	☑	☑	
23		MD200第三字节	Standard-Var...	Byte	%MB202	☐	☑	☑	☑	
24		MD200第四字节	Standard-Var...	Byte	%MB203	☐	☑	☑	☑	
25		字节存储	Standard-Var...	Word	%MW300	☐	☑	☑	☑	
26		整数存储	Standard-Var...	Int	%MW302	☐	☑	☑	☑	

图 4.37

3. PLC 编程

PLC 编程如图 4.38 所示。

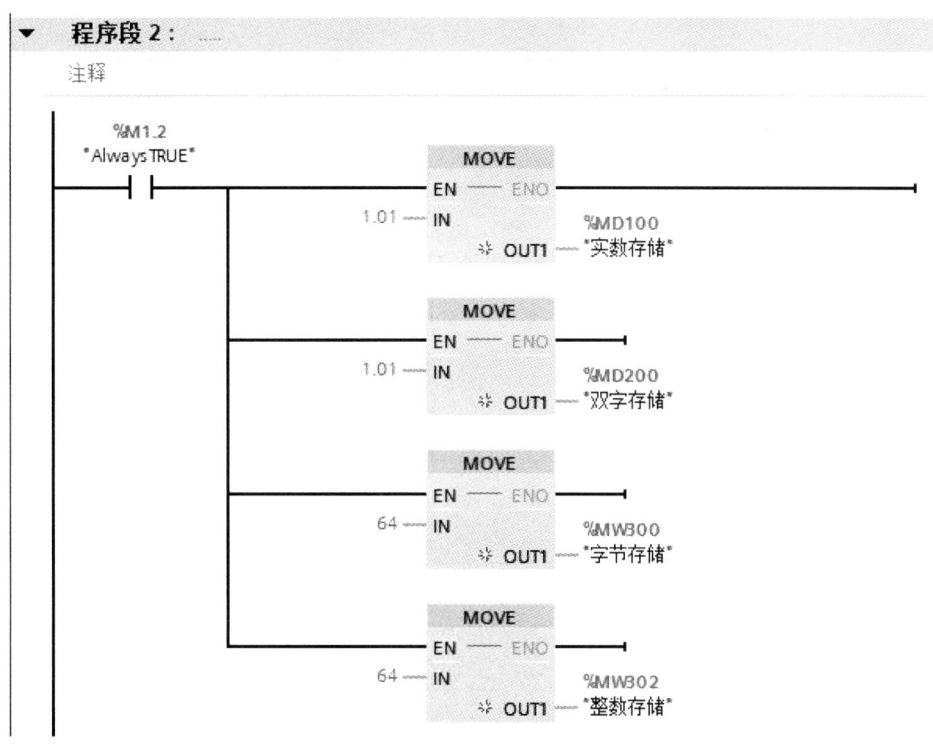

图 4.38

4. 在线监控

通过在线监控可以观察到对不同数据类型的变量进行同样的赋值，在变量中的数据表现形式完全不同，如图 4.39 所示。另外要注意在 MB100～MB103 中 MB100 存储的是最高位数据，而 MB103 存储的是最低位数据。同样占 16 个存储位的 MW300 和 MW302，由于变量的数据类型不同，因此同样赋值整数 64，在 MW300 中是以 16 进制形式表现，而在 MW302 中显示为整数 64。

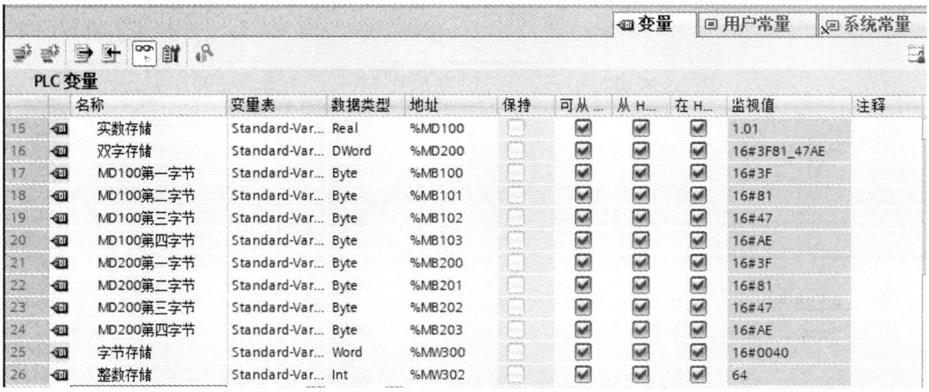

图 4.39

4.2 S7-1200PLC 基本指令应用

西门子 S7-1200 系列 PLC 的指令共分为：基本指令、扩展指令、工艺指令、通信指令。其中基本指令是所有编程必须使用到的指令，基本指令中包含了：位逻辑指令、定时器指令、计数器指令、比较指令、数学函数指令、移动指令、转换指令、程序控制指令、字逻辑运算指令、移位和循环指令。S7-1200 系列 PLC 支持的编程语言包括梯形图、功能图和结构化控制语言。由于梯形图在实际应用中最为广泛，因此本章只使用梯形图方式进行编程和指令应用讲解。

4.2.1 位逻辑指令

位逻辑指令是梯形图编程中实现逻辑控制的基本指令，位逻辑指令所包含的基本指令如表 4.4 所示。

表 4.4 位逻辑基本指令

指令符号	功能	指令符号	功能
─┤ ├─	常开触点	─┤ P ├─	检测信号上升沿
─┤/├─	常闭触点	─┤ N ├─	检测信号下降沿
─┤NOT├─	RLO 取反	─(P)─	在信号上升沿置位操作数
─( )─	线圈	─(N)─	在信号下降沿置位操作数
─(/)─	线圈取反	P_TRIG	触点 RLO 上升沿检测
─(R)─	复位	N_TRIG	触点 RLO 下降沿检测
─(S)─	置位	R_TRIG	信号上升沿检测
SET_BF	置位位域	F_TRIG	信号下降沿检测
RESET_BF	复位位域		
SR	置位/复位触发器		
RS	复位/置位触发器		

（1）常开触点和常闭触点。

任何一个位类型的变量都可以用触点信号表示其状态，比如输入信号或是输出信号的状态。常开触点和常闭触点符号见表 4.4，当常开触点所表示的位状态为 1（True）时触点接通，当状态为 0（False）时触点断开；与常开触点相反，常闭触点所表示的位状态为 1（True）时触点断开,当状态为 0(False)时触点接通。例如在图 4.40 中,当 I0.0 的值为 0(False)时,I0.0 的常闭触点接通,常开触点断开,因此 Q0.1 无法接通。

图 4.40

触点间可以任意进行串联或者并联,这样可以实现逻辑上的"与"功能和"或"功能。在图 4.41 中,通过两个触点串联实现了两个信号的"与"功能,串联的两个触点必须同时接通后输出线圈 Q0.0 才能接通。

图 4.41

在图 4.42 中,通过两个触点并联实现了两个信号的"或"功能,并联的两个触点只需要有一个信号接通输出线圈 Q0.0 就可以接通。

图 4.42

(2)RLO 信号取反。

"RLO"代表的是梯形图中从左侧到右侧能流上的逻辑运算结果,能流接通反映在梯形图上就是实线,能流未接通反映在梯形图上就是虚线。在图 4.43 中,取反指令之前的能流 RLO 信号是断开状态,经过取反指令"NOT"后能流 RLO 信号变成接通状态使输出线圈 Q0.1 接通。

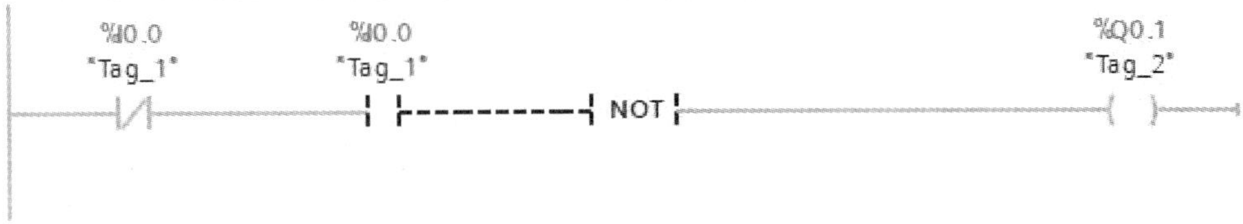

图 4.43

(3)线圈与线圈取反。

线圈是将能流 RLO 的逻辑运算结果直接输出到线圈指定的位地址中。如果线圈之前的能流接通，线圈的位状态写入 1；如果线圈之前的能流断开，线圈的位状态写入 0。线圈取反就是将线圈位应写入的位状态值取反。例如在图 4.44 中，M3.0 信号前的能流接通，M3.0 线圈的值原本应为 1，在线圈取反后 M3.0 线圈的值变为 0。

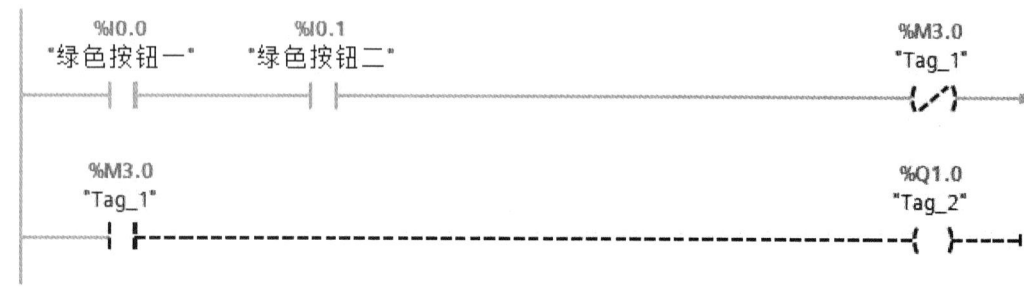

图 4.44

注意：在编程时不要出现"双线圈"情况。双线圈是指同一个地址的线圈重复出现，这样在程序中会造成混乱，逻辑上无法判断是哪一条能流 RLO 来控制输出线圈。如果要使用多条逻辑能流来控制同一个线圈，可以将能流并联或是采用中间状态位进行转换。

(4)置位/复位指令。

置位指令"S"是将操作数指定的地址位状态置位为 1，执行完置位指令后被执行地址位一直保持为 1，直到有其他指令对操作数进行修改。

复位指令"R"是将操作数指定的地址位状态置位为 0，执行完置位指令后被执行地址位一直保持为 0，直到有其他指令对操作数进行修改。

置位与复位都是具有保持性的指令，在程序中使用过置位指令后一定会使用复位指令将操作数复位，可见下面信号时序图，如图 4.45 所示，当 I1.0 输入信号接通瞬间输出操作数 Q1.0 变为 1 状态并一直保持，直到 I1.1 输入信号接通瞬间 Q1.0 的状态才变为 0。

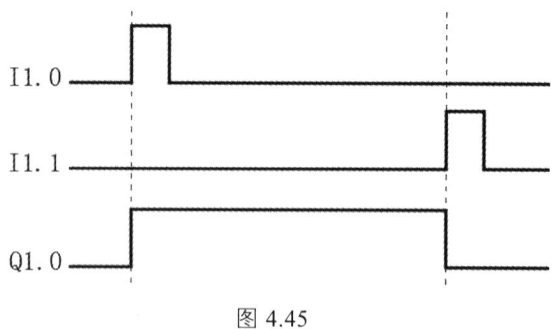

图 4.45

(5)置位位域/复位位域指令。

置位和复位指令只能对单独的一个位进行操作，在编写程序时经常需要对多个连续的位进行置位和复位操作。例如，在初始化 PLC 的输出信号时需要对一组信号同时进行复位。在指令中有两个操作数：一个指定需要进行置位/复位变量的首地址，另一个用来设定需要执行置位/复位的连续位地址的数量。

按图 4.46 中所编辑的程序，当 I0.2 接通后从 M4.0 到 M4.4 的 5 个位地址被执行批量置位全部变为 1，当 I0.3 接通后从 M4.0 到 M4.4 的 5 个位地址被执行批量复位全部变为 0。对 M4.0 到 M4.4 的 PLC 变量进行在线监控，I0.2 接通后 M4.0 ~ M4.4 的值如图 4.47 所示，I0.3 接通后 M4.0 ~ M4.4 的值如图 4.48 所示。

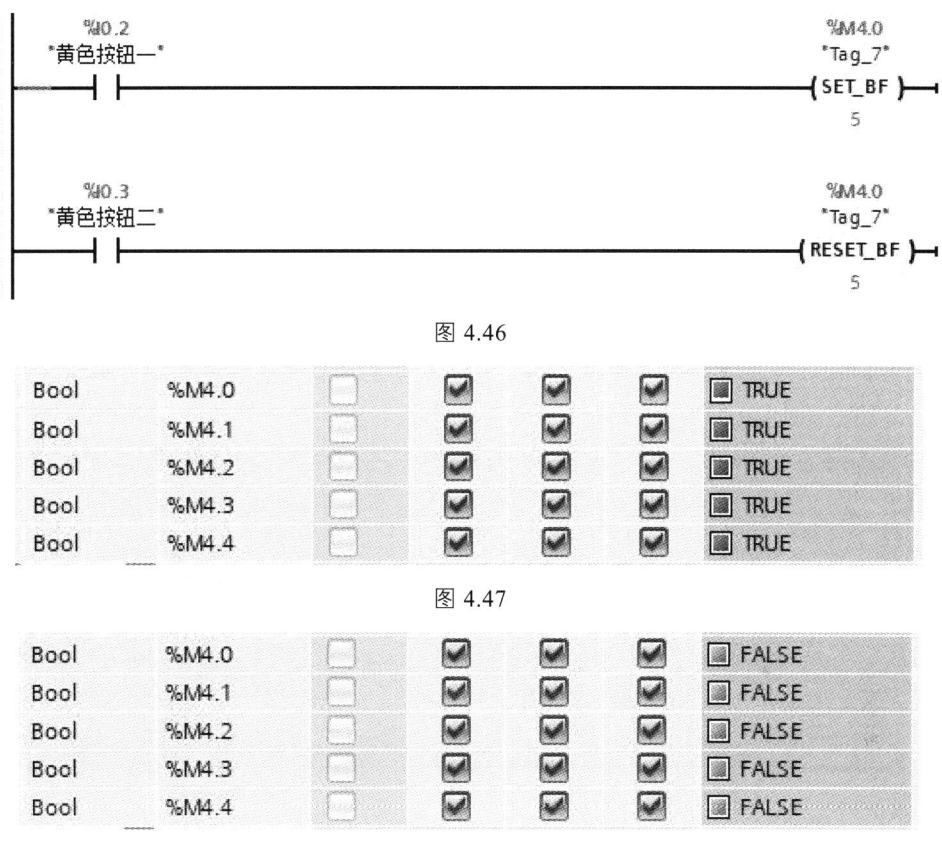

（6）SR/RS 触发器指令。

除了置位/复位指令外，SR/RS 触发器指令也用于对位信号进行置位/复位操作。与置位/复位指令不同的是，SR/RS 触发器具有优先执行的功能。SR/RS 触发器由两个输入信号共同控制。SR 触发器指令是复位信号优先，当置位和复位信号同时作用时输出执行复位操作；RS 触发器指令是置位信号优先，当置位和复位信号同时作用时输出执行置位操作。

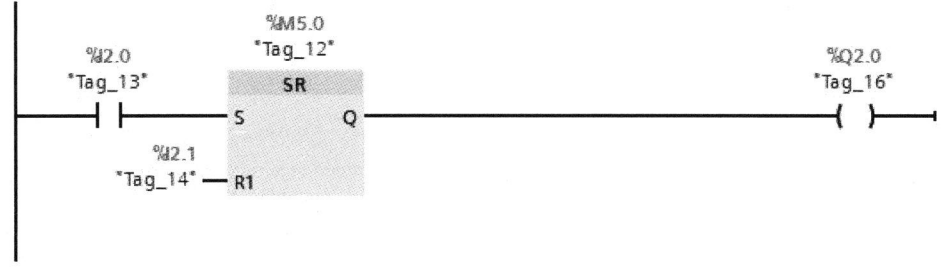

图 4.49

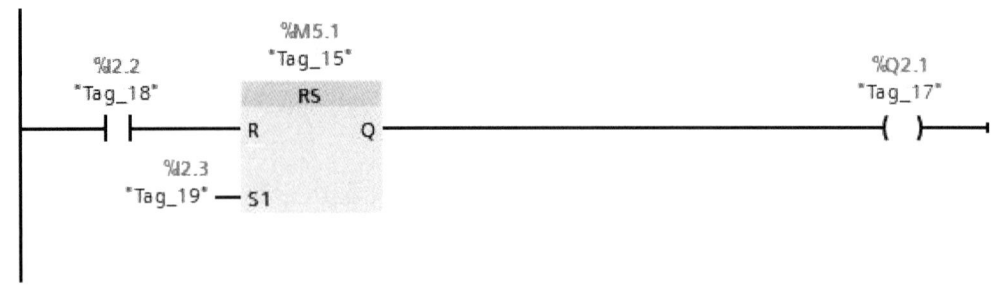

图 4.50

在图 4.49 中，S 端的 I2.0 和 R1 端的 I2.1 分别控制 SR 触发器，触发器的结果输出到 M5.0 中，同时输出端 Q 与 M5.0 的状态保持一致，当 S 端和 R1 端同时接通时，优先执行复位操作；在图 4.50 中，R 端的 I2.2 和 S1 端的 I2.3 分别控制 SR 触发器，触发器的结果输出到 M5.1 中，同时输出端 Q 与 M5.1 的状态保持一致，当 R 端和 S1 端同时接通时，优先执行置位操作。

（7）检测信号上升/下降沿指令。

上升沿和下降沿是信号接通或断开一瞬间的状态，可以看到图 4.51 中 Q1.0 信号从 0 状态突然到 1 状态时的瞬间定义为信号的上升沿，从 1 状态突然到 0 状态时的瞬间定义为信号的下降沿。

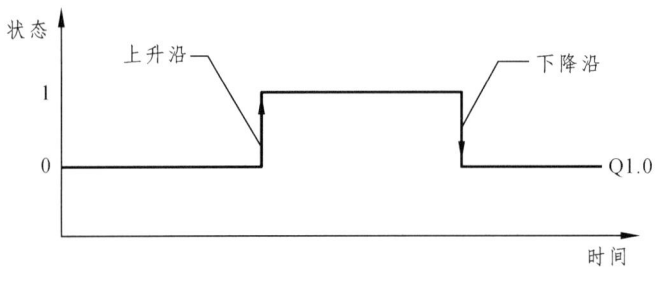

图 4.51

|P|和|N|指令是两个触点操作指令。|P|是对指定操作数的位进行信号上升沿的检测，当检测到上升沿信号后|P|触点在一个扫描周期内保持接通状态；|N|是对指定操作数的位进行信号下降沿的检测，当检测到下降沿信号后|N|触点在一个扫描周期内保持接通状态。

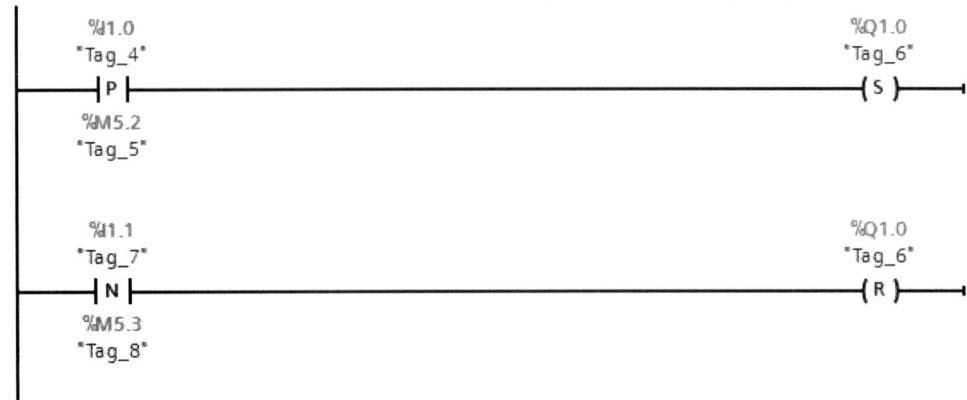

图 4.52

(8) P_TRIG/N_TRIG 指令。

P_TRIG/N_TRIG 指令和|P|/|N|指令都是检测上升沿和下降沿的指令,它们区别在于:|P|/|N|指令是对指令中指定的位的上升沿或下降沿状态进行检测;而 P_TRIG/N_TRIG 指令是对指令 CLK 输入端的 RLO 能流进行检测,当 CLK 端的能流接通时指令的 Q 输出端接通一个扫描周期。

在图 4.53 中,当 I1.0 和 I1.1 同时接通的上升沿能流产生时,P_TRIG 指令的 Q 端接通,一个扫描周期会让执行置位 Q1.0 操作;当 I1.0 和 I1.1 串联的能流断开的一瞬间产生下降沿,下降沿被 N_TRIG 指令检测到后 Q 端接通,一个扫描周期会让输出执行复位 Q1.0 操作。

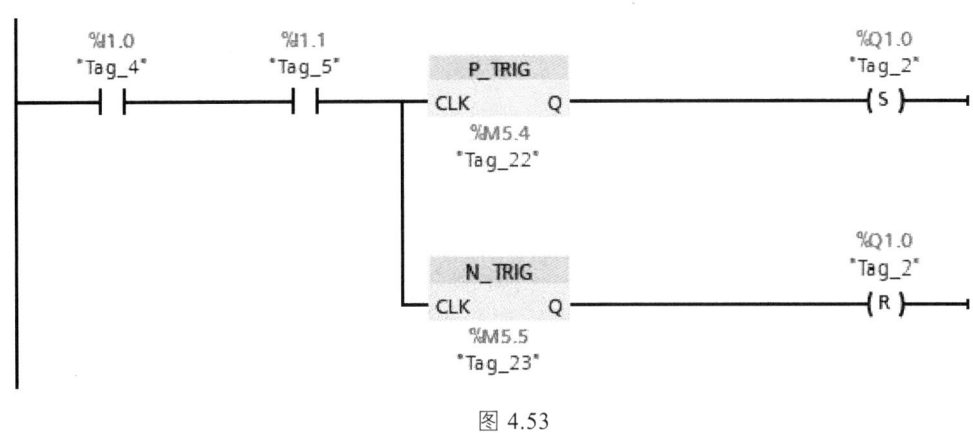

图 4.53

4.2.2 【任务 3】信号灯的多开关控制

1. 任务要求

本任务通过模仿房间内多开关控制同一照明灯的功能来掌握常开触点和常闭触点的基本使用方法,分别在两个电控柜上各放置两个黄色按钮和一个绿色按钮并在其中一个电控柜上放置一个三色信号塔灯,每次按下其中一个绿色按钮或者松开一个绿色按钮后绿色信号灯的状态发生变化;同样每次按下其中一个黄色按钮或者松开一个黄色按钮后黄色信号灯的状态发生变化。

2. PLC 输入输出信号

程序所需要使用的所有输入输出信号如图 4.54 所示。

15	黄灯	Standard-Variablen...	Bool	%Q0.1
16	绿灯	Standard-Variablen...	Bool	%Q0.0
17	绿色按钮一	Standard-Variablen...	Bool	%I0.0
18	绿色按钮二	Standard-Variablen...	Bool	%I0.1
19	黄色按钮一	Standard-Variablen...	Bool	%I0.2
20	黄色按钮二	Standard-Variablen...	Bool	%I0.3
21	黄色按钮三	Standard-Variablen...	Bool	%I0.4
22	黄色按钮四	Standard-Variablen...	Bool	%I0.5

图 4.54

3. 场景仿真

根据任务要求，在场景中分别放置两套电控柜，每个电控柜面板上放置一个绿色按钮和两个黄色按钮，其中左侧电控柜上放置一套三色信号灯，场景搭建完成后效果如图 4.55 所示。这里需要将所有按钮都配置成转换开关模式（Alternate Action），如图 4.56 所示。

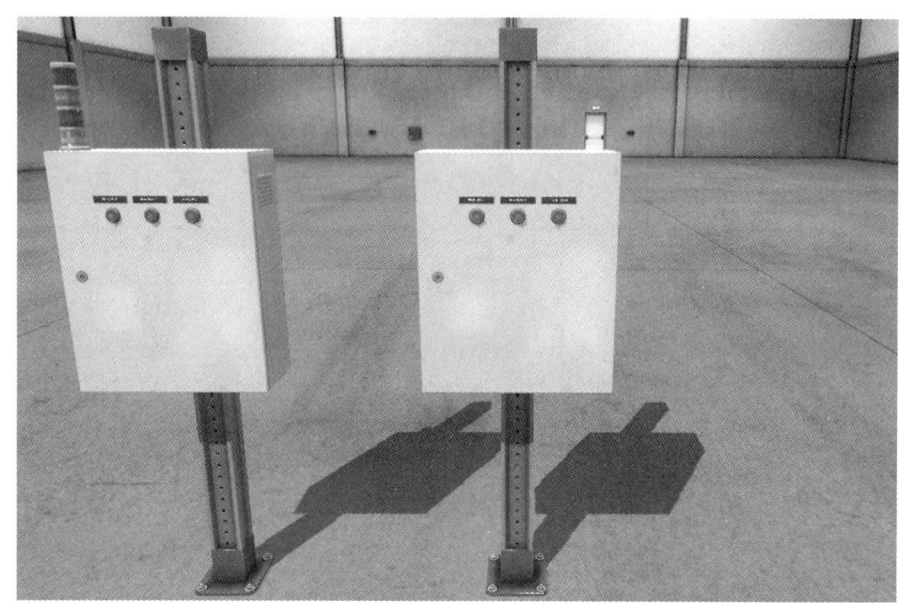

图 4.55

图 4.56

4. PLC 编程

两个不同位置的绿色按钮控制一个绿色信号灯的控制程序如图 4.57 所示。

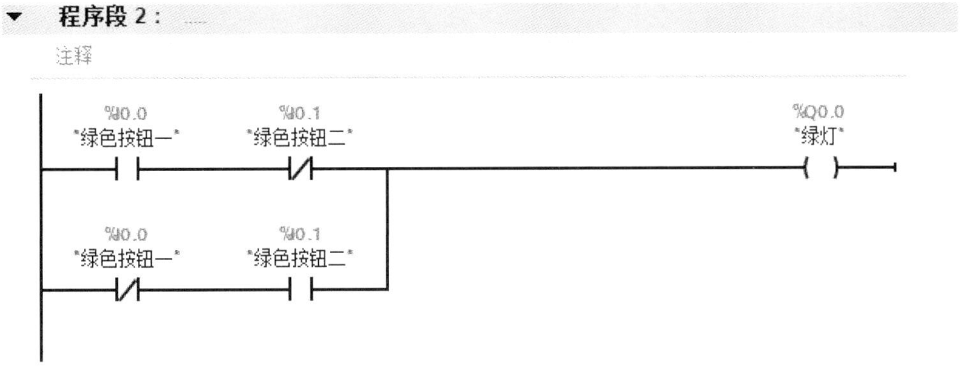

图 4.57

两个不同位置的四个黄色按钮控制一个黄色信号灯的控制程序如图 4.58 所示。

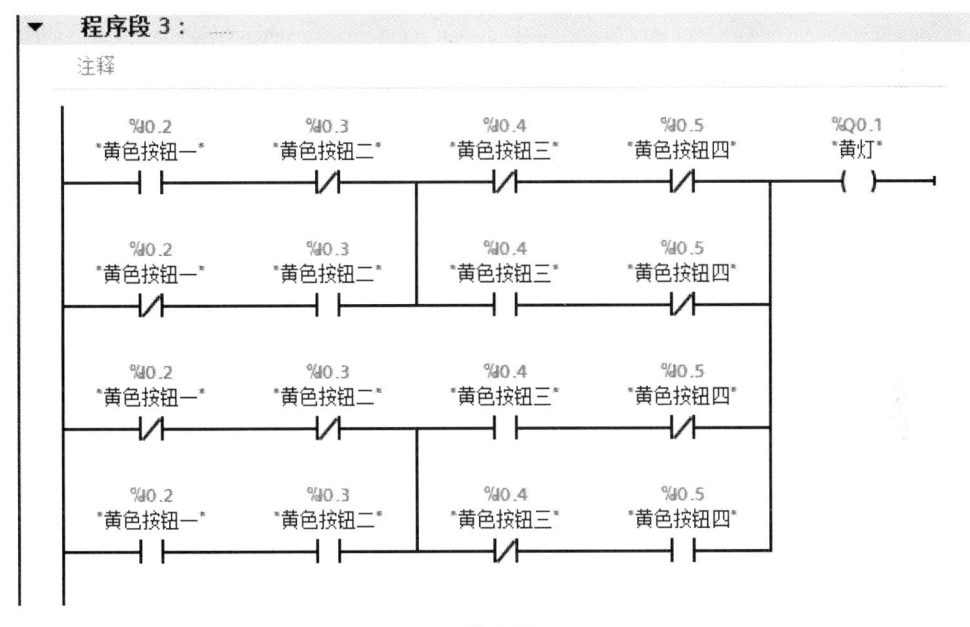

图 4.58

4.2.3 【任务 4】置位/复位控制

1. 任务要求

在场景内有一条 4 米长皮带线和一条 2 米长皮带线组成一条流水线,两条皮带线之间有一个挡板,系统一启动就控制两条皮带线运行。在皮带线的线头有一个物料发射器每间隔 9 秒产生一个物料。在物料进入皮带线的位置和挡板前分别安装两个漫反射传感器,当物料到达挡板前的位置时通过传感器的上升沿信号控制挡板挡停,直到下一个物料进入皮带线时通过传感器的下降沿信号控制挡板放行。

2. PLC 输入输出信号

程序中所有输入输出信号如图 4.59 所示,其中分别为触点上升沿检测和下降沿检测指令分配 M5.0 和 M5.1 作为记录存储位。

出口传感器	Standard-Variablen...	Bool	%I0.0	
入口传感器	Standard-Variablen...	Bool	%I0.1	
4米传输线	Standard-Variablen...	Bool	%Q0.0	
2米输送线	Standard-Variablen...	Bool	%Q0.1	
挡停器	Standard-Variablen...	Bool	%Q0.2	
上升沿记录	Standard-Variablen...	Bool	%M5.0	
下降沿记录	Standard-Variablen...	Bool	%M5.1	

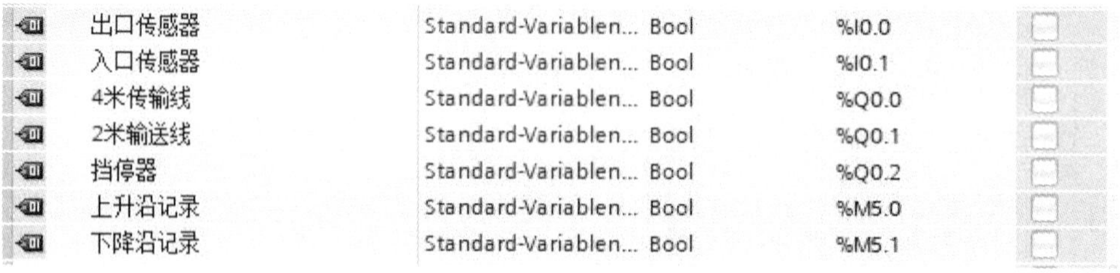

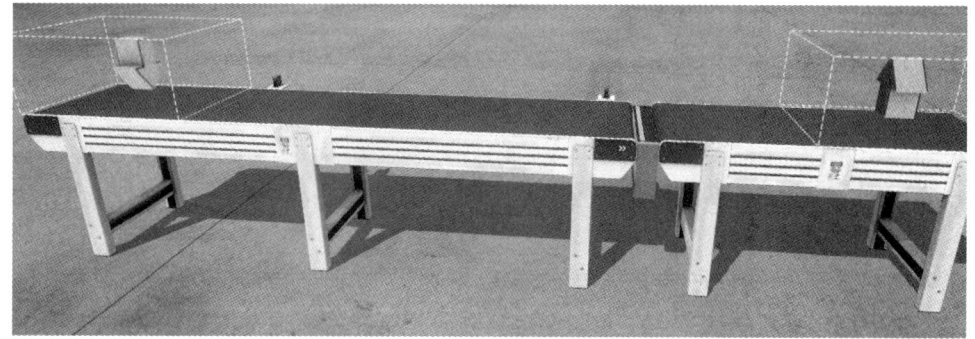

图 4.59

3. 场景仿真

根据任务要求，在场景中分别放置 4 米皮带线和 2 米皮带线、一个物料发射器和一个物料接收器、两个漫反射开关，并在两条皮带线之间放置一个挡板，如图 4.60 所示。

图 4.60

发射器的设置如图 4.61 所示，让发射器产生两种类型的托盘并将产生间隔设置为 9 秒。

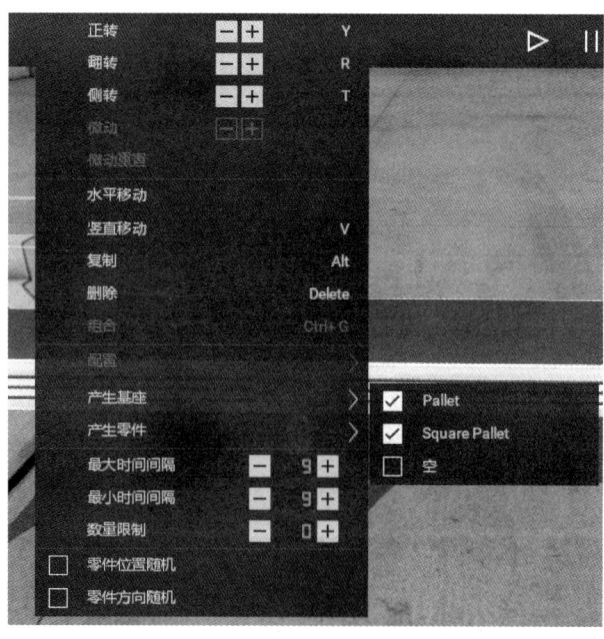

图 4.61

4. PLC 编程

在图 4.62 中通过系统寄存器 M1.0 完成上电启动运行两条皮带输送线，这里使用"置位位域"指令对 Q0.0 开始的连续两个位进行置位操作。

```
程序段 2：初始化程序
注释

  %M1.0                                          %Q0.0
"FirstScan"                                    "4米传输线"
   ──┤ ├───────────────────────────────────────(SET_BF)──
                                                   2
```

图 4.62

在图 4.62 中使用 I0.0 出口传感器信号的上升沿来置位挡停器，当传感器刚检测到物料就进行挡停操作，直到下一个物料完全通过出口传感器的一瞬间通过 N_TRIG 指令检测 Q0.0 触点和 I0.1 触点组成的能流的下降沿，检测到下降沿后复位挡停器。在检测上升沿和下降沿时这里分别使用了|P|指令和 N_TRIG 指令，因为|P|指令用于检测单个触点，而 N_TRIG 指令用于检测能流信号。

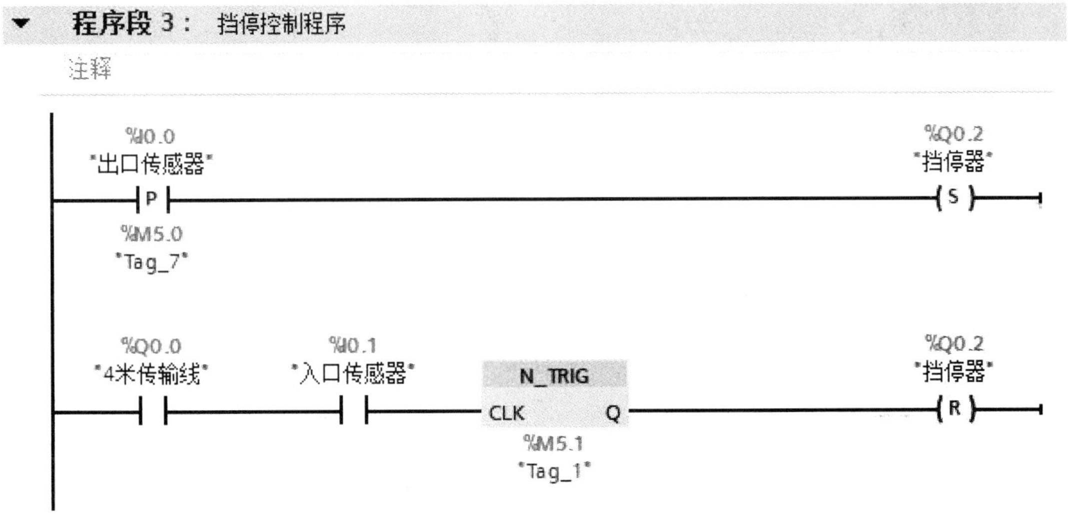

```
程序段 3：挡停控制程序
注释

  %I0.0                                                       %Q0.2
"出口传感器"                                                  "挡停器"
   ──┤P├──────────────────────────────────────────────────────(S)──
  %M5.0
  "Tag_7"

  %Q0.0        %I0.1            N_TRIG                        %Q0.2
"4米传输线"  "入口传感器"                                    "挡停器"
   ──┤ ├────────┤ ├──────────CLK    Q───────────────────────(R)──
                              %M5.1
                             "Tag_1"
```

图 4.63

4.2.4 定时器指令

定时器是所有 PLC 控制中的必要操作，S7-1200 CPU 的定时器为符合 IEC 标准的定时器。与有些品牌的 PLC 根据 PLC 型号规定了定时器的使用数量和定时基准时间不同的是，S7-1200 系列 PLC 的可使用定时器数量只受 CPU 存储器容量的限制。

S7-1200 系列 PLC 包含以下四种类型的定时器：

TP：生成脉冲定时器。
TON：接通延时定时器。
TOF：关断延时定时器。
TONR：时间累加型定时器。

除了以上四类定时器指令外，还有复位定时器（RT）指令和更新设定时间（PT）指令。定时器的各个引脚如表 4.5 所示。

表 4.5 定时器引脚

输入变量			
名称	数据类型	说明	备注
IN	BOOL	启动定时器输入位	
PT	TIME	定时器设定时间	
R	BOOL	将现有计时时间清零	仅在 TONR 指令使用
输出变量			
名称	数据类型	说明	
Q	BOOL	定时器输出	
ET	TIME	当面已经计时的时间	

1. 接通延时定时器指令（TON）

在四种定时器类型中，TON 指令使用最为广泛。在基本指令的列表中点开定时器操作，如图 4.64 所示，所有定时器相关指令都显示在指令列表中，用户可以从列表中直接将 TON 指令拖入到所编辑的梯形图程序中。

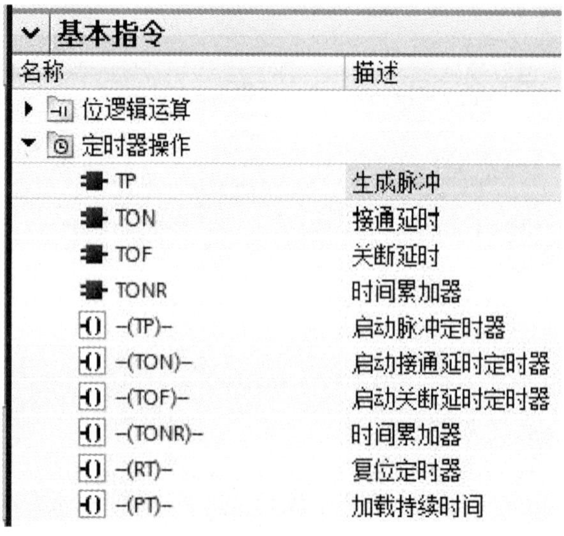

图 4.64

在调用 TON 指令时会出现如图 4.65 所示的调用选项对话框，在对话框中默认选择系统为定时器自动分配的定时器编号和背景数据块（DB），这里也可以选择手动分配。

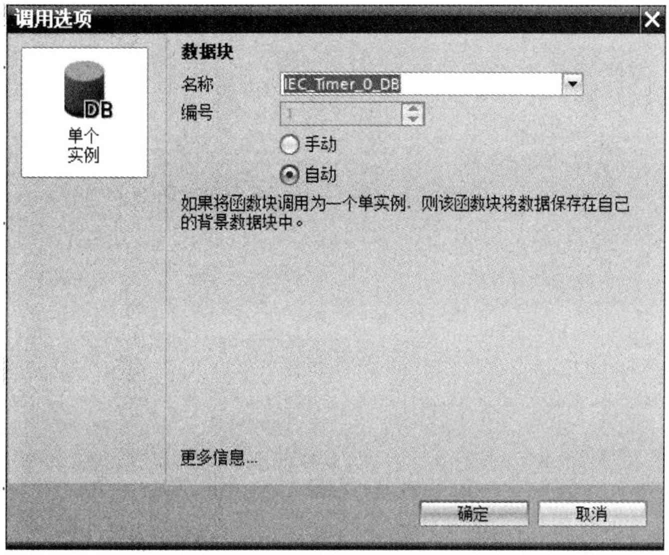

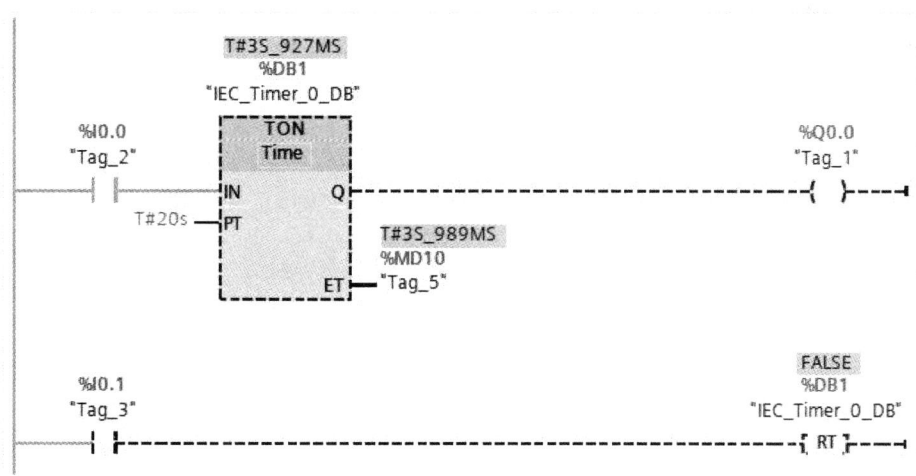

图 4.65

TON 定时器指令应用及时序图如图 4.66、4.67 所示，程序中 I0.0 作为 IN 端口的输入端，定时器的定时设定时间 PT 为 20 秒，将定时器的当前计时值 PT 输出到变量 MD10 中，定时器的输出端 Q 连接 Q0.0 线圈。IN 从"0"变为"1"时定时器启动，当 ET=PT 时 Q 立即输出"1"，同时 ET 立即停止计时并保持；在任意时刻只要 IN 变为"0"，ET 立刻停止计时并清零，同时 Q 的输出也变为"0"。

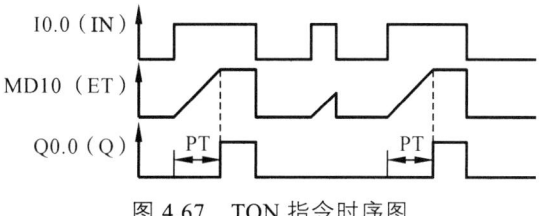

图 4.66 TON 定时器指令应用

图 4.67 TON 指令时序图

2. 生成脉冲定时器指令（TP）

TP 定时器指令应用及时序图如图 4.68、4.69 所示。当 IN 从"0"变为"1"时定时器启动，同时 Q 立即输出"1"。当 ET<PT 时，IN 的改变不影响 Q 的输出和 ET 的计时；当 ET=PT 时，ET 停止计时，同时 Q 输出变为"0"。如果此后 IN 为"1"，ET 保持计数值；IN 为"0"，则 ET 中计数值清零。

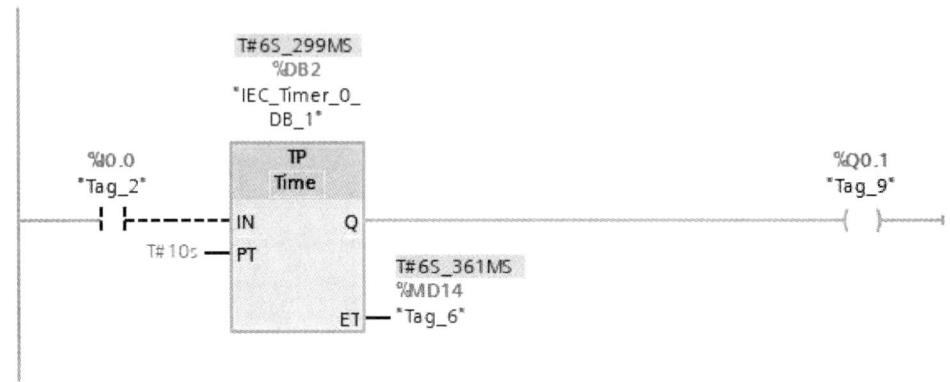

图 4.68　TP 定时器指令应用

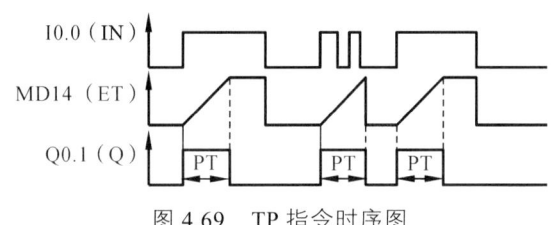

图 4.69　TP 指令时序图

3. 关断延时定时器指令（TOF）

TOF 定时器指令应用及时序图如图 4.70、4.71 所示。只要 IN 为"1"时，Q 即输出为"1"，IN 从"1"变为"0"时定时器启动，当 ET=PT 时，Q 立即输出"0"，同时 ET 停止计时并保持；在任意时刻，只要 IN 变为"1"，ET 立即停止计时并清零。

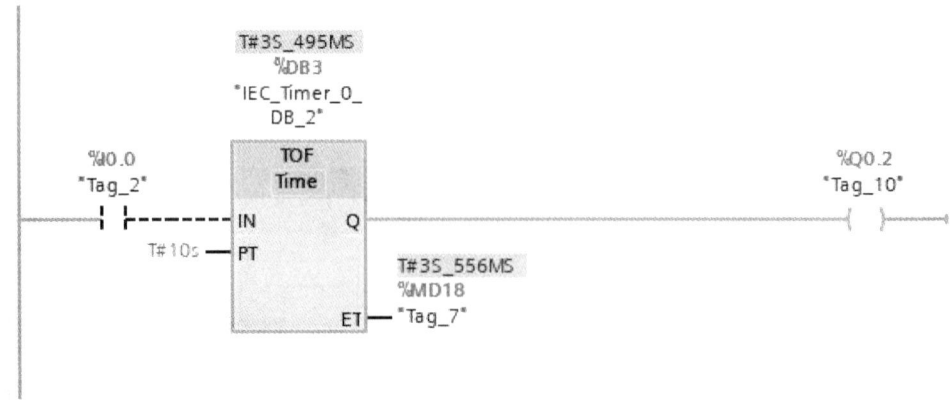

图 4.70　TOF 定时器指令应用

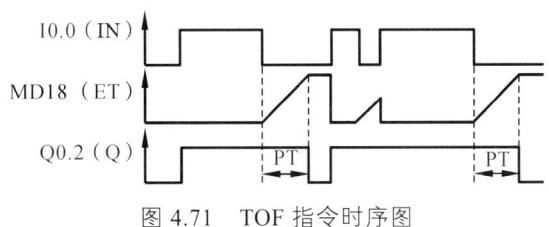

图 4.71 TOF 指令时序图

4. 时间累加定时器指令（TONR）

TONR 定时器指令及时序图如图 4.72、4.73 所示。只要 IN 为"0"时，Q 输出为"0"。当 IN 从"0"变为"1"时定时器启动，当 ET<PT 且 IN 为"1"时，则 ET 保持计时，当 IN 为"0"时，ET 立即停止计时并保持；当 ET=PT 时，Q 立即输出"1"，同时 ET 立即停止计时并保持，直到 IN 变为"0"时 ET 才清零。在任意时刻只要 R 为"1"时，Q 输出为"0"，ET 立刻停止计时并清零；R 从"1"变为"0"时，如果此时 IN 为"1"，则定时器启动。

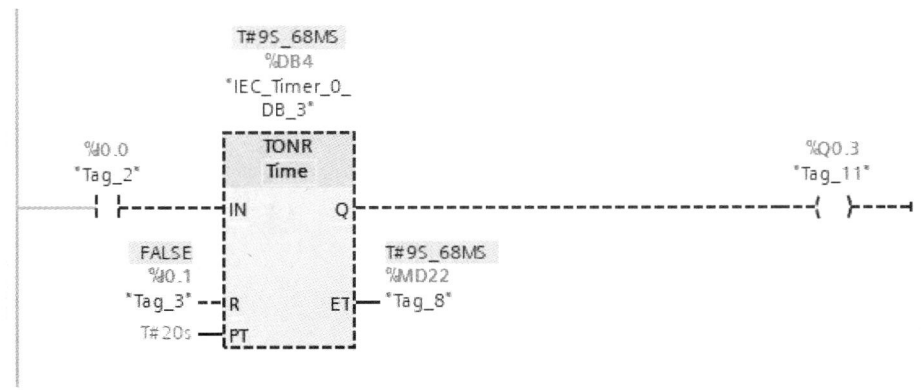

图 4.72 TONR 定时器指令应用

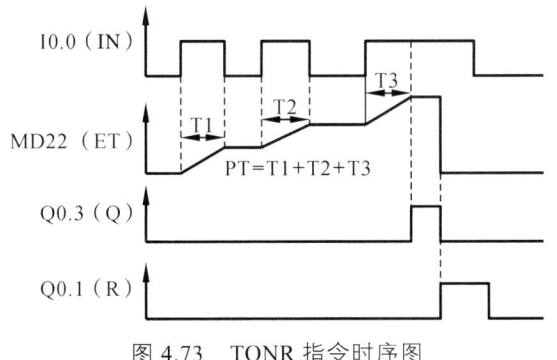

图 4.73 TONR 指令时序图

4.2.5 【任务 5】定时器产生周期脉冲

1. 任务要求

通过启动按钮控制指示灯的点亮，通过停止按钮控制指示灯熄灭。当指示灯点亮后以固定频率闪烁，通过定时器控制指示灯闪烁频率（2.5 秒点亮，1.5 秒熄灭）。

2. PLC 输入输出信号

PLC 输入输出信号如图 4.74 所示。

自锁中间寄存器	Standard-Variablen...	Bool	%M10.0
启动按钮	Standard-Variablen...	Bool	%I0.0
停止按钮	Standard-Variablen...	Bool	%I0.1
指示灯	Standard-Variablen...	Bool	%Q0.0

图 4.74

3. 场景仿真

场景仿真如图 4.75、4.76 所示。

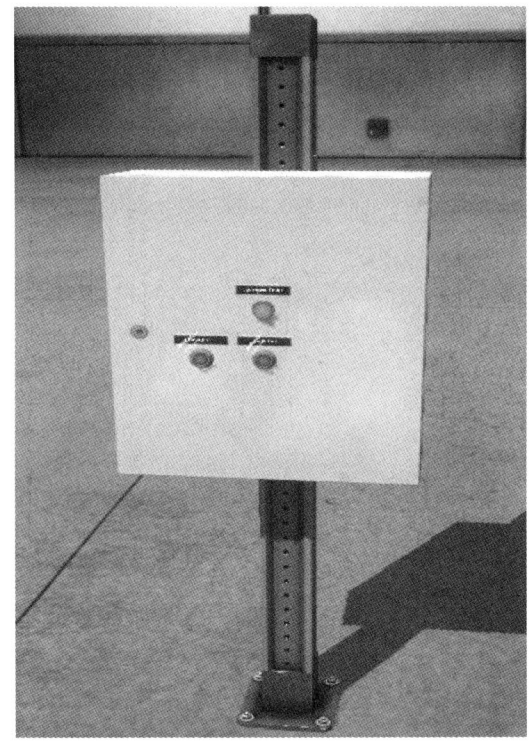

图 4.75

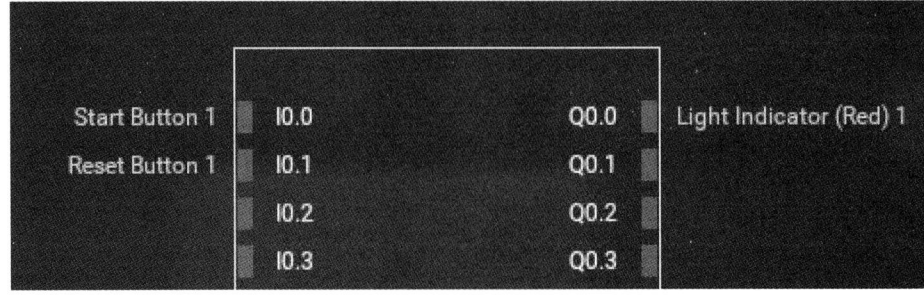

图 4.76

4. PLC 编程

PLC 编程如图 4.77、4.78 所示。

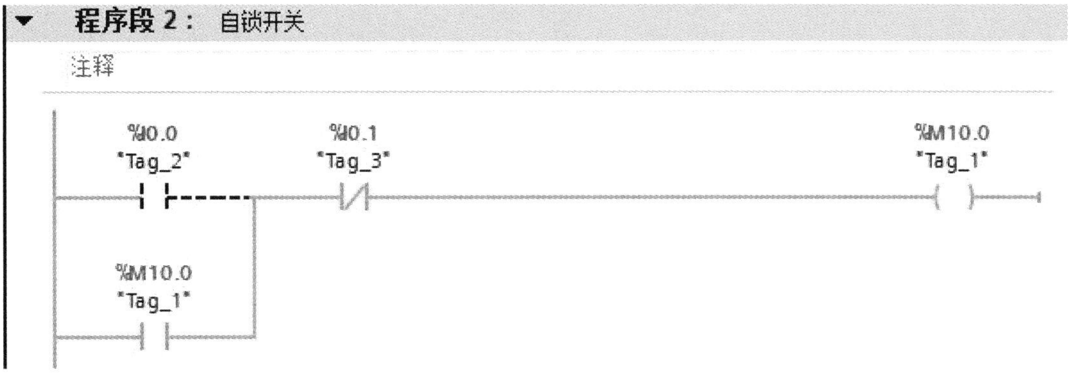

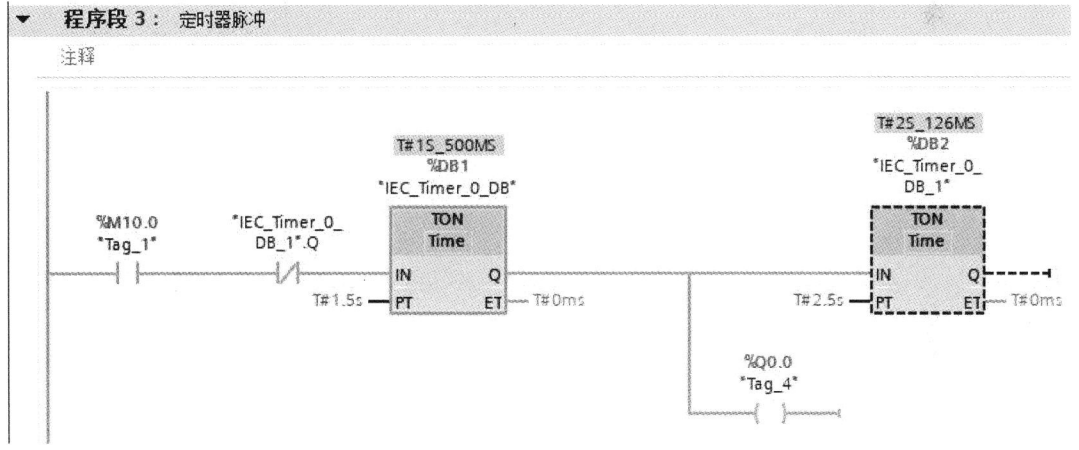

图 4.77

图 4.78

4.2.6 【任务 6】纸盒分拣定时器控制

1. 任务要求

在皮带线上分别发射大小不同的两种纸盒，在皮带线上设置一个漫反射型光电传感器，由于传感器设置在一定的高度，因此只能检测到尺寸高度较高的一类纸盒。当小纸盒通过时前方的分拣挡停气缸不动作并直接流到线位接收器。当大纸盒通过传感器时，传感器检测到大纸盒通过信号后开始计时。在大纸盒移动到分拣气缸处时，分拣气缸顶出将大纸盒移除皮带线，之后分拣气缸缩回。

2. PLC 输入输出信号

程序所有输入输出信号如图 4.79 所示，其中 M20.0 用作传感器下降沿检测信号的存储位，M10.0 用作中间状态保持寄存器。

15		定时保持位	Standard-Variablen...	Bool	%M10.0
16		分拣传感器	Standard-Variablen...	Bool	%I0.0
17		气缸伸出位置传感器	Standard-Variablen...	Bool	%I0.1
18		4米皮带线	Standard-Variablen...	Bool	%Q0.0
19		2米皮带线	Standard-Variablen...	Bool	%Q0.1
20		分拣气缸	Standard-Variablen...	Bool	%Q0.2
21		分拣传感器下降沿保存位	Standard-Variablen...	Bool	%M20.0

图 4.79

3. 场景仿真

场景中的部件放置示意如图 4.80 所示。在场景中连续放置一条 6 米皮带输送线和一条 2 米皮带输送线；在线头放置一个物料发射器，在线尾和滑道末尾分别放置一个接收器；在线体的中间段安装一支漫反射传感器，在安装滑道的对侧放置一台用于纸盒分拣的推杆气缸。

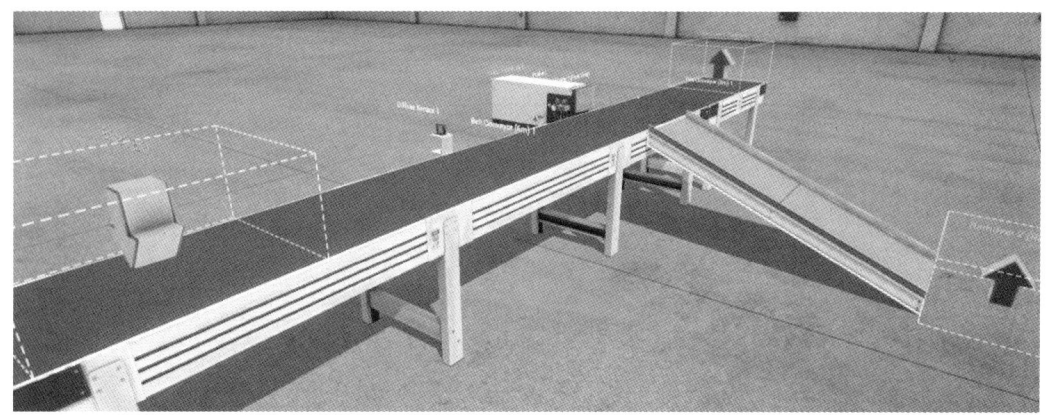

图 4.80

两种不同的纸盒相对传感器的高度如图 4.81、4.82 所示。由于要通过传感器检测分拣出两种不同高度的纸盒，传感器与皮带线平面要保持一个支架的高度。

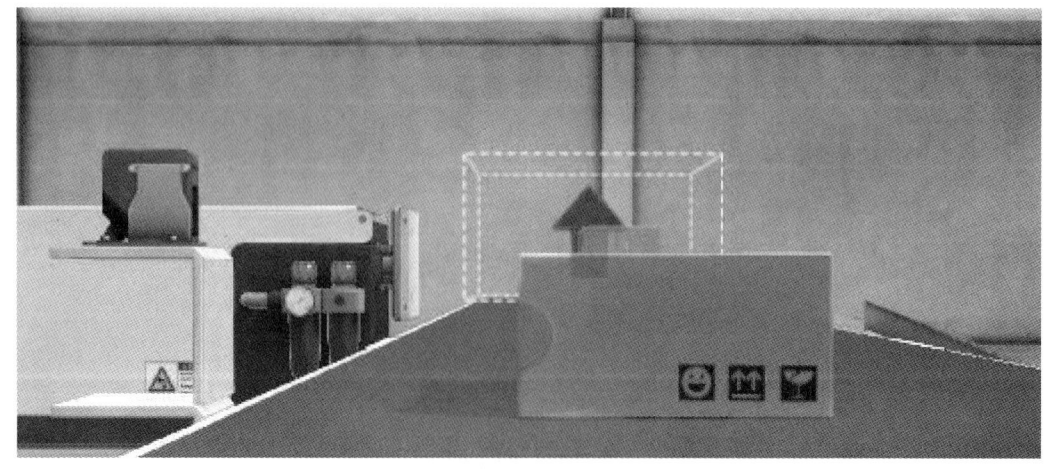

图 4.81

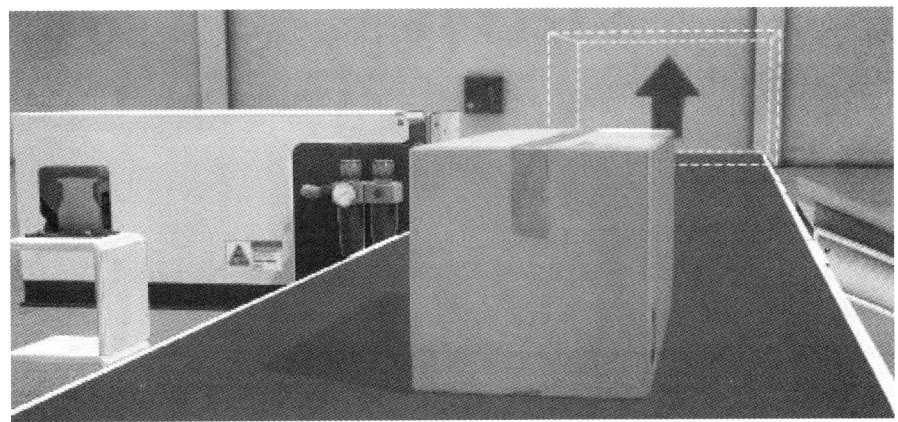

图 4.82

在发射器配置中,设置发射物料的间隔为 10 秒,发射器只发射小型纸盒和尺寸更小的托盘型纸盒,具体设置如图 4.83 所示。

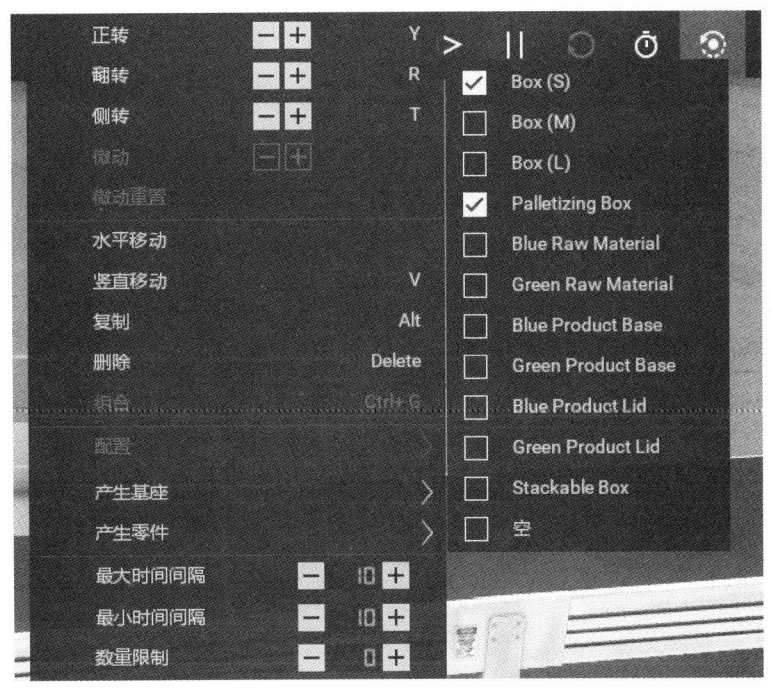

图 4.83

当部件放置和配置完成后,输入输出信号引脚分配如图 4.84 所示。

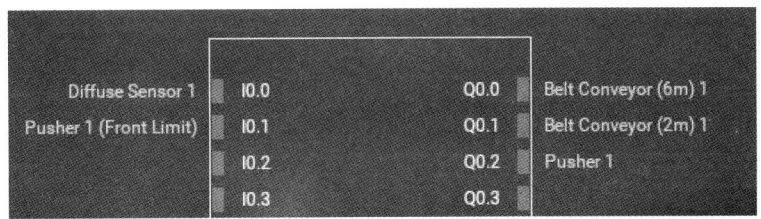

图 4.84

4. PLC 编程

程序段 2 为初始化程序，PLC 启动后利用开机启动扫描对两条皮带输送线完成运行启动，如图 4.85 所示。

图 4.85

在程序段 3 中，当纸盒通过传感器后触发传感器下降沿检测，此时对中间寄存器 M10.0 进行置位，M10.0 接通后定时器开始计时，当 4 秒后延时接通分拣气缸使气缸伸出，当伸出到位后对分拣气缸复位，如图 4.86 所示。

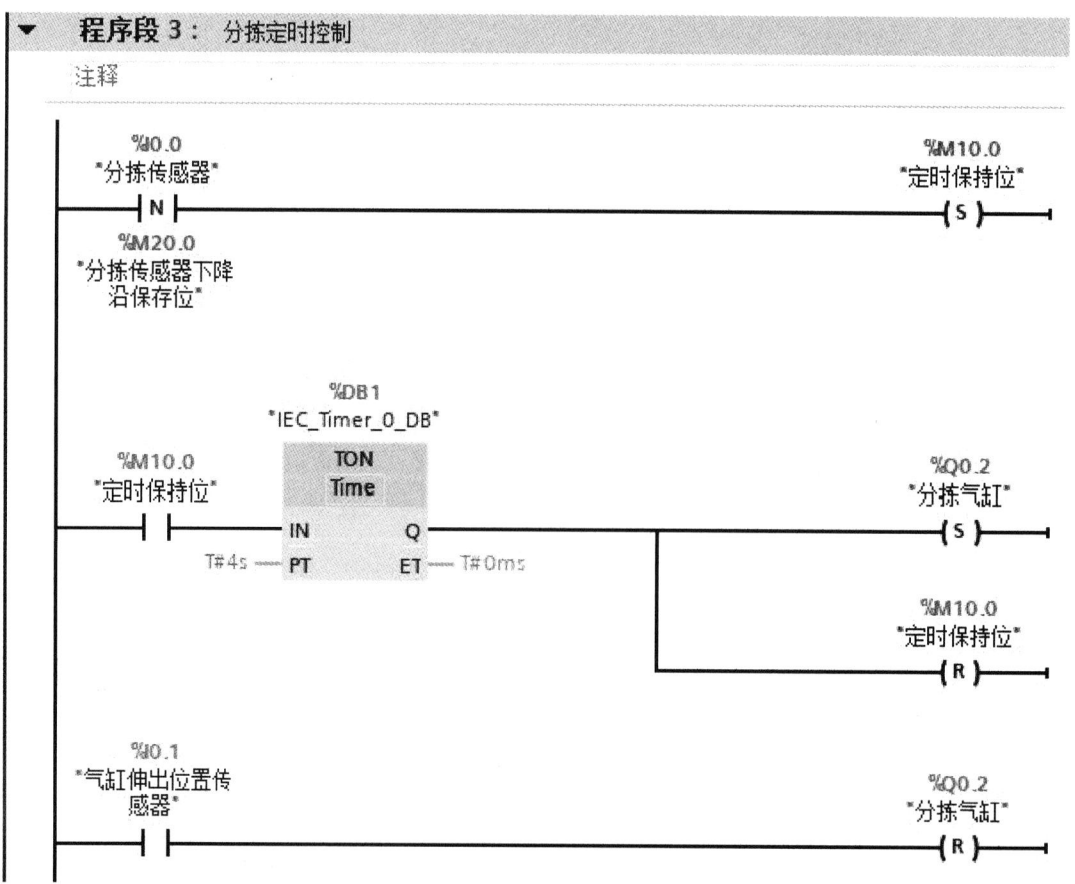

图 4.86

4.2.7 【任务 7】滚筒线转台定时器控制

1. 任务要求

在一条滚筒输送线线头放置发射器,在另一条滚筒输送线线尾放置接收器。在第一条滚筒输送线的线尾安装漫反射传感器,用于检测托盘进入转台,通过转台将一条滚筒输送线上的托盘转运到另一条垂直放置的滚筒输送线上。

2. PLC 输入输出信号

程序所需要使用的所有输入输出信号如图 4.87 所示。

名称	类型	数据类型	地址
1号滚筒输送线	Standard-Variablen...	Bool	%Q0.0
2号滚筒输送线	Standard-Variablen...	Bool	%Q0.1
线尾检测传感器	Standard-Variablen...	Bool	%I0.0
转台旋转	Standard-Variablen...	Bool	%Q0.2
进转台输送保持位	Standard-Variablen...	Bool	%M10.0
旋转到位传感器	Standard-Variablen...	Bool	%I0.2
出转台输送保持位	Standard-Variablen...	Bool	%M10.1
转台正向输送	Standard-Variablen...	Bool	%Q0.3
转台出口传感器	Standard-Variablen...	Bool	%I0.4

图 4.87

3. 场景仿真

在场景中放置两套滚筒输送线、一套转台和一个漫反射传感器,如图 4.88 所示。

图 4.88

漫反射传感器安装在第一个滚筒传感器的线尾,具体安装位置如图 4.89 所示。

图 4.89

4. PLC 编程

PLC 上电运行后保持两条滚筒输送线持续运行，如图 4.90 所示。

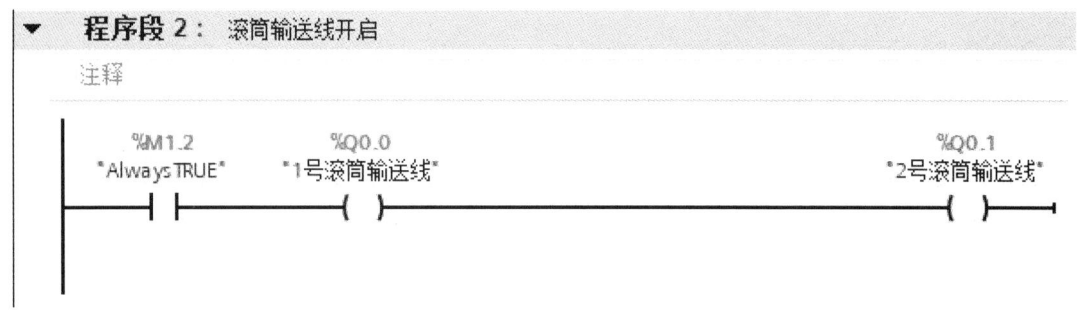

图 4.90

这里转台内的滚筒输送控制使用的是关断延时定时器，在托盘经过传感器 4.5 秒以后才停止转台的正向输送，如图 4.91 所示。

在托盘完全进入转台后，转台出口传感器就会接通，同时开始对脉冲定时器开始计时，在 13 秒后转台自动回位。当转台转动到 90°位置以后，转台内的正向输送才将托盘从转台上送出到下一条滚筒输送线，如图 4.92 所示。

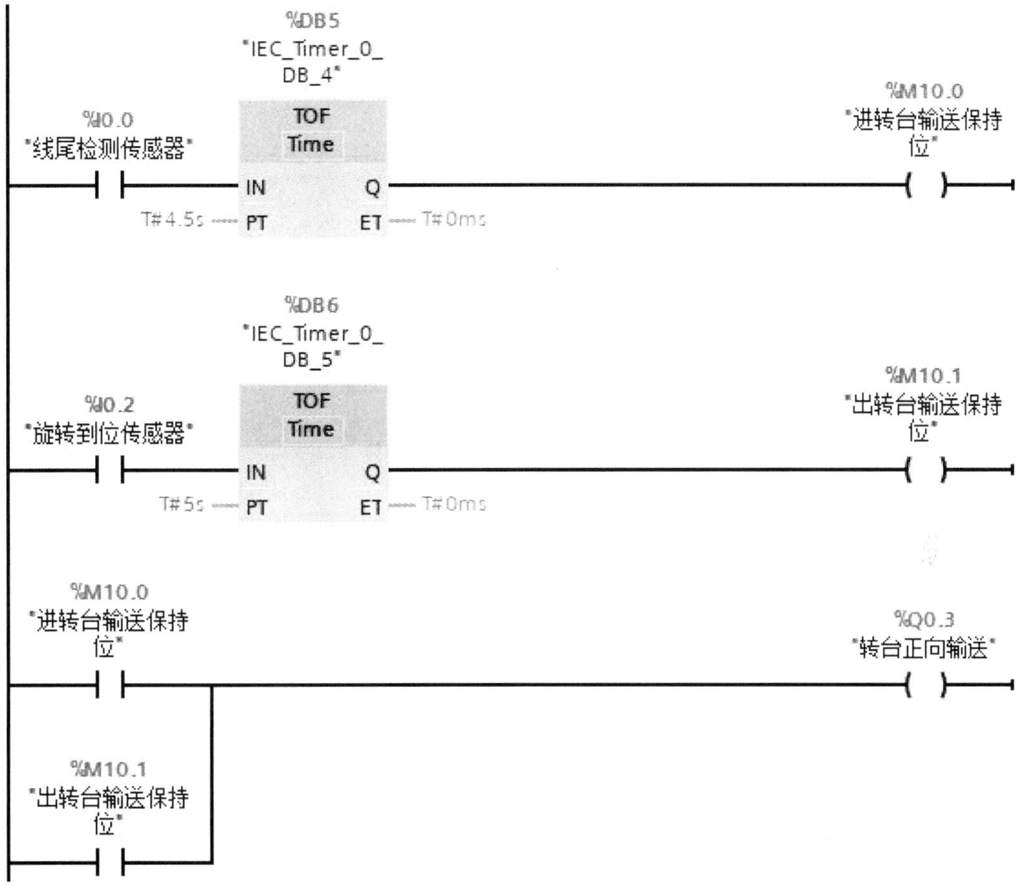

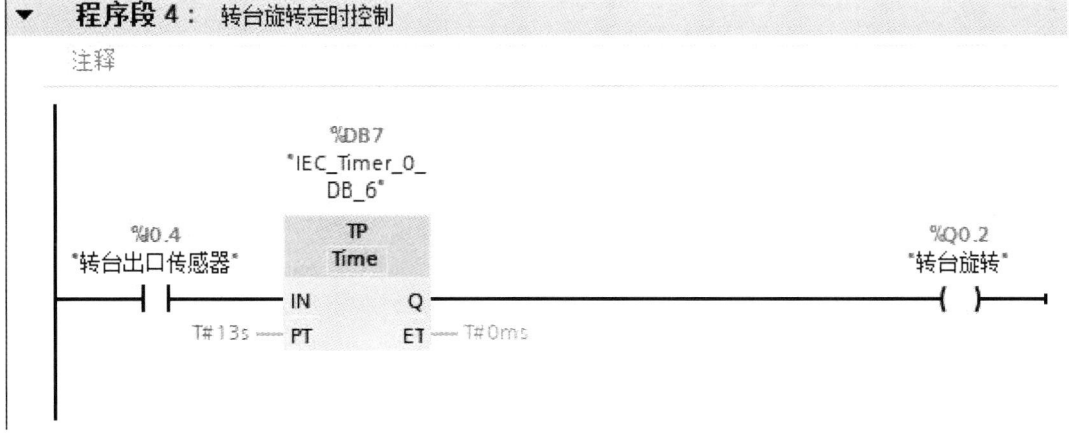

图 4.91

图 4.92

4.2.8 计数器指令

西门子 S7-1200 系列 PLC 的计数器有三种类型：加计数器（CTU）、减计数器（CTD）和加减计数器（CTUD）。可在"基本指令"的"计数指令"中调用，如图 4.93 所示。这三种计数器的计数值可以是任何不同类型的整数数据类型（SInt、Int、DInt、USInt、UInt、UDInt）。这三种计数器都属于软计数器，如果要进行高速计数，就需要使用 CPU 硬件指定的高速计数器。

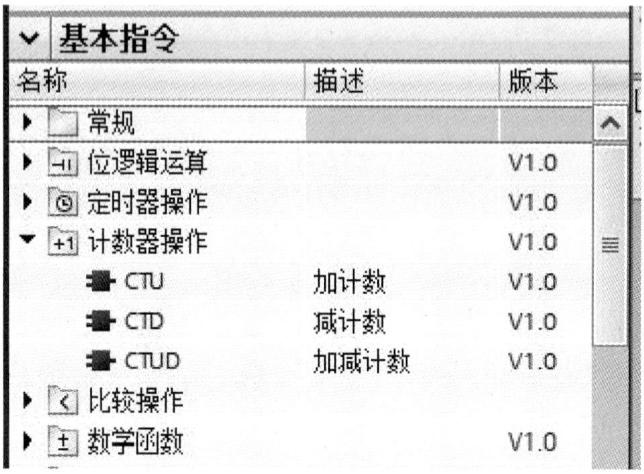

图 4.93

计数器指令的引脚和各个引脚的功能说明如表 4.6。

表 4.6 计数器指令引脚

输入变量			
名称	数据类型	说明	备注
CU/CD	BOOL	计数脉冲输入	不需要在引脚前加入边沿触发指令
R	BOOL	计数值清零	仅出现在 CTU、CTUD
LD	BOOL	预设计数值装载	仅出现在 CTU、CTUD
PV	整数	预设计数值	仅出现在 CTU、CTUD
输出变量			
名称	数据类型	说明	
Q	BOOL	输出位	仅出现在 CTU、CTD
QD	BOOL	输出位	仅出现在 CTUD
QU	BOOL	输出位	仅出现在 CTUD
CV	整数	当前计数值	

1. 加计数器

当 CU 从"0"变为"1"时，CV 中的计数值加 1。当 CV≥PV 时，Q 输出为"1"，此后每当 CU 从"0"变为"1"时，Q 仍然为"1"，CV 值继续增加 1 直到达到计数器所指定的整数类型的最大值。在任意时刻，只要 R 输入"1"时，Q 输出为"0"，CV 内的计数值立刻清零。

加计数指令的程序应用如图 4.94 所示，加计数指令的时序控制图如图 4.95 所示。

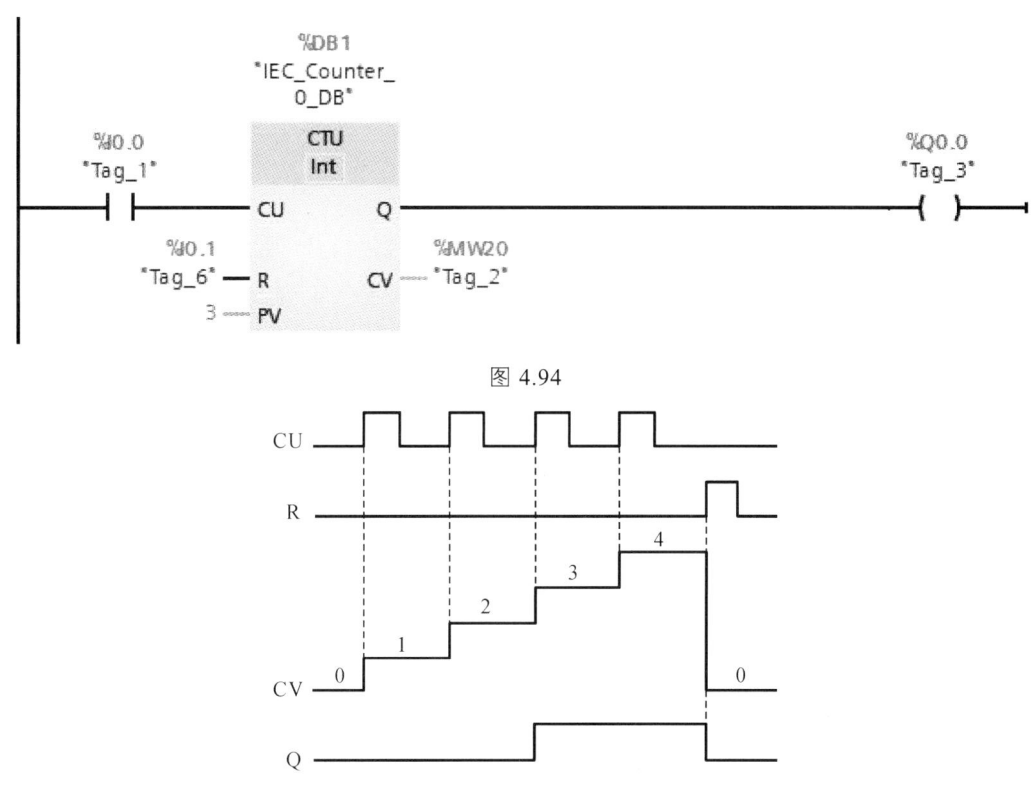

图 4.94

图 4.95

2. 减计数器

当 CD 从"0"变为"1"时，CV 中的计数值减 1。当 CV=0 时，Q 输出为"1"，此后每当 CD 从"0"变为"1"时，Q 仍然为"1"，CV 值会继续减小到计数器指定整数类型的最小值（例如 Int 类型的最小值为 0）。在任意时刻，只要 LD 输入"1"时，Q 输出为"0"，CV 内的计数值立刻变为 PV 所设定的数值。

减计数指令的程序应用如图 4.96 所示，减计数指令的时序控制图如图 4.97 所示。

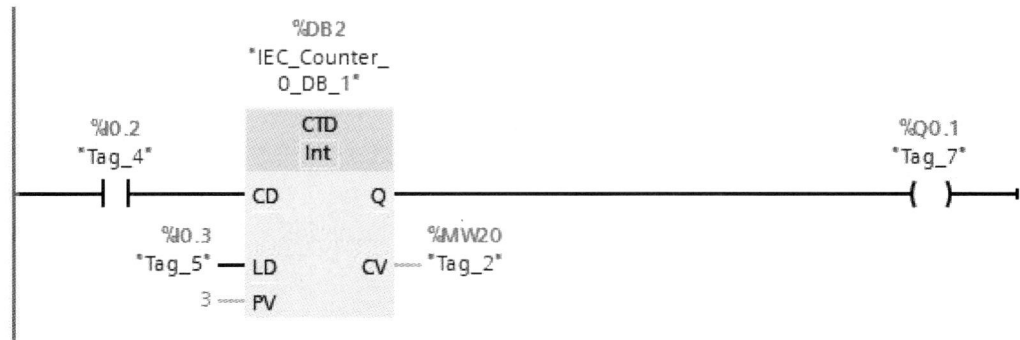

图 4.96

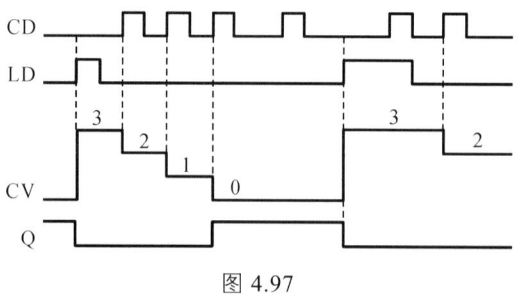

图 4.97

3. 加减计数器

当 CU 从 "0" 变为 "1" 时，CV 中的计数值加 1，当 CD 从 "0" 变为 "1" 时 CV 中的计数值减 1，当 CV≥PV 时，QU 输出为 "1"，当 CV<PV 时，QU 输出为 "0"；当 CV≤0 时，QD 输出为 "1"，当 CV>0 时，QD 输出为 "0"。CV 的上下限取决于计数器指定的整数类型的最大值和最小值。在任意时刻，只要 R 输入 "1" 时，QU 输出为 "0"，CV 内的计数值立刻清零；只要 LD 输入 "1" 时，QD 输出为 "0"，CV 内的计数值立刻变为 PV 所设定的数值。

加计数指令的程序应用如图 4.98 所示，加计数指令的时序控制图如图 4.99 所示。

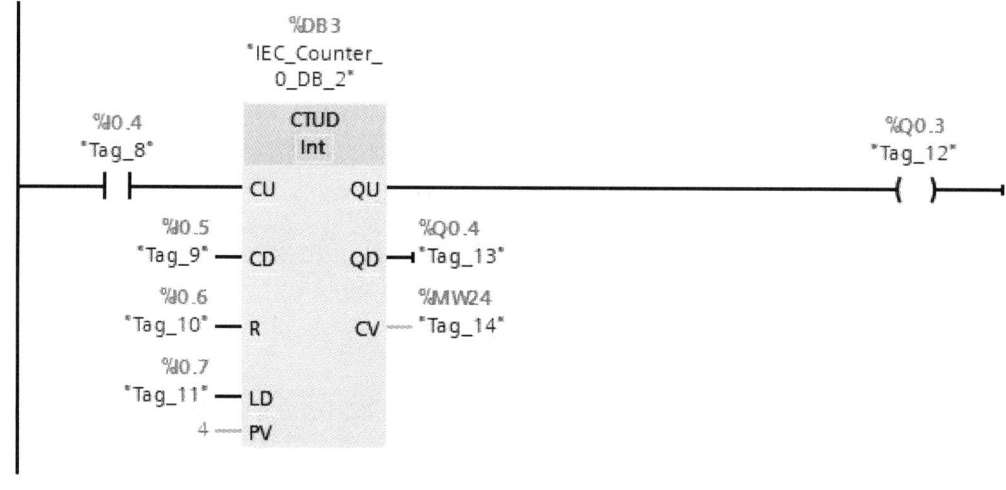

图 4.98

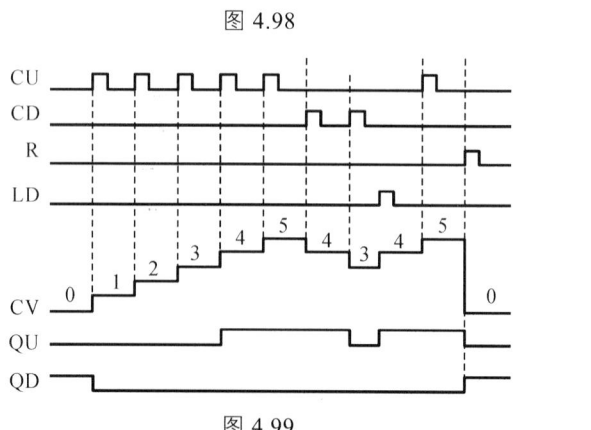

图 4.99

4.2.9 【任务 8】加计数器实现电子时钟

1. 任务要求

利用场景中的数码显示器来设计完成电子时钟的功能，三个数码显示器分别显示时、分、秒，使用系统自带的 1Hz 频率的寄存器作为计时时基。设置一个复位按钮，按下复位按钮后所有计时器时间清零。

2. PLC 输入输出信号

PLC 输入输出信号如图 4.100 所示。

Clock_1Hz	Standard-Variabl...	Bool	%M0.5
清零按钮	Standard-Variabl...	Bool	%I0.0
秒钟计时完成状态位	Standard-Variabl...	Bool	%M5.0
分钟计时完成状态位	Standard-Variabl...	Bool	%M5.1
时钟计时完成状态位	Standard-Variabl...	Bool	%M5.2
分钟清零状态位	Standard-Variabl...	Bool	%M6.1
秒钟清零状态位	Standard-Variabl...	Bool	%M6.0
时钟清零状态位	Standard-Variabl...	Bool	%M6.2
秒钟当前计时数	Standard-Variabl...	DWord	%QD30
分钟当前计时数	Standard-Variabl...	DWord	%QD34
时钟当前计时数	Standard-Variabl...	DWord	%QD38

图 4.100

3. 场景仿真

在场景中先放置一个支架和电控柜作为面板，再放置三个数码显示器，把数码显示器设置为整数模式，另放置一个按钮作为计数显示清零按钮，如图 4.101 所示。

图 4.101

4. PLC 编程

这里时钟的基准为 1 秒，因此可以直接使用 CPU 系统自带的 1Hz 脉冲寄存器 M0.5 作为秒计数器的计数脉冲输入。秒、分、时三个计数器的 PV 分别设置为 59、59、12。当按下清零按钮或者计数值达到 PV 设置值时，计数器都会执行清零重新计数。相关程序及仿真分别如图 4.102、4.103 所示。

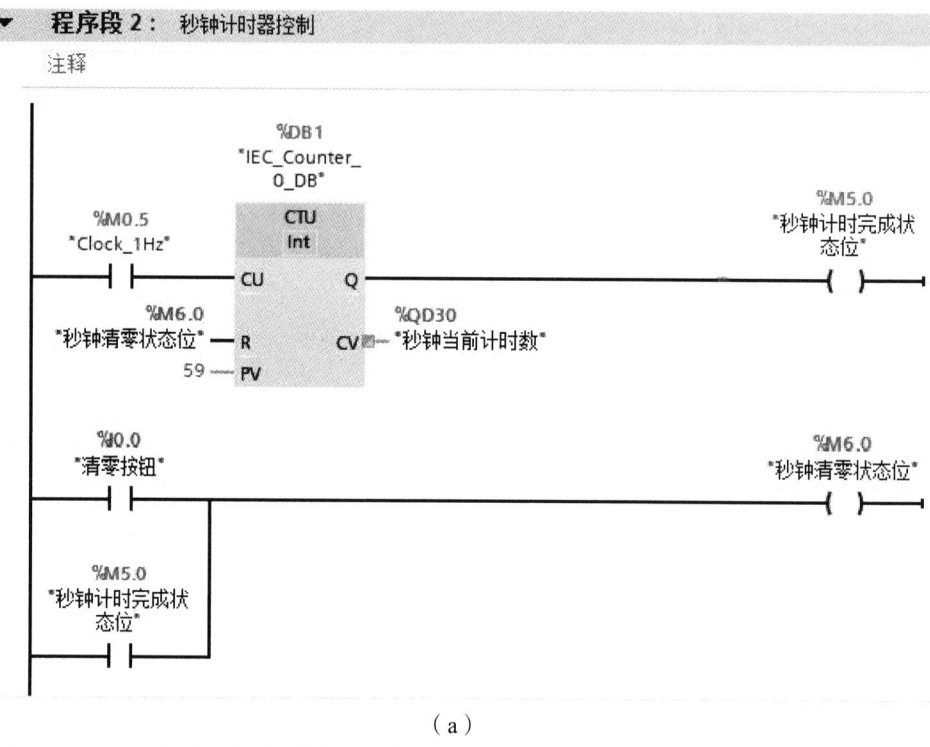

（a）

（b）

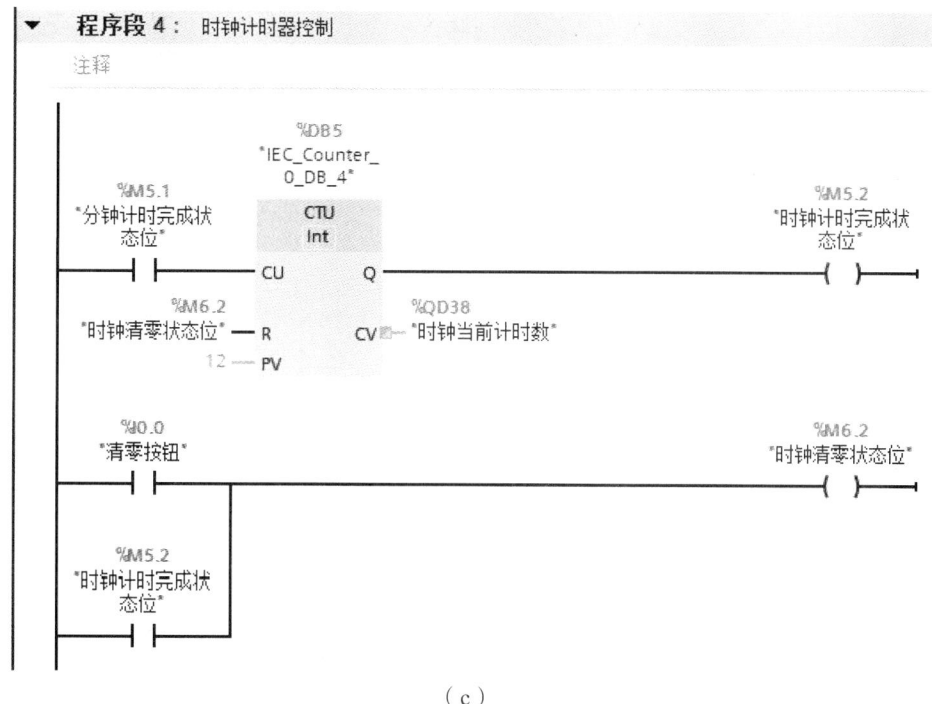

（c）

图 4.102

图 4.103

4.2.10 【任务9】流水线零件加减计数

1. 任务要求

有一条10米皮带输送线，通过电控柜上的启动和停止按钮来控制输送线的运行与停止。

线体入口通过一个发射器随机以 1 到 6 秒的间隔产生零件原材料,在线体的线头和线尾分别安装一个检测传感器,若线头传感器检测到零件通过就将计数器值加一,若线尾传感器检测到零件通过就将计数器值减一。计数器的计数值就是当前在皮带输送线上输送的零件的数量,计数值通过数码显示器进行显示,当按下复位按钮后计数值清零。

2. PLC 输入输出信号

PLC 输入输出信号如图 4.104 所示。

启动按钮	Standard-Variablen...	Bool	%I0.0
停止按钮	Standard-Variablen...	Bool	%I0.1
自锁保持位	Standard-Variablen...	Bool	%M5.0
1号皮带线	Standard-Variablen...	Bool	%Q0.0
2号皮带线	Standard-Variablen...	Bool	%Q0.1
复位按钮	Standard-Variablen...	Bool	%I0.2
入口检测	Standard-Variablen...	Bool	%I0.3
出口检测	Standard-Variablen...	Bool	%I0.4
线上零件数量	Standard-Variablen...	DWord	%QD30
加计数完成状态位	Standard-Variablen...	Bool	%M6.0
减计数完成状态位	Standard-Variablen...	Bool	%M6.1

图 4.104

3. 场景仿真

场景的整体布置如图 4.105 所示,其中放置一条 6 米皮带输送线和一条 4 米皮带输送线组成一条 10 米的输送线;在线头和滑道分别放置发射器和接收器;在线头和线尾分别放置两个漫反射传感器。

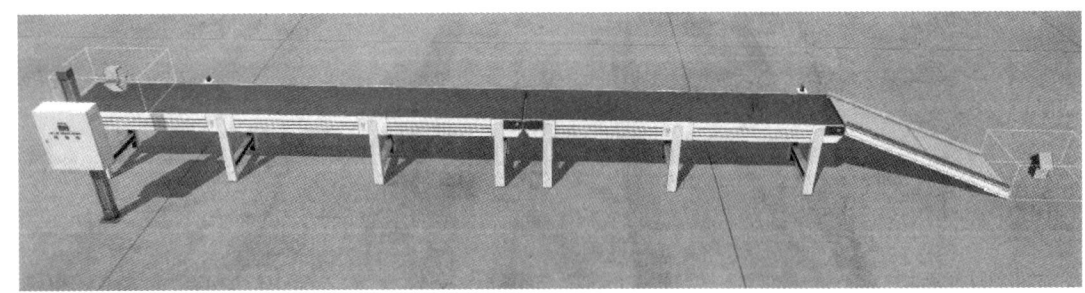

图 4.105

在电控柜面板上放置一个绿色按钮作为启动按钮,放置一个红色按钮作为停止按钮,放置一个黄色按钮作为清零按钮,另放置一个数码显示器(设置为整数显示方式)用于显示当前线体上的零件数量,如图 4.106 所示。

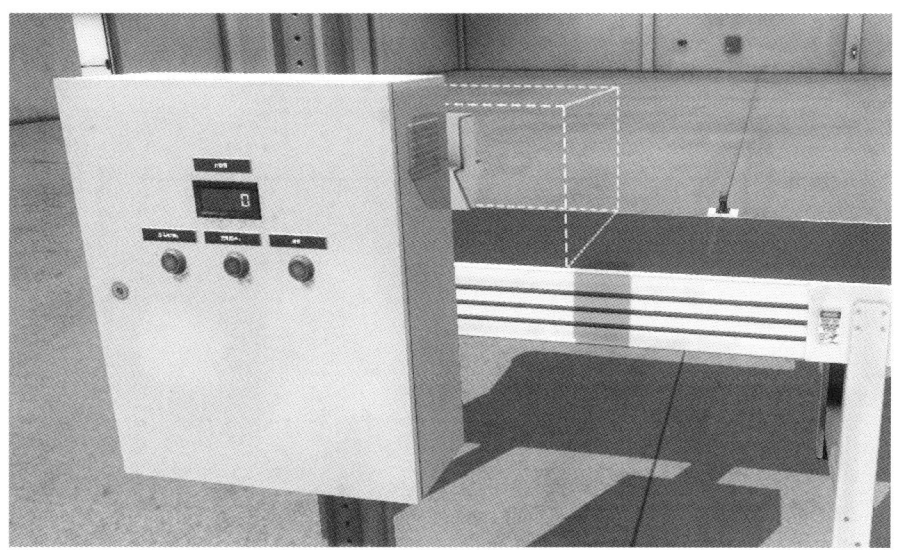

图 4.106

对发射器按如图 4.107 所示设置,发射器只产生蓝色原材料零件,产生零件的时间间隔在 1 到 6 秒之间。由于每个零件产生的间隔时间是随机的,因此输送线上不同时刻的零件数量也不相同。

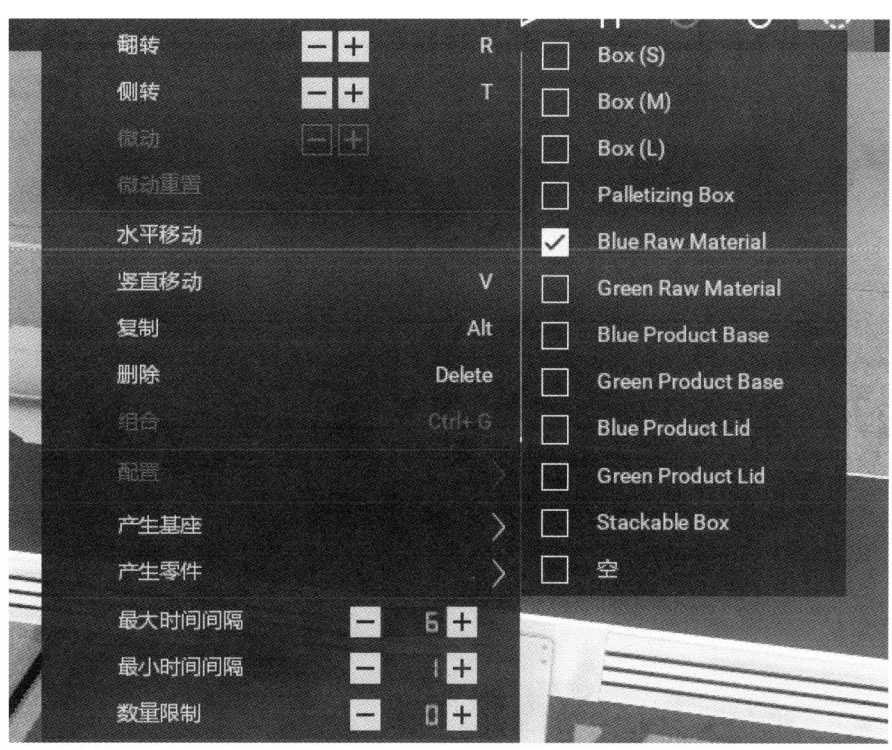

图 4.107

4. PLC 编程

PLC 编程程序段如图 4.108 所示。

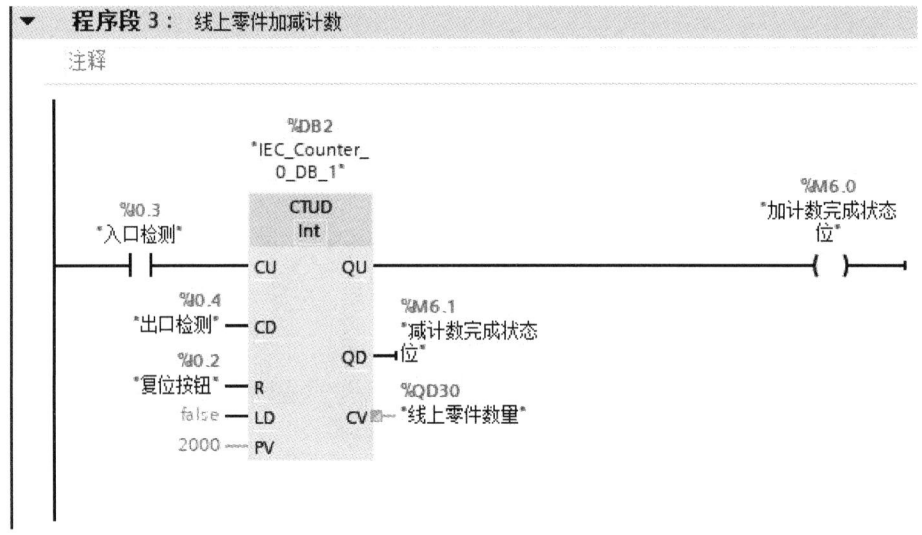

图 4.108

最后仿真效果如图 4.109 所示。

图 4.109

4.2.11 比较指令

比较指令主要用于对数据类型相同的两个数据进行比较。参与比较的数据可以是 I、Q、M、L 和 DB 块存储区中的变量，也可以是常量。比较指令相当于一个特殊的触点，当比较条件符合时触点闭合，否则触点断开。比较操作所包含的 10 个比较指令如图 4.110 所示。

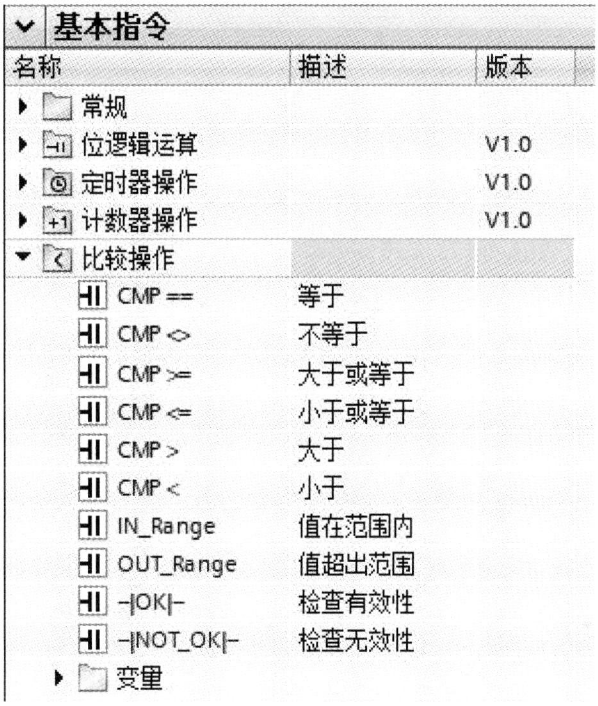

图 4.110

比较指令的具体指令说明如图表 4.7 所示。

表 4.7 比较指令

指令	比较条件	说明
CMP==	等于	比较两个整数、浮点数、位序列、字符、时间等基本数据类型，以及字符串、DTL、结构体、UDT 等复杂数据类型，条件满足输出 1，条件不满足输出 0
CMP<>	不等于	
CMP>=	大于或等于	比较两个整数、浮点数、位序列、字符、时间等基本数据类型，以及字符串、DTL 等复杂数据类型，条件满足输出 1，条件不满足输出 0
CMP<=	小于或等于	
CMP>	大于	
CMP<	小于	
IN_Range	值在范围内	判断操作数是在 MIN 到 MAX 的范围之内或是之外，条件满足输出 1，条件不满足输出 0
OUT_Range	值在范围外	

指令	比较条件	说明
-|OK|-	检查有效性	判定浮点数的格式是否是有效的格式，格式满足输出 1，格式不满足输出 0
-|NOT_OK|-	检查无效性	

指令程序示例如图 4.111 所示，在程序中同时满足 MW30 中的 Int 型变量值大于等于 14 且 Word 型变量 MW34 和 MW38 相等时，M40.0 输出线圈信号接通。

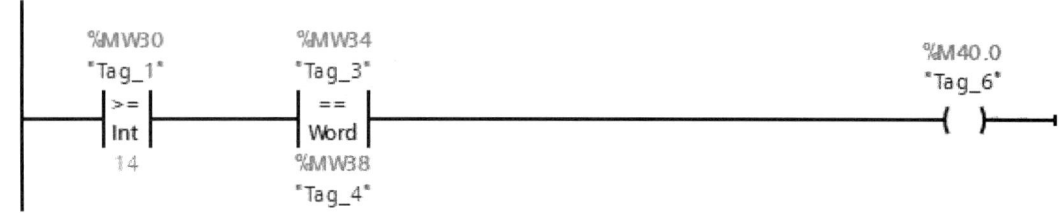

图 4.111

在比较指令的触点中分别有两个选项列表，如图 4.112 所示，这两个选项可以分别选择比较指令的种类和要比较的数据类型，如果数据类型和操作数不符合会显示错误提示。

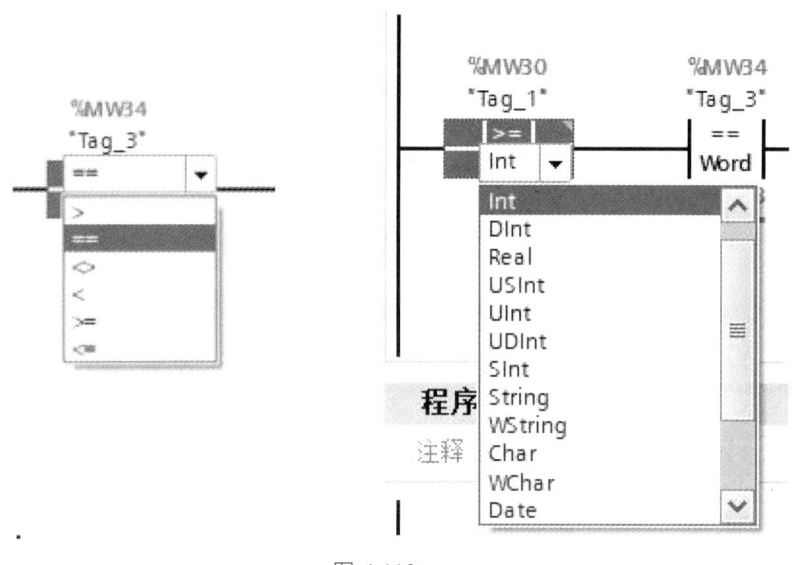

图 4.112

4.2.12 【任务 10】交通灯模拟控制

1. 任务要求

利用场景模拟一个十字路口交通灯的控制系统，在四个方向上都用三色塔灯作为交通信号灯。其控制要求如下：自动运行时，按一下启动按钮，信号灯系统按如图 4.113 所示的要求开始工作；按下停止按钮，所有信号灯都熄灭。

通过分析，交通信号灯可以使用定时器和比较指令来实现，具体时序图如图 4.114 所示。

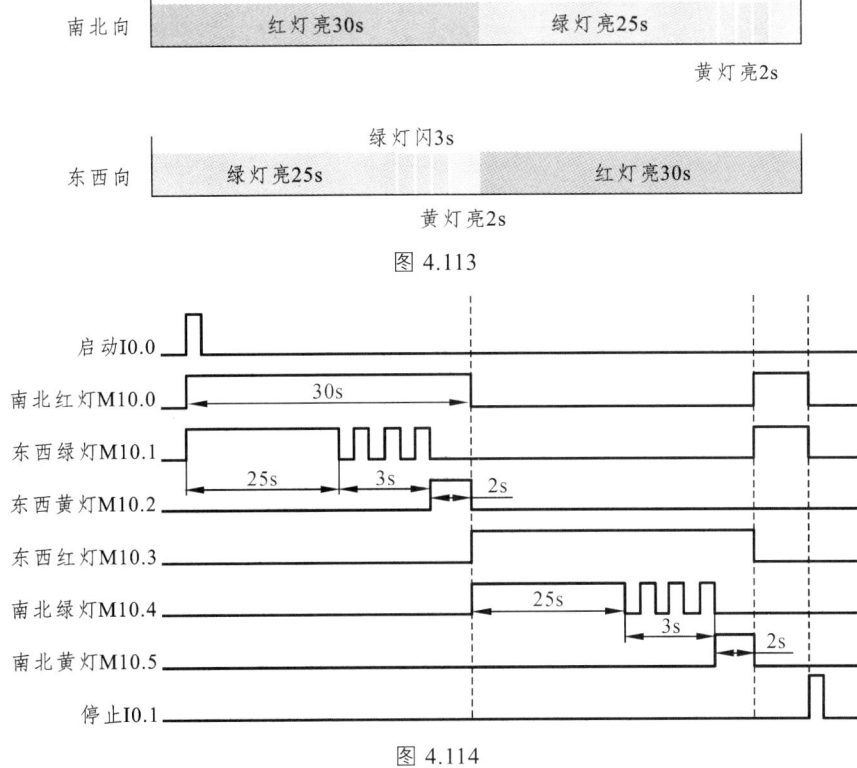

图 4.113

图 4.114

2. PLC 输入输出信号

PLC 输入输出信号如图 4.115 所示。

	启动按钮	Standard-Variablen...	Bool	%I0.0
	停止按钮	Standard-Variablen...	Bool	%I0.1
	启动保持位	Standard-Variablen...	Bool	%M5.0
	定时完成状态位	Standard-Variablen...	Bool	%M5.1
	南北红灯	Standard-Variablen...	Bool	%M10.0
	东西绿灯	Standard-Variablen...	Bool	%M10.1
	东西黄灯	Standard-Variablen...	Bool	%M10.2
	东西红灯	Standard-Variablen...	Bool	%M10.3
	南北绿灯	Standard-Variablen...	Bool	%M10.4
	南北黄灯	Standard-Variablen...	Bool	%M10.5
	红灯南	Standard-Variablen...	Bool	%Q0.0
	红灯北	Standard-Variablen...	Bool	%Q0.1
	绿灯东	Standard-Variablen...	Bool	%Q0.2
	绿灯西	Standard-Variablen...	Bool	%Q0.3
	黄灯东	Standard-Variablen...	Bool	%Q0.4
	黄灯西	Standard-Variablen...	Bool	%Q0.5
	红灯东	Standard-Variablen...	Bool	%Q0.6
	红灯西	Standard-Variablen...	Bool	%Q0.7
	绿灯南	Standard-Variablen...	Bool	%Q1.0
	绿灯北	Standard-Variablen...	Bool	%Q1.1
	黄灯南	Standard-Variablen...	Bool	%Q1.2
	黄灯北	Standard-Variablen...	Bool	%Q1.3

图 4.115

3. 场景仿真

场景的搭建如图 4.116 所示，在场景中分别放置 4 根平台支撑柱，每个支撑柱上放置一个信号塔灯，这里以面对电控柜的方向为北，在电控柜上放置启动和停止按钮，如图 4.117 所示。

图 4.116

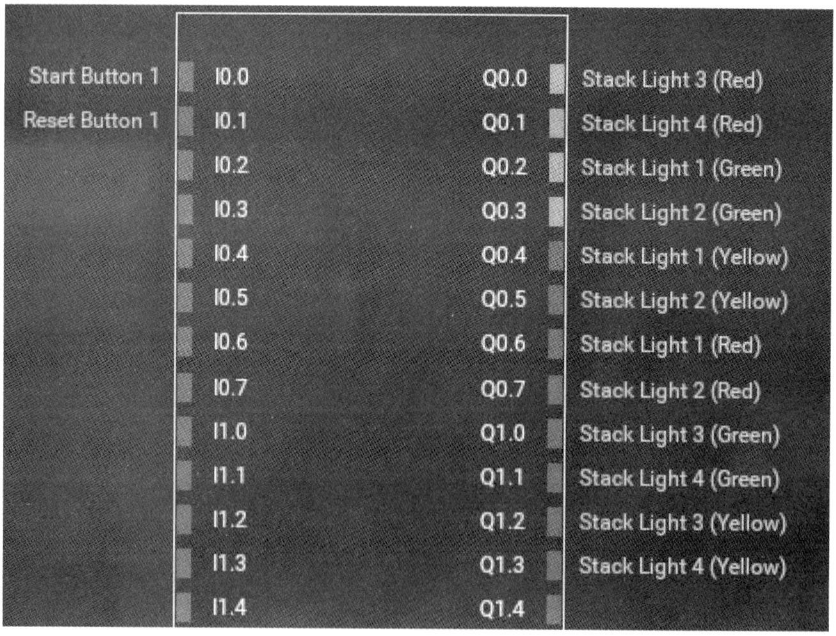

图 4.117

4. PLC 编程

相关程序段如图 4.118 所示。

程序段2： 启停自锁控制
注释

```
    %I0.0           %I0.1                                    %M5.0
  "启动按钮"        "停止按钮"                              "启动保持位"
─────┤├──────────────┤/├────────────────────────────────────( )─────
     │
    %M5.0
  "启动保持位"
─────┤├──
```

（a）

程序段3： 60秒周期计时
注释

```
    %M5.0           %M5.1            %DB1                    %M5.1
  "启动保持位"   "定时完成状态位"  "IEC_Timer_0_DB"        "定时完成状态位"
─────┤├─────────────┤/├──────────── TON ───────────────────( )─────
                                    Time
                              ─── IN      Q ───
                          T#60s ─ PT     ET ─── T#0ms
```

（b）

程序段4： 前30秒信号灯控制
注释

```
    %M5.0       "IEC_Timer_0_                                %M10.0
  "启动保持位"      DB".ET                                  "南北红灯"
─────┤├──────────── < ────────────────────────────────────( )─────
                   Time
                   T#30s

               "IEC_Timer_0_                                 %M10.1
                   DB".ET                                  "东西绿灯"
               ───── < ──────────────────────────────────( )─────
                    Time
                    T#25s

               "IEC_Timer_0_    "IEC_Timer_0_      %M0.5
                   DB".ET          DB".ET        "Clock_1Hz"
               ───── >= ─────────── < ─────────────┤├──
                    Time           Time
                    T#25s          T#28s

               "IEC_Timer_0_    "IEC_Timer_0_                %M10.2
                   DB".ET          DB".ET                  "东西黄灯"
               ───── >= ─────────── < ──────────────────( )─────
                    Time           Time
                    T#28s          T#30s
```

（c）

程序段 5： 后30秒信号灯控制

注释

```
    %M5.0       "IEC_Timer_0_   "IEC_Timer_0_                              %M10.3
  "启动保持位"       DB".ET          DB".ET                                "东西红灯"
  ────┤ ├────┬────┤ >= ├────────┤ <  ├─────────────────────────────────( )────
              │    │Time│        │Time│
              │    T#30s         T#60s
              │
              │   "IEC_Timer_0_  "IEC_Timer_0_                            %M10.4
              │      DB".ET         DB".ET                               "南北绿灯"
              ├────┤ >= ├────────┤ <  ├──────────────────────────┬──────( )────
              │    │Time│        │Time│                          │
              │    T#30s         T#55s                           │
              │                                                  │
              │   "IEC_Timer_0_  "IEC_Timer_0_       %M0.5       │
              │      DB".ET         DB".ET        "Clock_1Hz"    │
              ├────┤ >= ├────────┤ <  ├───────────┤ ├────────────┘
              │    │Time│        │Time│
              │    T#55s         T#58s
              │
              │   "IEC_Timer_0_  "IEC_Timer_0_                            %M10.5
              │      DB".ET         DB".ET                               "南北黄灯"
              └────┤ >= ├────────┤ <  ├─────────────────────────────────( )────
                   │Time│        │Time│
                   T#58s         T#60s
```

(d)

程序段 6： 输出控制1

注释

```
   %M10.0        %Q0.0                                     %Q0.1
  "南北红灯"     "红灯南"                                   "红灯北"
  ──┤ ├─────────( )────────────────────────────────────────( )────

   %M10.1        %Q0.2                                     %Q0.3
  "东西绿灯"     "绿灯东"                                   "绿灯西"
  ──┤ ├─────────( )────────────────────────────────────────( )────

   %M10.2        %Q0.4                                     %Q0.5
  "东西黄灯"     "黄灯东"                                   "黄灯西"
  ──┤ ├─────────( )────────────────────────────────────────( )────
```

(e)

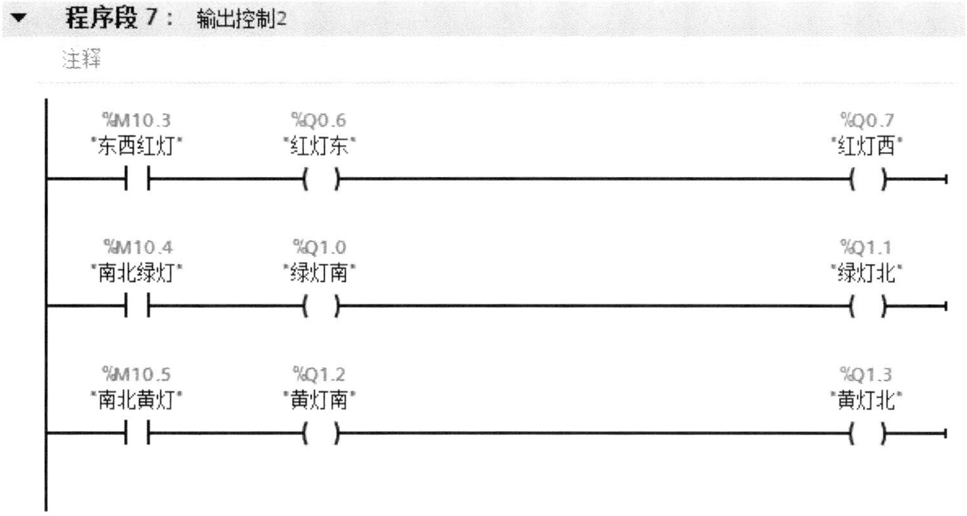

程序段 7： 输出控制2
注释

```
  %M10.3        %Q0.6                                    %Q0.7
 "东西红灯"     "红灯东"                                  "红灯西"
 ──┤ ├──────────┤ ├────────────────────────────────────( )──

  %M10.4        %Q1.0                                    %Q1.1
 "南北绿灯"     "绿灯南"                                  "绿灯北"
 ──┤ ├──────────┤ ├────────────────────────────────────( )──

  %M10.5        %Q1.2                                    %Q1.3
 "南北黄灯"     "黄灯南"                                  "黄灯北"
 ──┤ ├──────────┤ ├────────────────────────────────────( )──
```

(f)

图 4.118

4.2.13 数学运算操作指令

数学运算指令中包含基本的加减乘除、平方、三角函数、指数对数等功能，如表 4.8 所示。在所有指令中，操作数对应"IN"端口，结果输出到"OUT"端口。操作数的数据类型可以是整数、浮点数或常数，输入和输出类型要保持一致。

表 4.8 数学运算操作指令

指令名称	功能	指令名称	功能
CALCULATE	OUT=f（IN1，IN2……INn）	SQR	IN^2=OUT（计算平方）
ADD	OUT=IN1+IN2	SQRT	$\sqrt{IN}$=OUT（计算平方根）
SUB	OUT=IN1-IN2	LN	LN（IN）=OUT（计算自然对数）
MUL	OUT=IN1*IN2	EXP	e^{IN}=OUT（计算指数值）
DIV	OUT=IN1/IN2	SIN	OUT=SIN（IN）（计算正弦值）
MOD	两数相除的结果取余数	COS	OUT=COS（IN）（计算余弦值）
NEG	对输入的值的正负号取反	TAN	OUT=TAN（IN）（计算正切值）
INC	OUT=IN1+1	ASIN	OUT=ASIN（IN）（计算反正弦值）
DEC	OUT=IN1-1	ACOS	OUT=ACOS（IN）（计算反余弦值）
ADS	计算有符号整数、浮点数和常数的绝对值	ATAN	OUT=ATAN（IN）（计算反正切值）
MIN	计算相同数据类型数据的最小值	FRAC	返回小数部分的值
MAX	计算相同数据类型数据的最大值	EXPT	取幂
LIMIT	将输入值限制在设置的最大值和最小值之前		

4.2.14 移动与转换操作指令

1. 移动值指令（MOVE）

移动值指令是将指令输入端"IN"中所指地址的数据传送给输出端"OUT1"所指地址的数据中去。如图 4.119 所示，MOVE 指令用于将 MD40 的数据移动到 MD44 中去，在执行指令后 MD40 中原有的数据不变，而 MD44 中原有的数据被 MD40 中的数据覆盖。

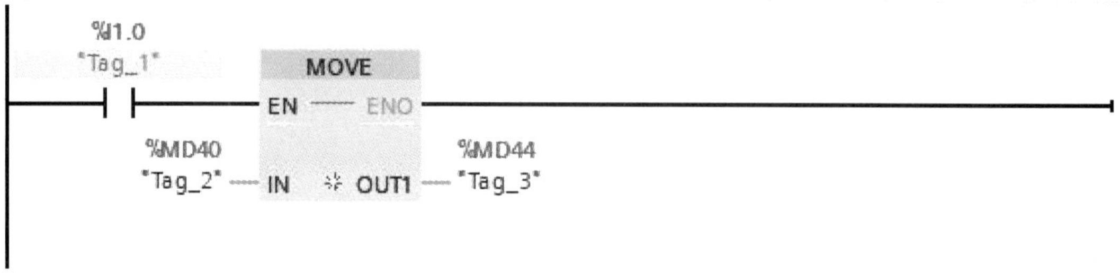

图 4.119

在 MOVE 指令使用中，"IN"和"OUT1"的数据类型可以是整数、浮点数、位字符串、定时器、DATE、TIME、CHAR、WCHAR、STRUCT、ARRAY 和 PLC 数据类型（UDT），除此之外，"IN"还可以输入常数。

当"IN"和"OUT1"的数据类型不一致时，如果输入"IN"数据类型的位长度超出输出"OUT1"数据类型的位长度，则"IN"数据的高位不会被传输到"OUT1"。如果输入"IN"数据类型的位长度小于输出"OUT1"数据类型的位长度，则"OUT1"的高位会被填补成 0。

MOVE 指令默认只有一个输出，但是也可以使用多个输出，在单击指令上的扩展符号后会扩展出多个输出引脚，在执行指令时会将"IN"中的数据同时传送到多个扩展输出上。

2. 块移动指令（MOVE_BLK）

块移动指令"MOVE_BLK"是将输入数组元素开始的变量，根据指令指定的长度，连续移动到输出数组开始的变量，要求输入数组的元素和输出数组的元素的数据类型相同，并且只能是基本数据类型。

块移动的数据对象是数组，下面以图 4.120 为例对指令进行说明。指令用于将 DB 块"数据块_1"中的数组"Static_1[]"从 Static_1[5]开始的 5 个元素移动到 DB 块"数据块_2"中的数组"Static_1[]"从 Static_1[0]开始的 5 个元素中。

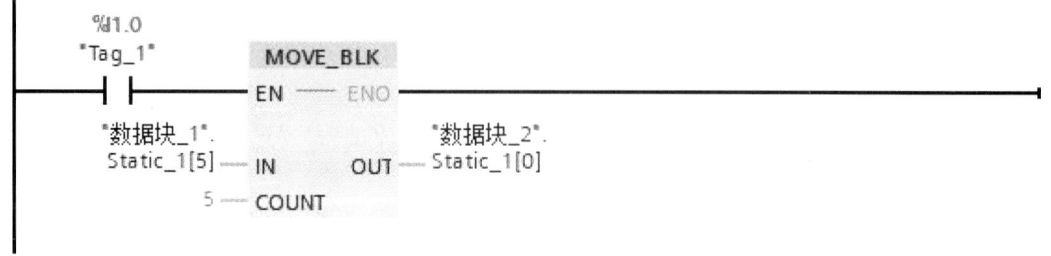

图 4.120

在数据块内定义数组时可以定义数组的数据类型和数组限制（数组包含的元素个数），如图 4.121 所示。

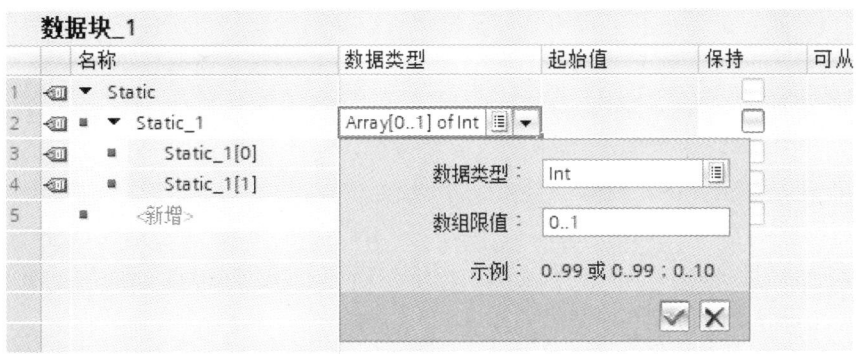

图 4.121

针对源数据中数组的 10 个元素和数值，按照块移动指令将如图 4.122 所示"数据块_1"的 Static_1[5]到 Static_1[9]中的 5 个元素数值（即从整数 1 到 5）传输到"数据块_2"中从 Static_1[0]到 Static_1[4]的 5 个元素中，执行后"数据块_2"中的传输结果如图 4.123 所示。

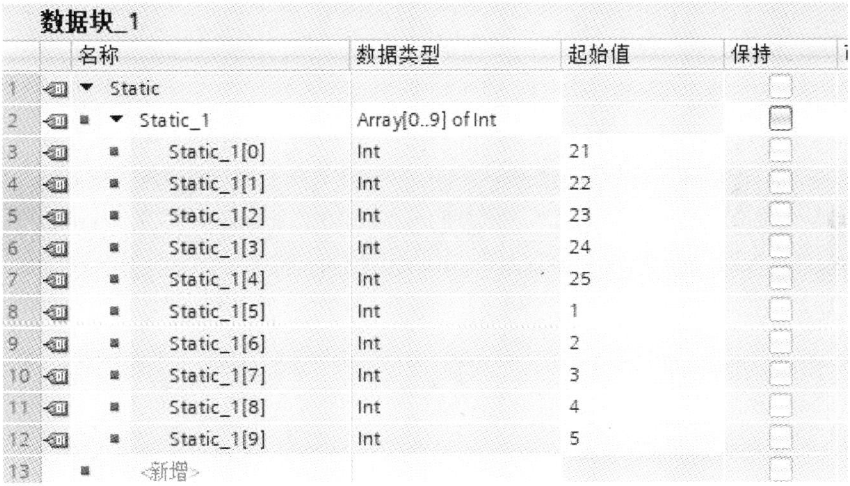

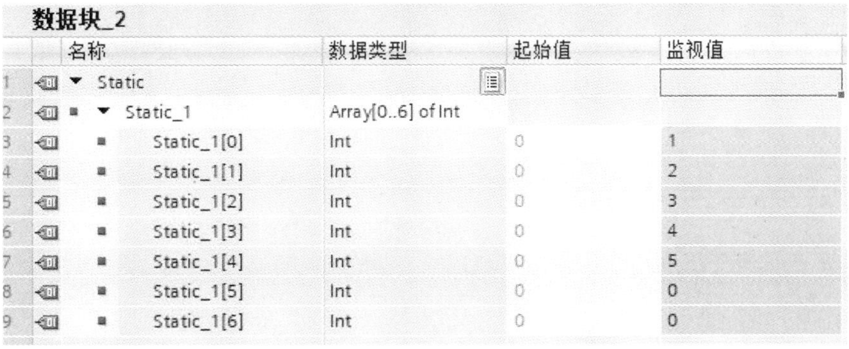

图 4.122

图 4.123

3. 填充块指令（FILL_BLK）

填充块指令"FILL_BLK"用于将"IN"输入指定的值填充至一个存储区域（目标范围）。从输出"OUT"指定的地址开始填充目标范围，可以使用参数"COUNT"指定复制操作的重复次数。执行该指令时，输入"IN"中的值将移动到目标范围，重复次数由参数"COUNT"值指定。仅当源范围和目标范围的数据类型相同时，才能执行该指令。与"MOVE_BLK"指令不同的是，"FILL_BLK"指令中的"IN"所指的是一个常数或是地址中所指的数据，而"MOVE_BLK"指令中"IN"所指的是一个起始地址。

执行如图 4.124 所示"FILL_BLK"指令时，"IN"指向常数 2023，"COUNT"指定复制次数为 5 次，将"数据块_2"中的数组 Static_1 从 Static_1[0]到 Static_1[4]的 5 个元素都赋值为 2023，执行完指令后在线监控结果如图 4.125 所示。

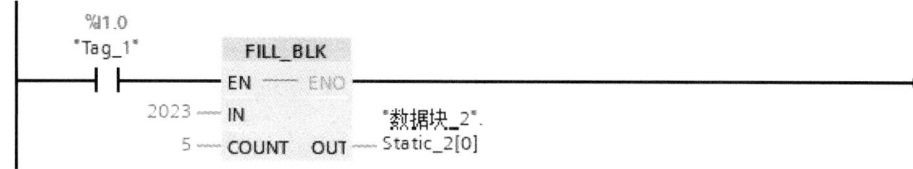

图 4.124

数据块_2					
	名称		数据类型	起始值	监视值
1	▼ Static				
2	▪ ▼	Static_2	Array[0..5] of Int		
3	▪	Static_2[0]	Int	0	2023
4	▪	Static_2[1]	Int	0	2023
5	▪	Static_2[2]	Int	0	2023
6	▪	Static_2[3]	Int	0	2023
7	▪	Static_2[4]	Int	0	2023
8	▪	Static_2[5]	Int	0	0

图 4.125

4. 交换指令（SWAP）

交换指令"SWAP"用于将输入端"IN"所指的字变量（Word）或是双字变量（DWord）中的字节排列顺序进行颠倒转换，转换后的结果将输出到"OUT"所指的变量中。

执行交换指令的程序图如图 4.126 所示，先将十六进制常量通过移动指令传输到双字变量 MD100 中，然后执行完 SWAP 指令，将 MD100 内的四个字节颠倒顺序后的结果输出到 MD200 变量中。

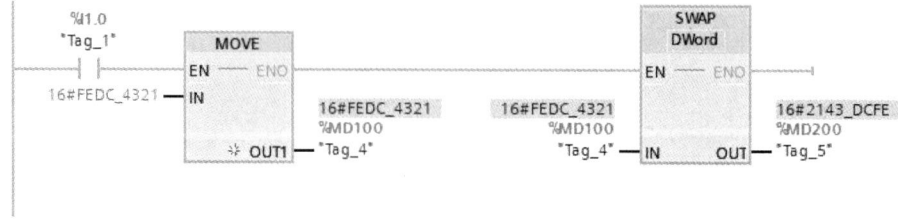

图 4.126

一个双字变量（MD100）可以分为四个字节变量（从 MB100 到 MB103），交换关系如图 4.127 所示，MD100 中的"FE""DC""43""21"四个字节转换排列顺序后变为了 MD200 中的"21""43""DC""FE"。

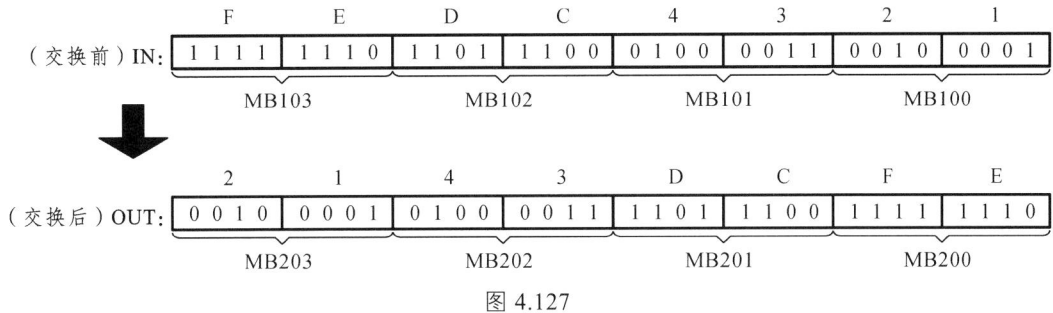

图 4.127

5. 转换值指令（CONVERT）

"转换值"指令将读取参数 IN 的内容，并根据指令框中选择的数据类型对其进行转换，转换值将在 OUT 输出处输出。可进行转换的数据类型如表 4.9 所示。

表 4.9 转换值指令可转换数据类型

参数	声明	数据类型	存储区	说明
EN	Input	BOOL	I、Q、M、D、L 或常量	使能输入
ENO	Output	BOOL	I、Q、M、D、L	使能输出
IN	Input	Int、Dint、Real、USInt、UInt、UDInt、SInt、LReal、CHAR、WCHAR、DWORD、BCD16、BCD32	I、Q、M、D、L、P 或常量	要转换的数据
OUT	Output	Int、Dint、Real、USInt、UInt、UDInt、SInt、LReal、CHAR、WCHAR、DWORD、BCD16、BCD32	I、Q、M、D、L、P	转换结果

如图 4.128 所示，通过"CONVERT"指令将 Real 型常数 11.4 转换为 Uint 型变量 MW54 中，可以看到由于实数类型有小数点而结果变量类型为无符号整数，因此源数据的小数位会丢失，只保留了整数位传输到了变量 MW54 中。使用"CONVERT"指令时要注意"IN"和"OUT"的数据类型，如果数据类型不匹配还会导致数据丢失。

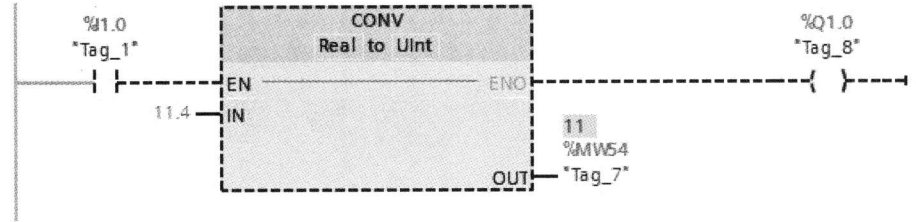

图 4.128

4.2.15 【任务 11】水箱液面高度转换

1. 任务要求

在场景内放置一套水箱,将水箱设置成模拟量模式。在场景中放置一套电控柜,在电控柜面板上分别放置两个按钮和一个数码显示器。按下注水按钮后水箱按固定流量注水,按下排水按钮后在停止注水的同时按固定流量排水,数码显示器上会显示当前的液面高度(单位为 cm)。

2. PLC 输入输出信号

PLC 输入输出信号如图 4.129 所示。

名称	变量表	数据类型	地址
注水按钮	Standard-Variablentabelle	Bool	%I0.0
排水按钮	Standard-Variablentabelle	Bool	%I0.1
注水保持位	Standard-Variablentabelle	Bool	%M5.0
排水保持位	Standard-Variablentabelle	Bool	%M5.1
液位传感器	Standard-Variablentabelle	DWord	%ID34
注水比例阀	Standard-Variablentabelle	DWord	%QD30
排水比例阀	Standard-Variablentabelle	DWord	%QD34
液面高度显示值	Standard-Variablentabelle	DWord	%QD38
液位转换中间值	Standard-Variablentabelle	Real	%MD30

图 4.129

3. 场景仿真

场景如图 4.130、4.131 所示。

4. PLC 编程

相关程序段如图 4.132 所示。

图 4.130

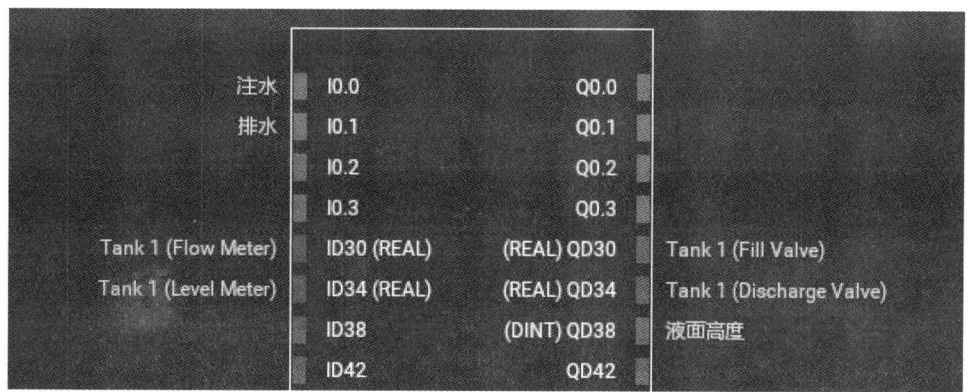

图 4.131

程序段 2： 启停自锁控制

注释

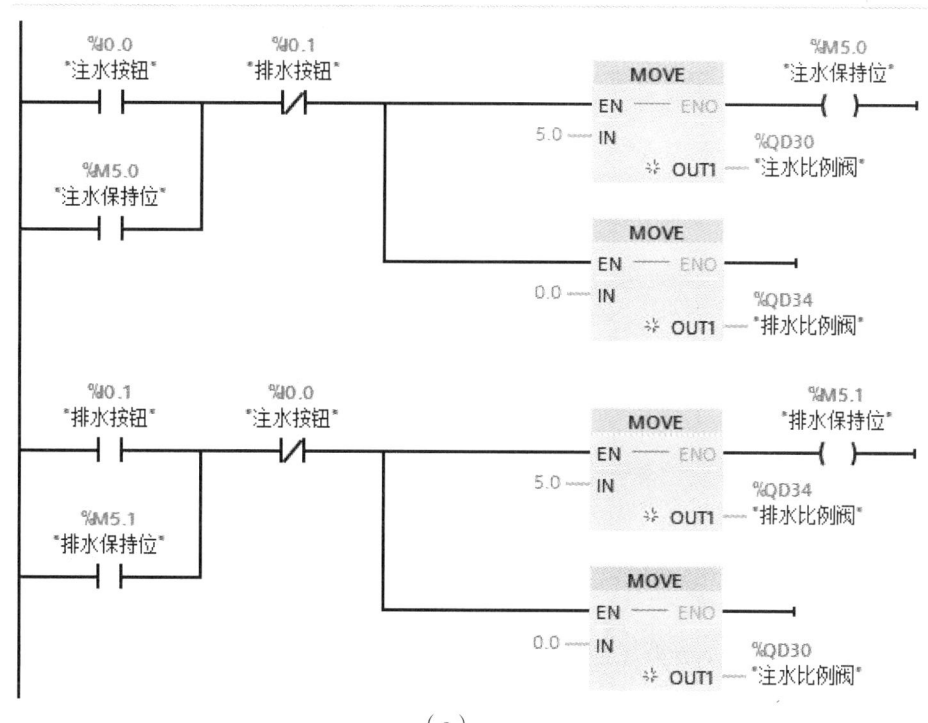

（a）

程序段 3： 液面转换

注释

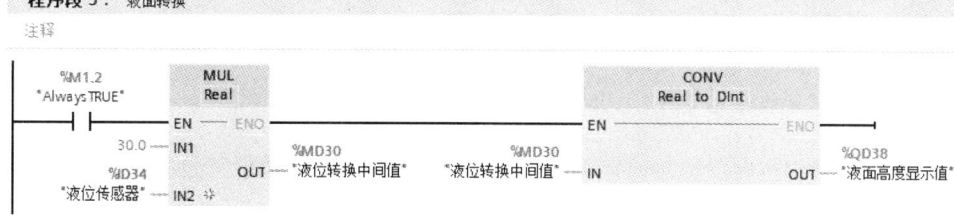

（b）

图 4.132

4.2.16 移位指令

移位指令包括右移指令"SHR"和左移指令"SHL"。移位指令的功能是将输入端"IN"所指定的变量内的数据按二进制位向左或向右移动若干个二进制位,输入参数"N"用来定义移位的位数。执行左移后空出的位用 0 填补,执行右移后空出的位用原操作数的符号位进行填充,原操作数为正数时用 0 填充空位,原操作数为负数时用 1 填充空位。

在如图 4.133 所示程序中对整数-15 执行右移 2 位操作,负数的二进制数以补码形式进行存储,如-15 对应二进制数 2#1111_1111_1111_0001(对应 MW108 中的十六进制数 16#FFF1),右移 2 位后对应二进制数 2#1111_1111_1111_1100(对应 MW308 中的十六进制数 16#FFFC),移位后的数值变为-4。

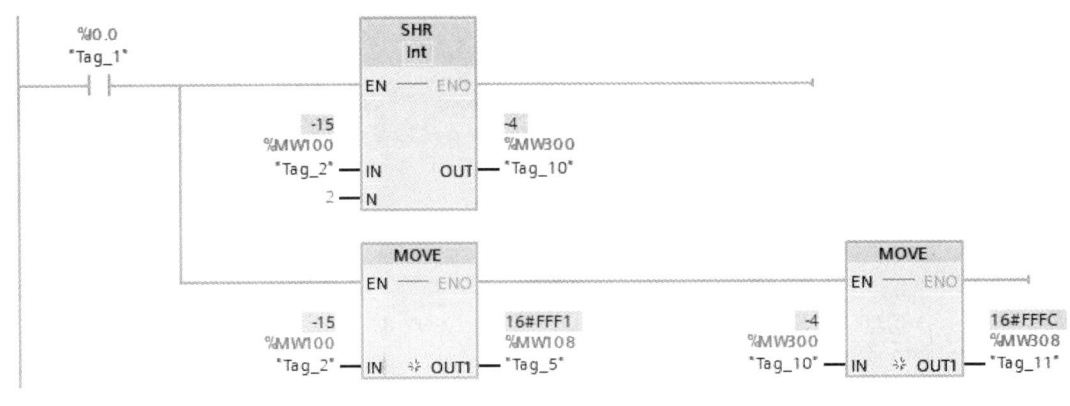

图 4.133

移位的具体过程如图 4.134 所示,-15 对应二进制数最低的 2 位"01"右移后就会丢失,由于-15 是负数符号位为 1,移位后最高位的两位用"11"进行填补。

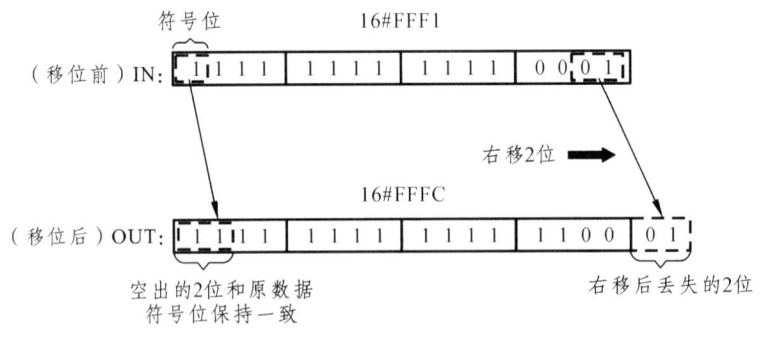

图 4.134

4.2.17 循环移位指令

循环移位指令包括右移指令"ROR"和左移指令"ROL"。循环移位指令的功能是将输入端"IN"所指定的变量内的数据按二进制位向左或向右循环移动若干个二进制位,循环移位会将移出的位直接填补到因为移位而空出的二进制位上,循环移位后的结果传输到输出端"OUT"指定的变量,输入参数"N"用来定义移位的位数。与移位指令不同的是,循环移位指令不会造成数据位的丢失。

在如图 4.135 所示程序中，先将二进制常数"2#0011_0111"（对应十六进制常数 16#37）赋值给字节型变量 MB100，分别通过"ROR"指令和"ROL"指令对 MB100 中的数据进行循环左移 2 位和循环右移 2 位。"2#0011_0111"循环右移两位后变为"2#1100_1101"，对应字节变量"16#CD"。"2#0011_0111"循环左移两位后变为"2#1101_1100"，对应字节变量"16#DC"。程序执行结果分别存入到字节变量 MB20 和 MB30 中。

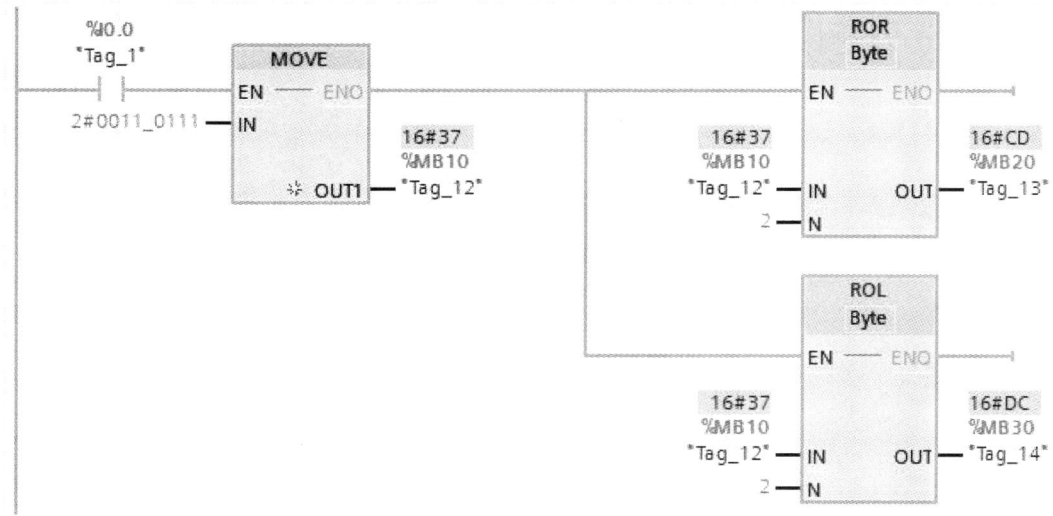

图 4.135

4.2.18 【任务 12】循环移位指令实现流水灯

1. 任务要求

在场景中放置两个电控柜，用作流水灯的放置面板，流水灯由 8 个绿色信号指示灯组成。每隔一秒点亮一个指示灯，指示灯从左到右依次点亮，然后再从右到左依次点亮，整个过程完成后进行循环。

2. PLC 输入输出信号

PLC 输入输出信号如图 4.136 所示。

名称	变量表	数据类型	地址
循环左移状态位	Standard-Variablen...	Bool	%M5.0
1号流水灯	Standard-Variablen...	Bool	%Q0.0
8号流水灯	Standard-Variablen...	Bool	%Q0.7
循环右移状态位	Standard-Variablen...	Bool	%M5.1
流水灯输出字节	Standard-Variablen...	Byte	%QB0
左移上升沿存储	Standard-Variablen...	Bool	%M10.0
右移上升沿存储	Standard-Variablen...	Bool	%M10.1

图 4.136

3. 场景仿真

场景仿真如图 4.137、4.138 所示。

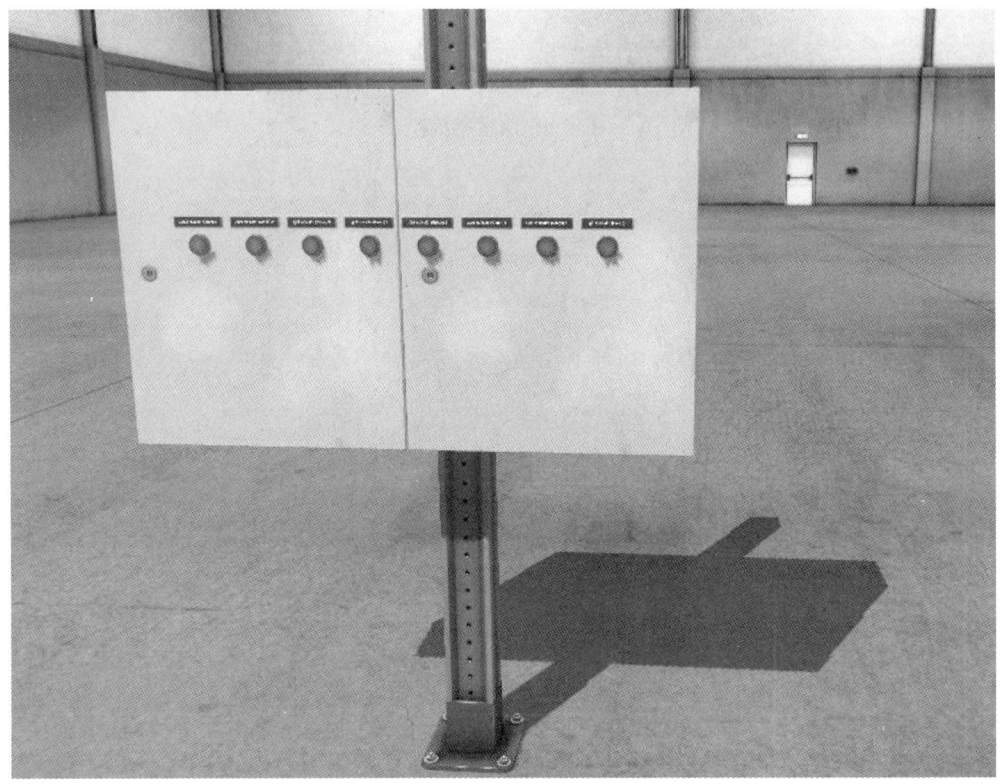

图 4.137

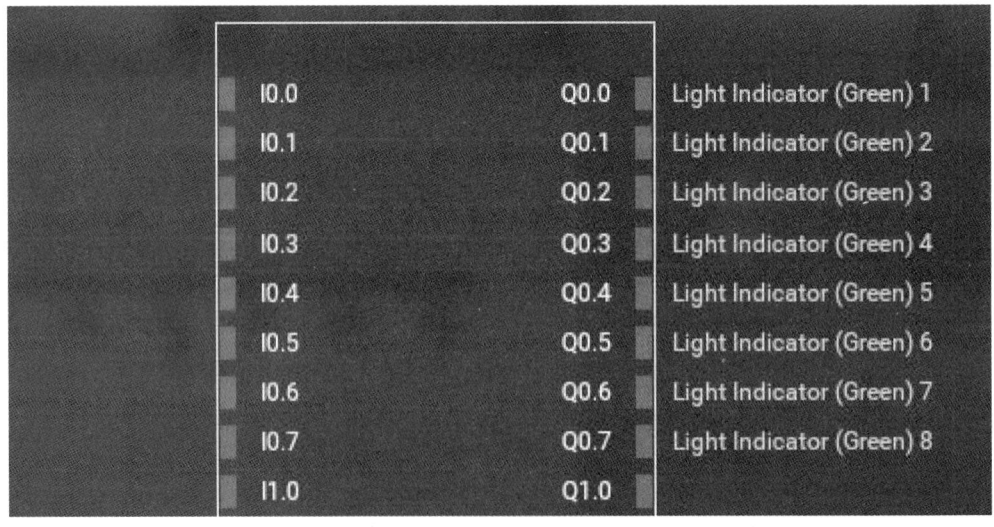

图 4.138

4. PLC 编程

相关程序段如图 4.139 所示。

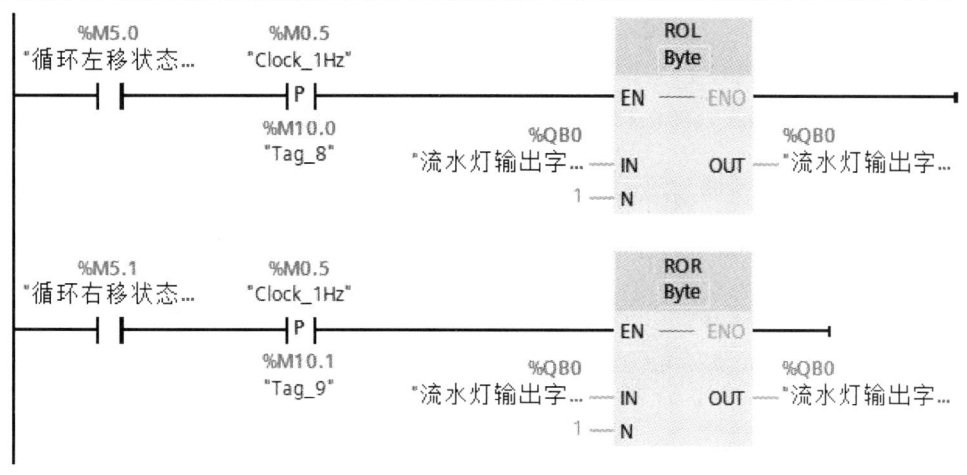

图 4.139

4.3 S7-1200 的程序结构

西门子 S7-1200 系列 PLC 的用户程序中可包含如图 4.140 所示的四类不同类型的程序块，各个程序块的功能和使用方法也不相同。

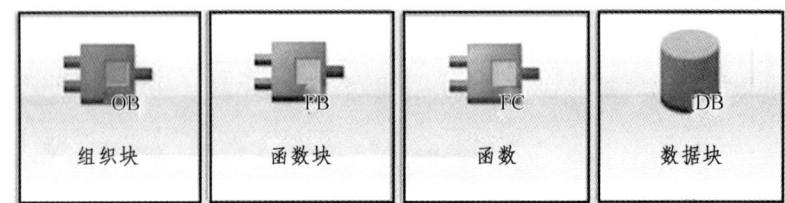

图 4.140

各程序块的功能特点描述如下：

组织块（OB）：用于定义用户程序的结构，是用户程序的主程序和启动程序，还可以定义各类中断程序，组织块（OB）被操作系统调用。

函数（FC）：FC 是由别的功能块（OB、FB、FC）调用的子程序。由于 FC 没有背景数据块（DB），FC 的输出结果必须传输到数据变量或全局数据块（DB）中。

函数块（FB）：FB 是由别的功能块（OB、FB、FC）调用的子程序。FB 在创建时就自带一个背景数据块（DB），FB 在调用过程中会将参数和输出结果传输到背景数据块中。

数据块（DB）分为全局数据块（DB）和背景数据块（DB）。其中全局数据块用于存储用户程序中的数据，其数据格式可由用户定义。背景数据块同相应的 FB 块相绑定，用于存储相对应 FB 的输入、输出、输入输出和静态变量。

4.3.1 程序调用结构

OB 组织块是操作系统与用户程序的接口，由操作系统（OS）调用。PLC 的程序调用结构如图 4.141 所示。当 PLC 上电启动后，PLC 的操作系统直接调用的就是 OB 组织块，OB 组织块中执行 PLC 的主程序，在主程序中调用各个由用户定义的 FB、FC 子程序，所有的程序都被包含在 OB、FB 和 FC 中。

FC 和 FB 中都可以嵌套调用多个 FB 和 FC。嵌套就是在子程序中再调用其他子程序。从主程序循环 OB 组织块开始调用 FB 和 FC，最大的调用嵌套深度为 16 层，从中断 OB 组织块开始最大调用嵌套深度为 6 层。

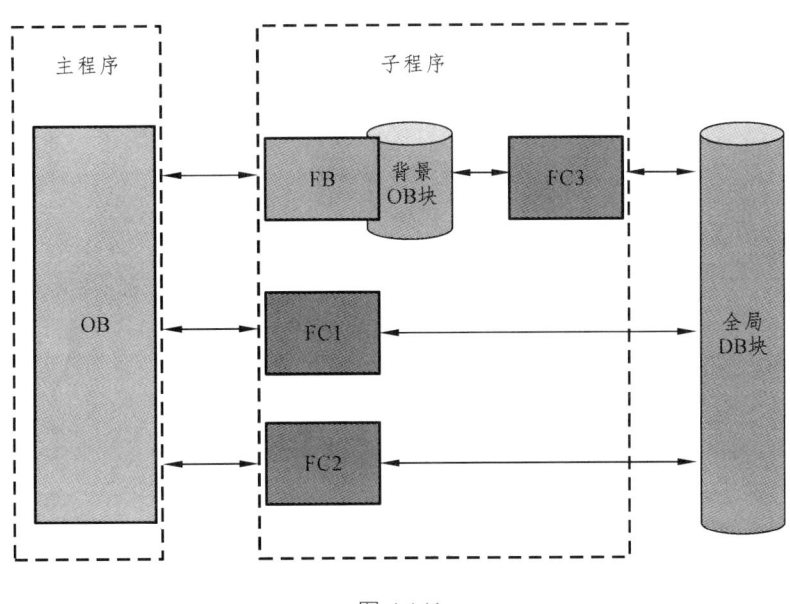

图 4.141

4.3.2 OB 组织块的功能

OB 组织块主要分为三类：主程序循环组织块（OB1）、PLC 启动执行组织块（OB100）和其他不同类型的中断组织块。

在新建项目后博图软件会自动创建主程序循环组织块（OB1），如图 4.142 所示。OB1 用作完成用户主程序和子程序调用，只有其他特殊用途的程序通过 OB100 和中断组织块进行调用。

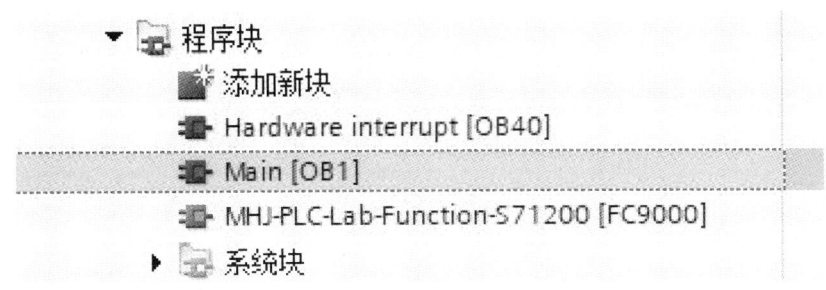

图 4.142

若要添加其他组织块，可以在程序块的列表中点击"添加新块"，添加新块对话框如图 4.143 所示，在添加新块对话框中选择要添加的组织块的类型。

除了项目自带的 OB1 组织块，其他的组织块都需要有启动事件将对应组织块进行调用。不同的组织块有不同的功能、启动事件、优先级和组织块编号，所有组织块对应信息如表 4.10 所示。

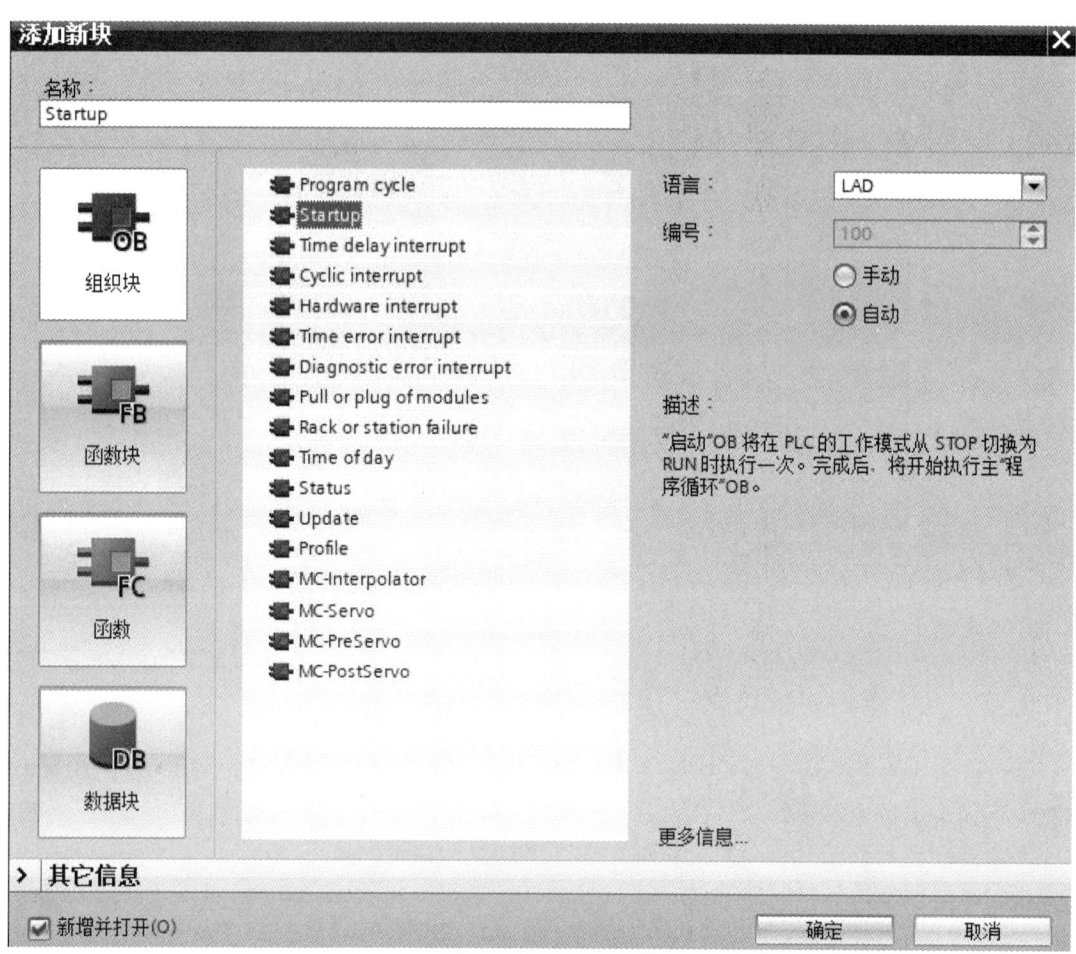

图 4.143

表 4.10 组织块对应信息

触发事件类型	启动事件	OB 号	OB 数量	优先级（默认）
循环程序	启动或结束上一个程序循环 OB	1, ≥123	≥0	1
启动	PLC 从 STOP 到 RUN 状态	100, ≥123	≥0	1
硬件中断	上升沿（最多 16 个） 下降沿（最多 16 个） HSC：计数值=参考值（最多 6 次） HSC：计数值方向变化（最多 6 次） HSC：外部复位（最多 6 次）	≥40	50	18
时间中断	以达到启动时间	≥10	2	2
延时中断	延时时间结束	≥20	4	3

续表

触发事件类型	启动事件	OB 号	OB 数量	优先级（默认）
循环中断	循环时间结束	≥30	4	8
状态中断	CPU 已接收到状态中断	55	0 或 1	4
更新中断	CPU 已接收到更新中断	56	0 或 1	4
制造商或配置文件特定的中断	CPU 已接收到制造商或配置文件特定的中断	57	0 或 1	4
诊断错误中断	模块检测到错误	82	0 或 1	5
拔插中断	拔出/插入分布式 IO 模块	83	0 或 1	6
机架错误中断	分布式 IO 的 IO 系统错误	86	0 或 1	6
时间错误中断	超出最大循环时间 仍在执行被调用 OB 错过时间中断 STOP 期间将丢失时间中断 队列溢出 因中断负载过高而导致中断丢失	80	0 或 1	22

4.3.3 FC 函数的使用

FC 函数和 FB 函数块都是用来编写用户子程序的代码块。FC 和 FB 的区别在于，FC 函数是不带背景 DB 块的代码块，因此 FB 函数没有存储参数值的数据存储器，必须对所有形参都要分配实参。

在程序块中若要添加 FC 函数，可在程序块的列表中点击"添加新块"，然后选择绿色图案"函数（FC）"，打开新建好的函数后进入函数编辑界面，如图 4.144 所示，在块接口中可以对 FC 的各个引脚进行定义和命名。

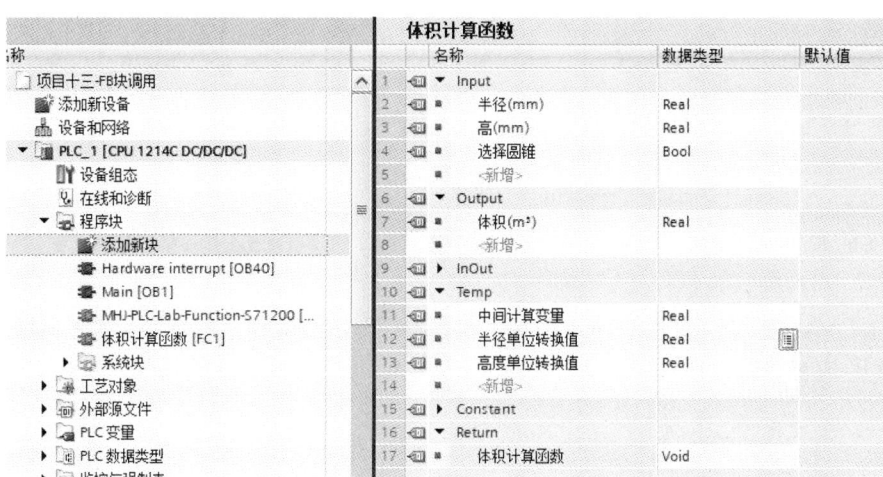

图 4.144

FC 的各个引脚端口的特性、类型和说明如表 4.11 所示。

表 4.11 FC 各引脚端口

端口类型	端口名称	读写类型	说明
Input	输入端口	只读	接收端口输入的数据供函数内程序使用
Output	输出端口	只读	将函数内程序的执行结果提供给输出端口
InOut	输入输出端口	只读	接收数据后进行运算,然后返回执行结果,实参不能为常数
Temp	临时变量		在 FC 函数内使用,存储 FC 程序内临时执行中间结果的变量
Constant	常量		在 FC 中使用且带有声明的符号名的常数
Return	返回值	只读	与 FC 函数同名的返回值,默认为 Void 类型时无返回值

在对 FC 的各个引脚进行定义后,在主程序块 OB1 中调用编辑好的函数 FC1,给函数 FC1 的各个引脚分配好常量和变量,如图 4.145 所示。FC1 函数实现的功能是执行圆锥或圆柱体积的计算。

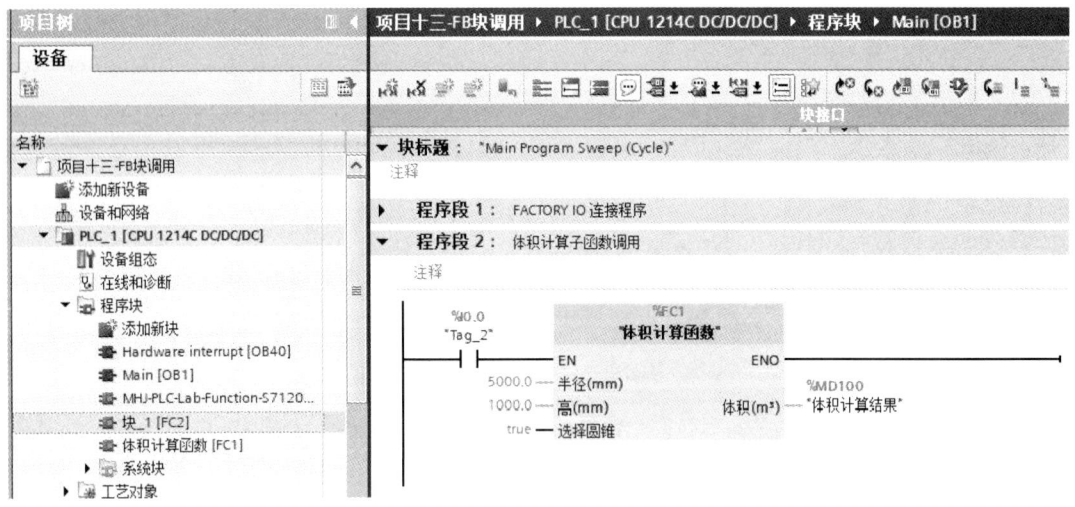

图 4.145

FC1 内的程序段分别完成圆锥和圆柱体积的计算,如图 4.146 所示。圆锥体积公式:$V=\pi \times (R^2 \times H)/3$;圆柱体积公式:$V=\pi \times (R^2 \times H)$。

程序编写完成后进行仿真,输入半径和高度参数后可选择计算对象圆锥或圆柱,仿真结果如图 4.147 所示。

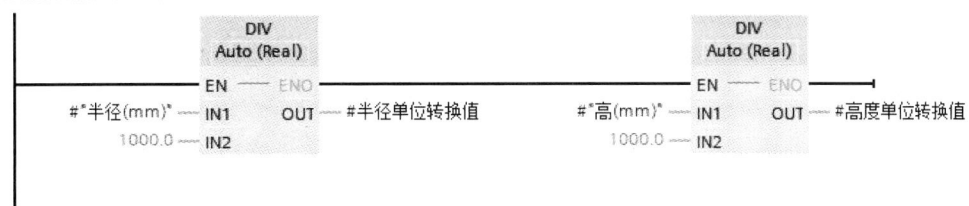

(a)

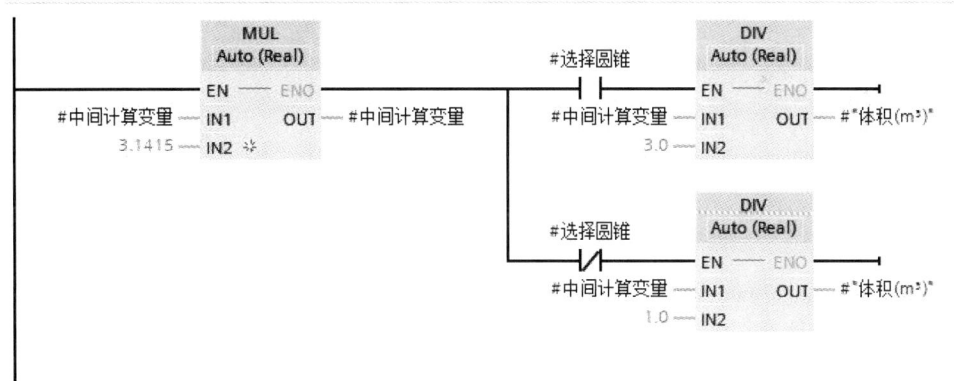

(b)

(c)

图 4.146

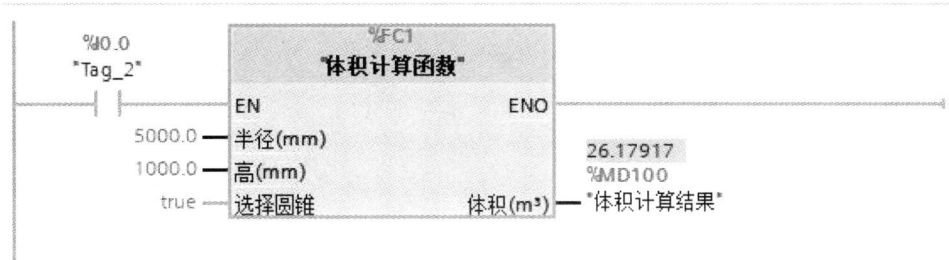

图 4.147

4.3.4 FB 函数块的使用

FB 函数块和 FC 函数的功能相似，但是每个 FB 块都分配有对应的背景数据块 DB，背景数据块用于存储 FB 函数块的所有参数。背景数据块中保存 FB 函数块的输入参数、输出参数和静态中间数据（Static），而不保存 FB 块的 Temp 和 Constant 参数。

在程序块中要添加 FC 函数，可在程序块的列表中点击"添加新块"，然后选择绿色图案"函数（FC）"，打开新建好的函数，进入函数编辑界面，如图 4.148 所示，在块接口中可以对 FC 的各个引脚进行定义和命名。

图 4.148

在主程序块 OB1 中调用编辑好的 FB 块（块_1），在调用"块_1"时会弹出"调用选项"对话框，如图 4.149 所示，系统默认自动为 FB 块分配背景数据块（DB），也可以选择手动分配背景数据块（DB）和编号。

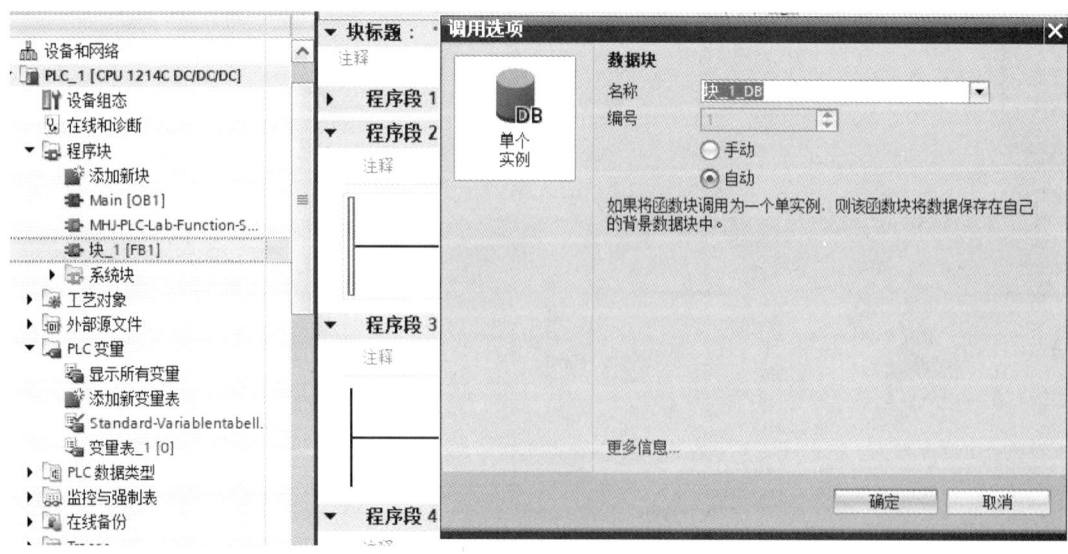

图 4.149

4.3.5 【任务 13】利用 FB 块实现分拣功能

1. 任务要求

在场景中新建一条分拣流水线，如图 4.150 所示。线头和线尾的 2 米皮带线分别用于放置发射器和接收器，中间分别放置两条 4 米皮带线用于分拣。

发射器分别随机产生码垛包裹盒、中型包裹盒和大型包裹盒。第一条分拣线检测到大型包裹盒后通过推杆气缸将包裹推出流水线；第二条分拣线检测到中型包裹盒后通过推杆气缸将包裹推出流水线，最后只有码垛包裹盒通过皮带线进入线尾的接收器；在控制柜上可以通过旋钮屏蔽或使能单个分拣功能，也可以通过控制柜上的复位按钮复位推出气缸。要求在 PLC 编程时使用一个 FB 块实现两条分拣线的模块化设计。

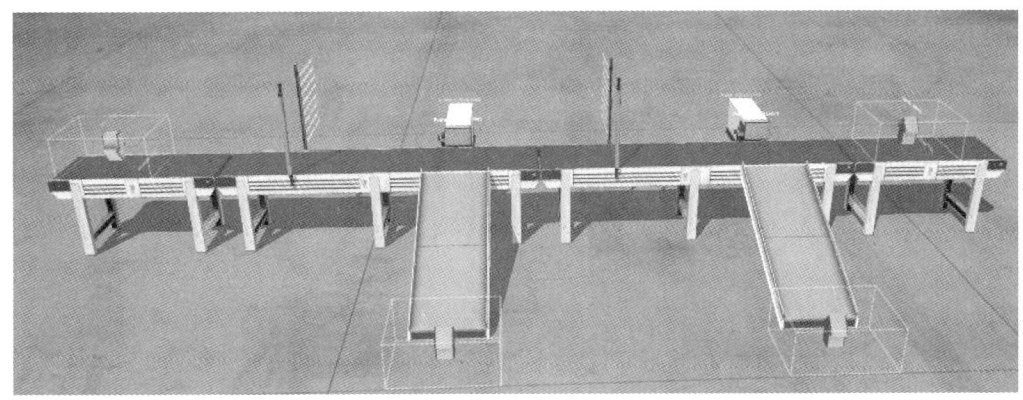

图 4.150

2. PLC 输入输出信号

PLC 输入输出信号如图 4.151 所示。

	名称	变量表	数据类型	地址
15	来料检测1	Standard-Variablentabelle	Bool	%I0.0
16	气缸推出信号1	Standard-Variablentabelle	Bool	%I0.1
17	使能屏蔽1	Standard-Variablentabelle	Bool	%I0.2
18	复位按钮1	Standard-Variablentabelle	Bool	%I0.3
19	来料检测2	Standard-Variablentabelle	Bool	%I0.4
20	气缸推出信号2	Standard-Variablentabelle	Bool	%I0.5
21	使能屏蔽2	Standard-Variablentabelle	Bool	%I0.6
22	复位按钮2	Standard-Variablentabelle	Bool	%I0.7
23	入口皮带线	Standard-Variablentabelle	Bool	%Q0.0
24	分拣皮带线1	Standard-Variablentabelle	Bool	%Q0.1
25	分拣皮带线2	Standard-Variablentabelle	Bool	%Q0.2
26	出口皮带线	Standard-Variablentabelle	Bool	%Q0.3
27	推出气缸1	Standard-Variablentabelle	Bool	%Q0.5
28	推出气缸2	Standard-Variablentabelle	Bool	%Q0.6

图 4.151

3. 场景仿真

场景的整体搭建如图 4.152 所示。

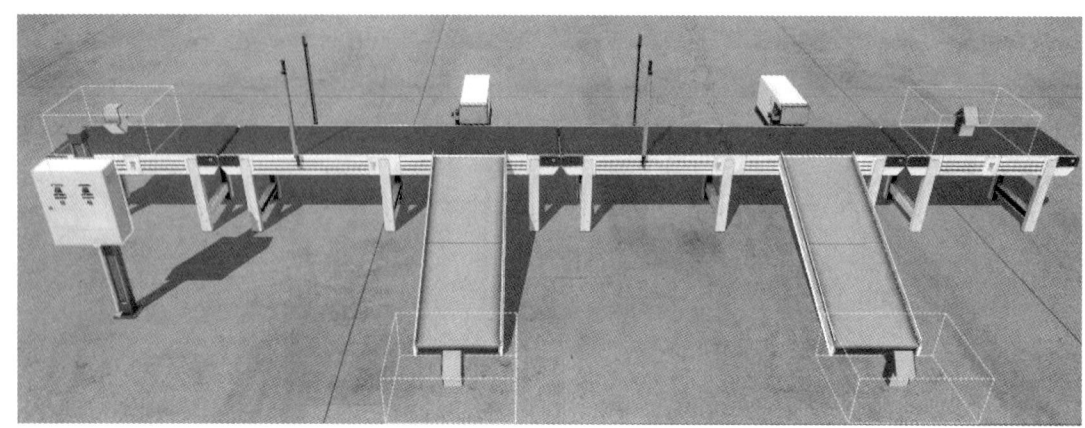

图 4.152

先搭建一套分拣单元,如图 4.153 所示,组合后再复制一套完全一样的分拣单元。分拣单元包括一套光栅(配置为 Digital 方式)、一套推出气缸、一条 4 米皮带线、一套下料滑道和一台接收器。

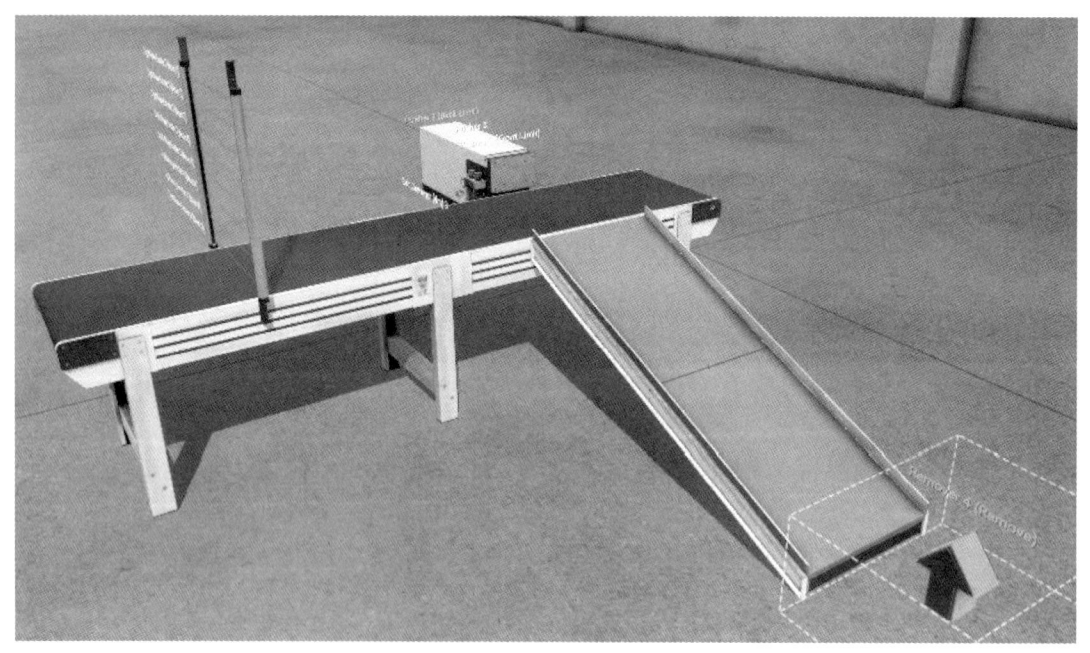

图 4.153

4. PLC 程序

程序块所包含所有组织块如图 4.154 所示。

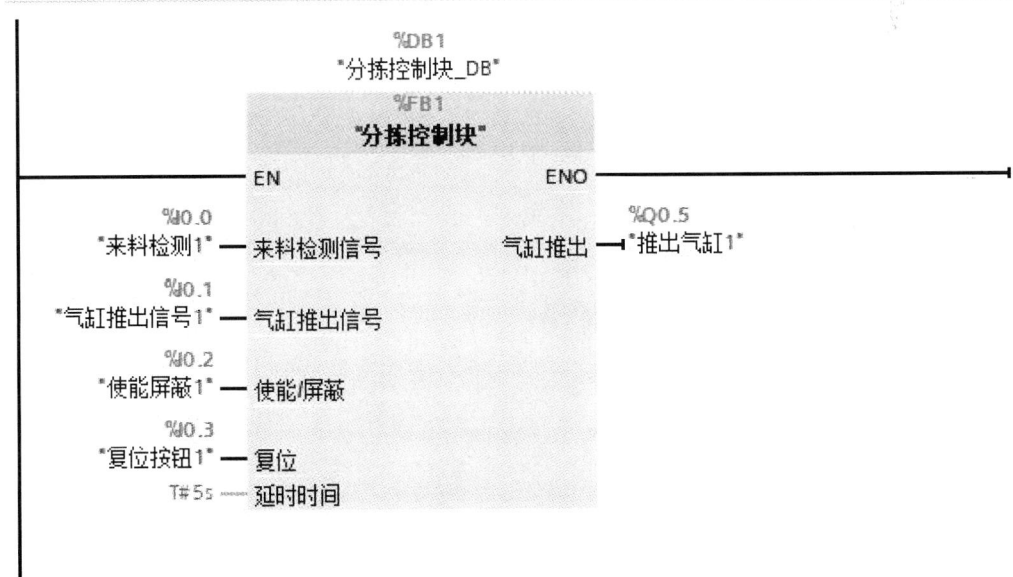

图 4.154

MAIN（OB1）主程序如图 4.155 所示。

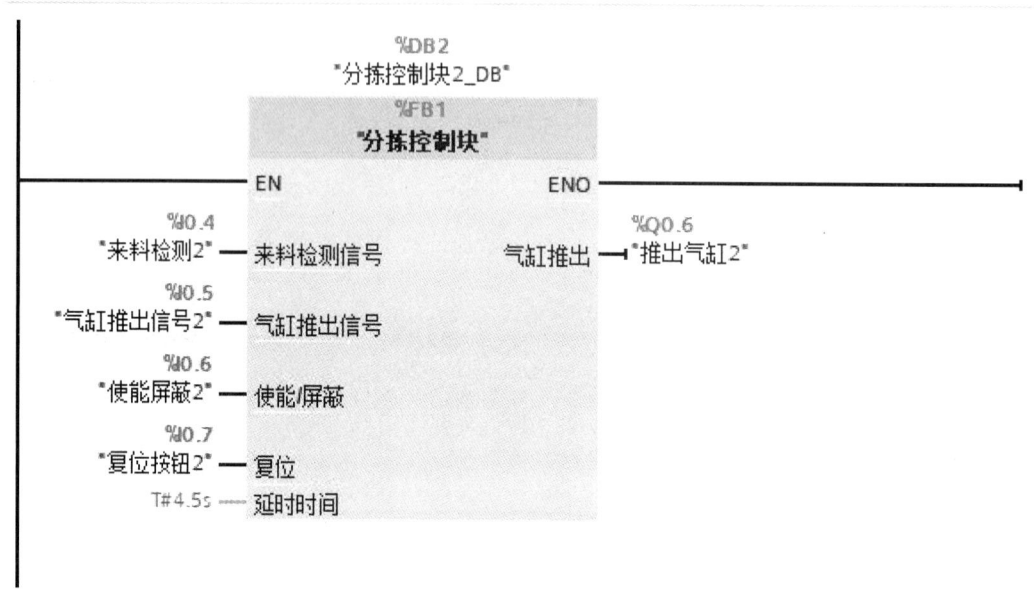

（c）

图 4.155

实现分拣功能 FB 块（分拣控制块）的块接口定义如图 4.156 所示。

分拣控制块

	名称	数据类型	默认值	保持	可从 HMI/...	从 H...	在 HMI ...	设定值
1	▼ Input				☐	☐	☐	☐
2	来料检测信号	Bool	false	非保持	☑	☑	☑	☐
3	气缸推出信号	Bool	false	非保持	☑	☑	☑	☐
4	使能/屏蔽	Bool	false	非保持	☑	☑	☑	☐
5	复位	Bool	false	非保持	☑	☑	☑	☐
6	延时时间	Time	T#0ms	非保持	☑	☑	☑	☐
7	▼ Output				☐	☐	☐	☐
8	气缸推出	Bool	false	非保持	☑	☑	☑	☐
9	▼ InOut				☐	☐	☐	☐
10	<新增>				☐	☐	☐	☐
11	▼ Static				☐	☐	☐	☐
12	延时保持位_1	Bool	false	非保持	☑	☑	☑	☐
13	下降沿检测中间位_1	Bool	false	非保持	☑	☑	☑	☐
14	▶ 定时器	IEC_TIMER		非保持	☑	☑	☑	☑
15	▼ Temp				☐	☐	☐	☐
16	<新增>				☐	☐	☐	☐
17	▼ Constant				☐	☐	☐	☐

图 4.156

FB 块（分拣控制块）的 PLC 程序如图 4.157 所示。

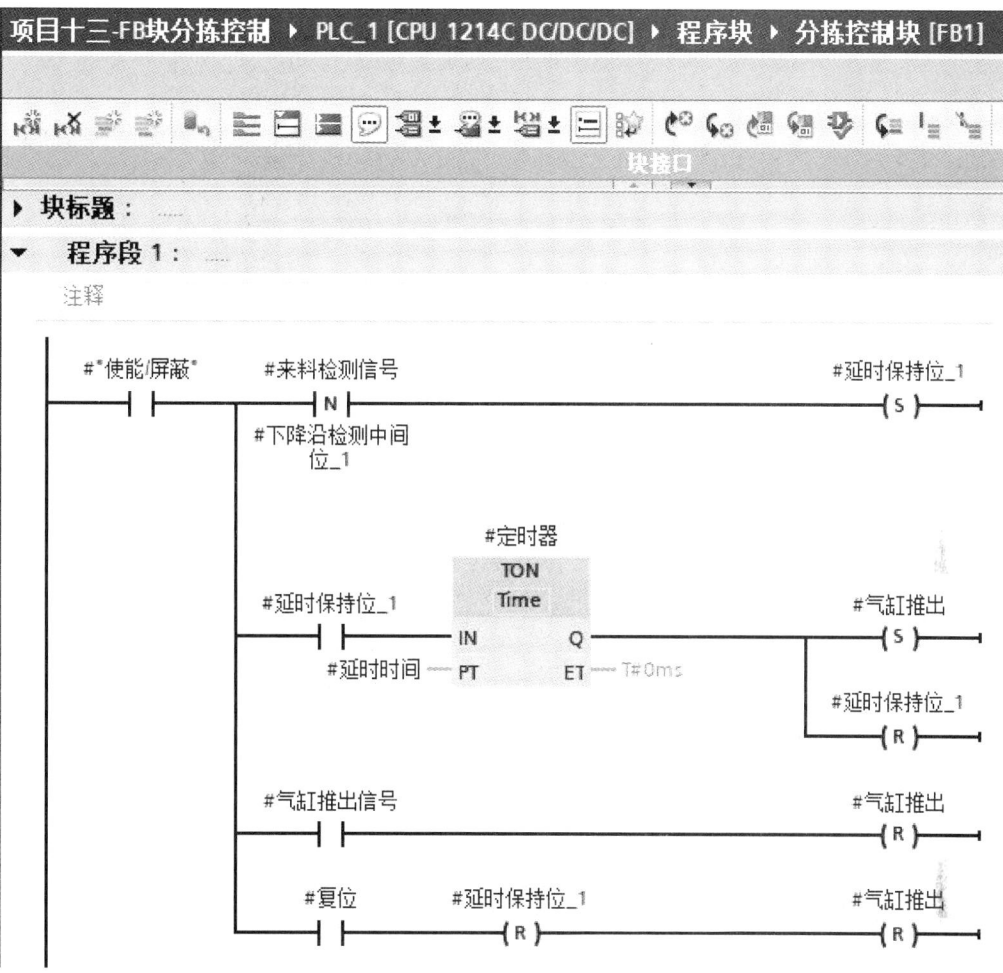

图 4.157

5 场景应用实例操作与 PLC 程序

5.1 两轴机械手装配应用

图 5.1

在 FACTORY IO 如图 5.1 所示的自带的场景中选择"Assembler"场景作为应用案例,打开场景后如图 5.2 所示。

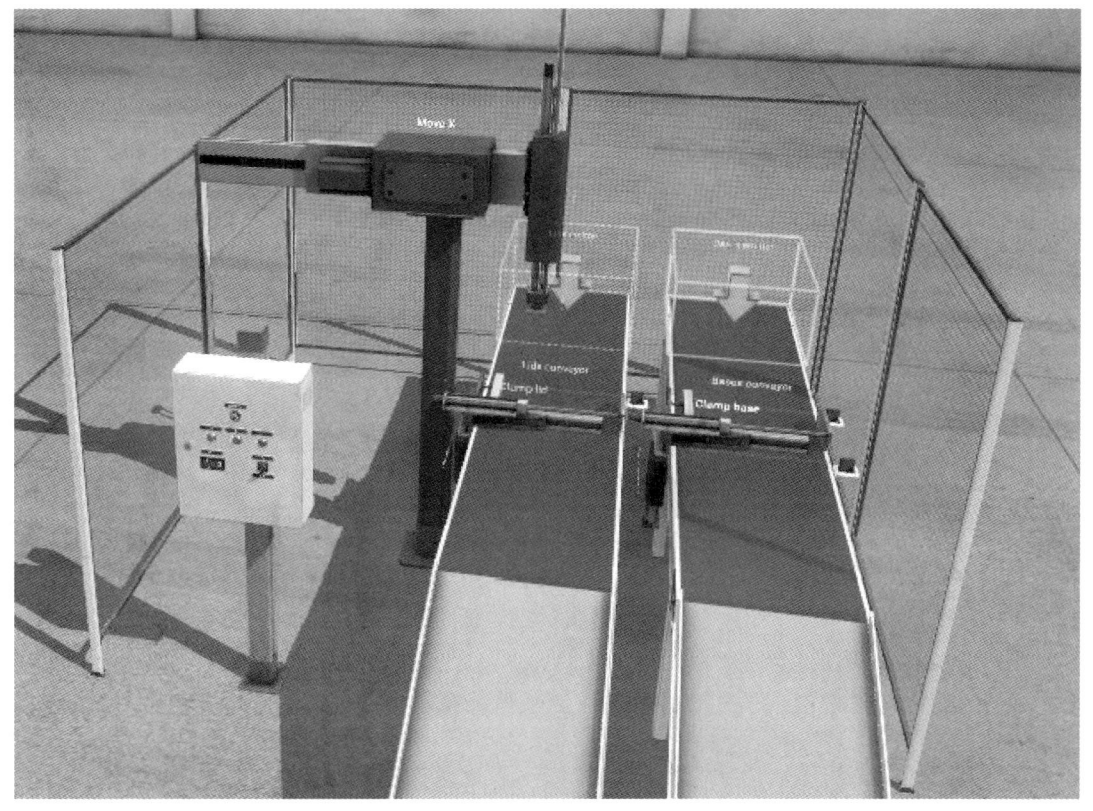

图 5.2

5.1.1 场景功能描述与配置

场景中主要包含两条皮带线，两个发射器，两个接收器，一个两轴机械臂，两个定位杆，一个操作站和三个反射传感器。

1. 功能流程

在操作站按下绿色启动按钮后两条皮带线持续运行，左侧皮带线上的发射器产生零件的顶盖，右侧皮带线的发射器产生零件的底座；当两条皮带线上的检测传感器检测到零件通过传感器后，控制定位杆伸出分别对零件进行定位，定位后定位杆自动缩回。两轴机械臂将零件顶盖拾起并放置到定位好的零件底座上进行装配，装配完成后机械臂释放零件并缩回，同时右侧定位杆抬起放行，出口传感器检测到零件后计数值加 1，所有部件回到原位等待下一次装配。另外，在运行过程中按下红色停止按钮后皮带线停止运行，发射器不再发出零件，按下黄色复位按钮计数器显示值清零。

2. 部件配置

设置两个发射器如图 5.3 所示，将最大时间间隔和最小时间间隔设置成 20 秒，给装配过程留出适当的时间间隔。

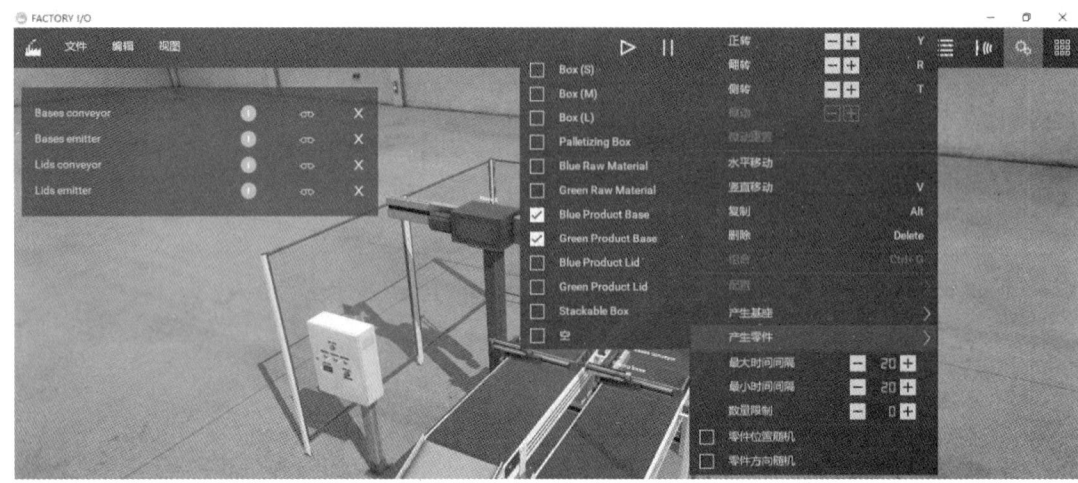

图 5.3

3. 驱动控制器配置

场景设置完成后进行"驱动"设置。在驱动器的两侧中会自动列出所有的传感器和执行器，但是在驱动器的引脚上只会自动分配一部分，因此要根据控制逻辑的需要来对驱动器的 I/O 进行具体调整。如图 5.4 所示，在程序中有一些传感器和执行器并没有用到，可以换成功能要求所需要的。

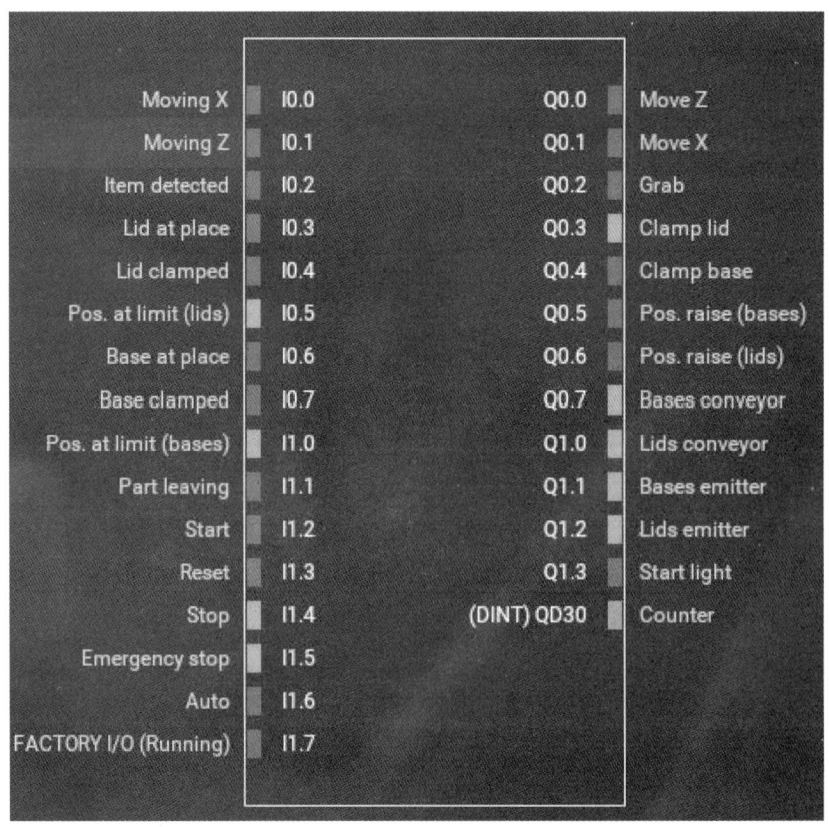

图 5.4

5.1.2 PLC 程序编写

当 FACTORY IO 设置完成后,在博图软件中进行 PLC 控制程序的编写。下面就列出了实现以上功能场景的简易 PLC 程序,如果想进一步模拟实际工业应用中的手动控制和自动复位等功能,也可以在本例中的简易 PLC 程序的基础上再进行拓展。

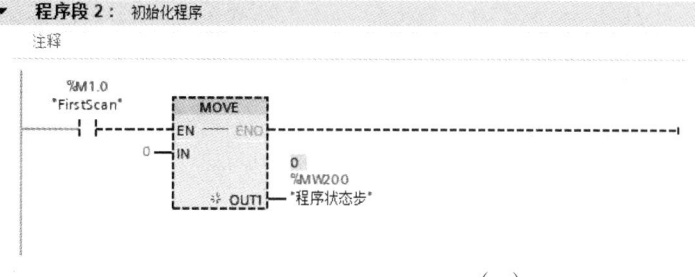

(a)

(b)

(c)

程序段 5： 自动装配流程-1

```
   %MW200      %0.4                  MOVE
  "程序状态步" "lid clamped"    ┌─────────────┐
     ==         ─┤ ├──         │ EN      ENO │
     Int                     2 ─┤ IN          │
     0                         │        OUT1 ├── %MW200
                               └─────────────┘   "程序状态步"

   %MW200                                         %Q0.0
  "程序状态步"                                    "Move Z"
     ==                                            ─(S)─
     Int
      2                     %DB7
                       "IEC_Timer_0_
                            DB_6"
              %0.1          TON
           "Moving Z"       Time
             ─┤/├──    ─┤ IN    Q ├──           MOVE
                   T#0.5s ─┤ PT   ET├─ T#0ms   ┌─────────────┐
                                               │ EN      ENO │
                                             4 ─┤ IN          │
                                               │        OUT1 ├── %MW200
                                               └─────────────┘   "程序状态步"
```

(d)

程序段 6： 自动装配流程-2

```
   %MW200                                         %Q0.2
  "程序状态步"                                     "Grab"
     ==                                            ─(S)─
     Int
      4
                           %DB3
                       "IEC_Timer_0_
                            DB_2"
                            TON
                            Time
                      ─┤ IN    Q ├──             MOVE
                   T#1s ─┤ PT   ET├─ T#0ms    ┌─────────────┐
                                               │ EN      ENO │
                                             6 ─┤ IN          │
                                               │        OUT1 ├── %MW200
                                               └─────────────┘   "程序状态步"

   %MW200                                         %Q0.0
  "程序状态步"                                    "Move Z"
     ==                                            ─(R)─
     Int
      6
                           %DB1
                       "IEC_Timer_0_DB"
              %0.1          TON
           "Moving Z"       Time
             ─┤/├──    ─┤ IN    Q ├──             MOVE
                   T#0.5s ─┤ PT   ET├─ T#0ms   ┌─────────────┐
                                               │ EN      ENO │
                                             8 ─┤ IN          │
                                               │        OUT1 ├── %MW200
                                               └─────────────┘   "程序状态步"
```

(e)

程序段 7： 自动装配流程-3

```
   %MW200                                         %Q0.1
  "程序状态步"                                    "Move X"
     ==                                            ─(S)─
     Int
      8
                           %DB4
                       "IEC_Timer_0_
                            DB_3"
              %0.0          TON
           "Moving X"       Time
             ─┤/├──    ─┤ IN    Q ├──            MOVE
                   T#1s ─┤ PT   ET├─ T#0ms    ┌─────────────┐
                                               │ EN      ENO │
                                            10 ─┤ IN          │
                                               │        OUT1 ├── %MW200
                                               └─────────────┘   "程序状态步"
```

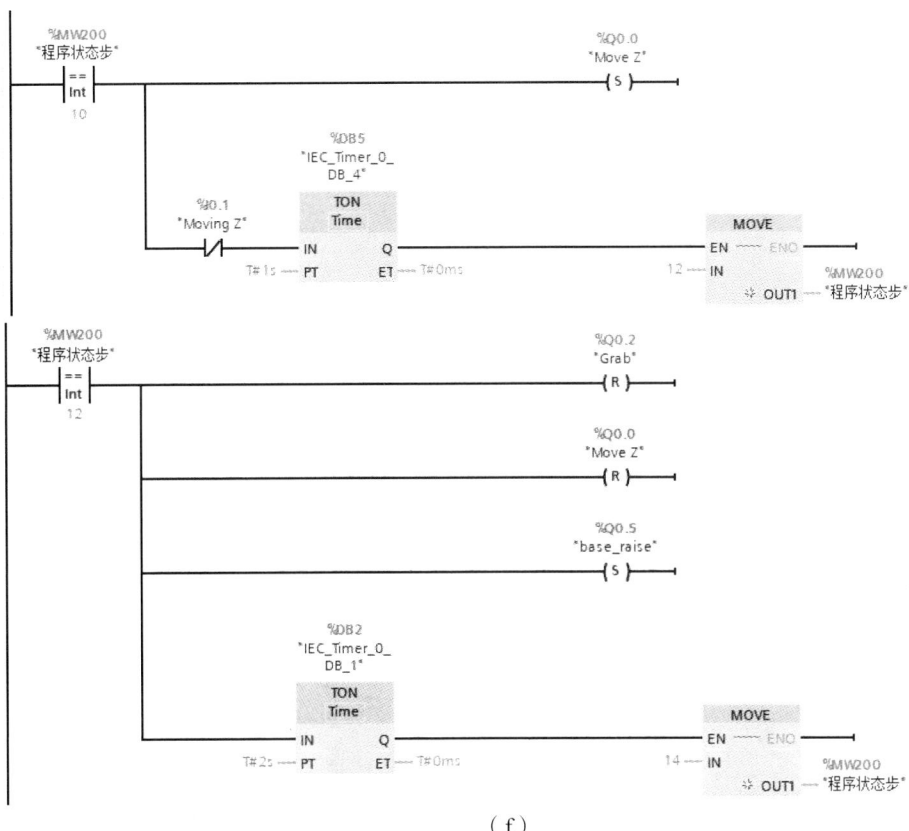

图 5.5

在程序下载到 PLCSIM 之后，检查驱动处于连接状态，随后开始场景仿真。在场景中点击操作站绿色"start"按钮完成整个零件自动装配流程，仿真效果如图 5.6 所示。

（a）

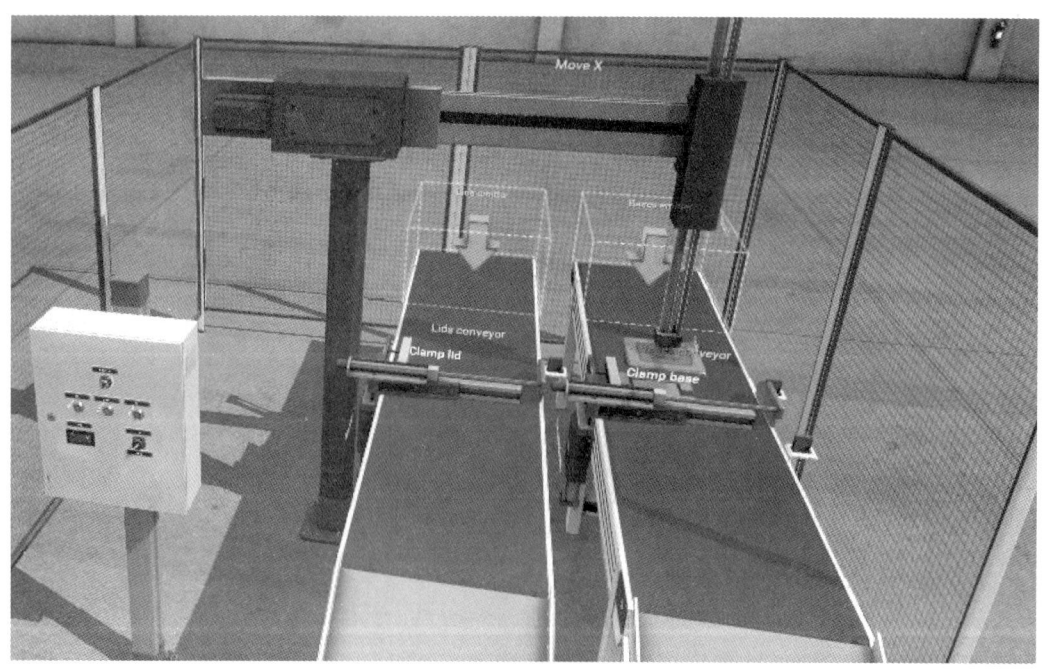

（b）

图 5.6

5.2 滚筒分拣站应用

在 FACTORY IO 的自带的场景中选择"Sorting by Height（Advanced）"场景作为应用案例，如图 5.7 所示，打开场景后显示如图 5.8 所示。

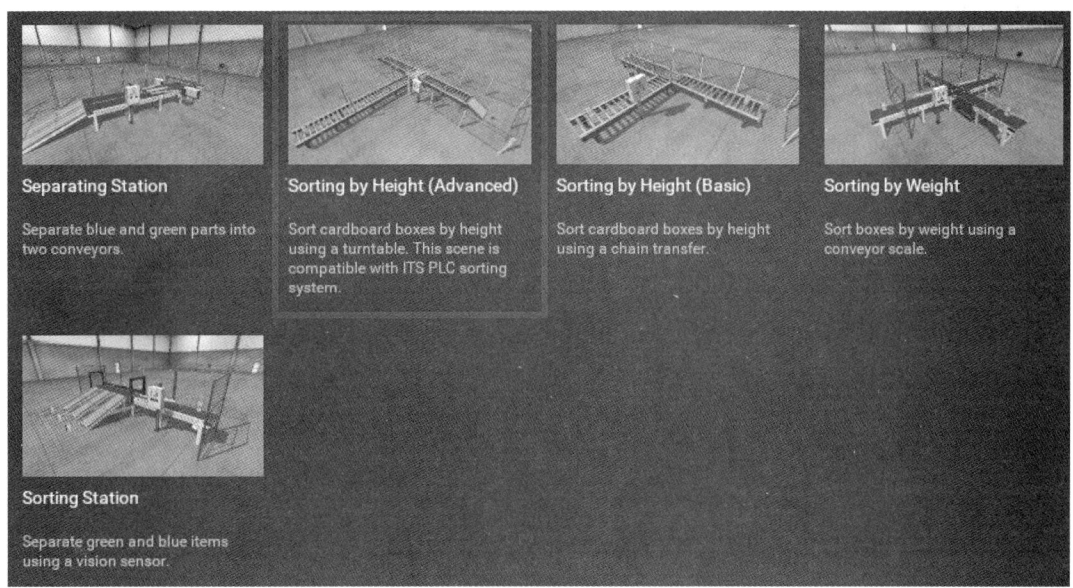

图 5.7

图 5.8

在本例中需要将光栅传感器的位置从上料滚筒线中间位置移动到安全围栏内，放置位置要求在入口围栏和转台入口之间，光栅移动后具体位置如图 5.9 所示，在图中已用红色框标出。

图 5.9

5.2.1 场景功能描述与配置

场景中主要包含四条滚筒输送线、一个转台、四个漫反射传感器、一个光栅、一个操作站、一个发射器和两个接收器。

1. 功能流程

在操作站将旋钮旋至 1 挡位后所有滚筒输送线开始运转；当带托盘纸盒运行到光栅后，光栅可以识别出大尺寸纸盒和小尺寸纸盒；当托盘运行到滚筒线出口时，转台入口处传感器（At Turntable Entry）感应到托盘，转台滚筒运行直到托盘移动到转台中心位置；转台根据光栅的信号来控制旋转方向，旋转到位后转台回到原位等待下一个托盘的进入。

2. 部件配置

将发射器按如图 5.10 所示配置，每个物料发射以 30 秒为间隔时间，产生基座中勾选常规型托盘，在产生零件中只勾选 Box（S）和 Box（L），用于利用光栅通过物料高度进行分拣。

3. 驱动控制器配置

场景设置完成后进行"驱动"设置。根据控制逻辑的需要，对驱动器的 I/O 进行具体调整。如图 5.11 所示，驱动中并不是所有信号都需要使用，但是控制程序需要的输入输出信号都已经包含在驱动控制器的输入输出端上。

图 5.10

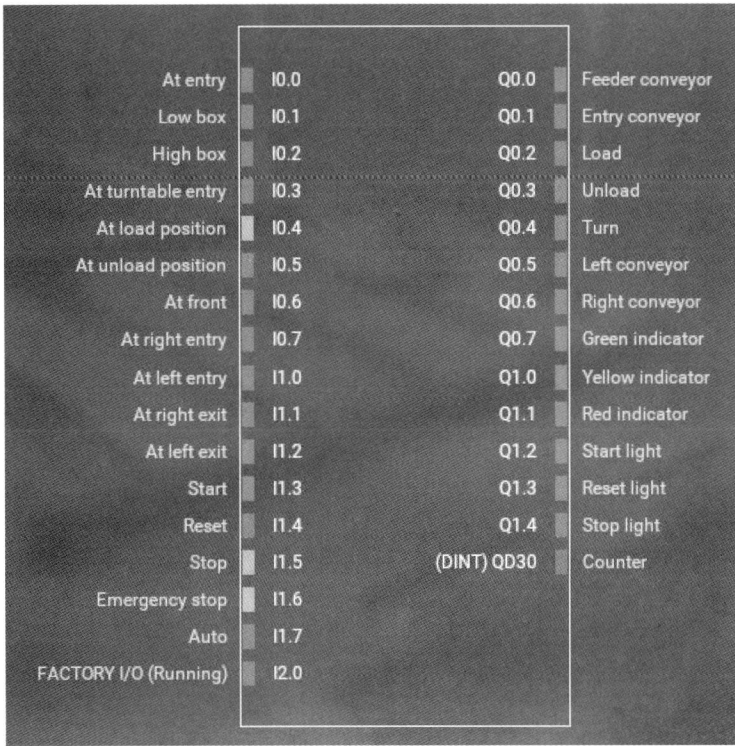

图 5.11

5.2.2 程序编写仿真

当 FACTORY IO 设置完成后,在博图软件中进行 PLC 控制程序的编写。下面就列出了实现以上功能场景的简易 PLC 程序,如图 5.12 所示,后续可以扩展和完善程序。

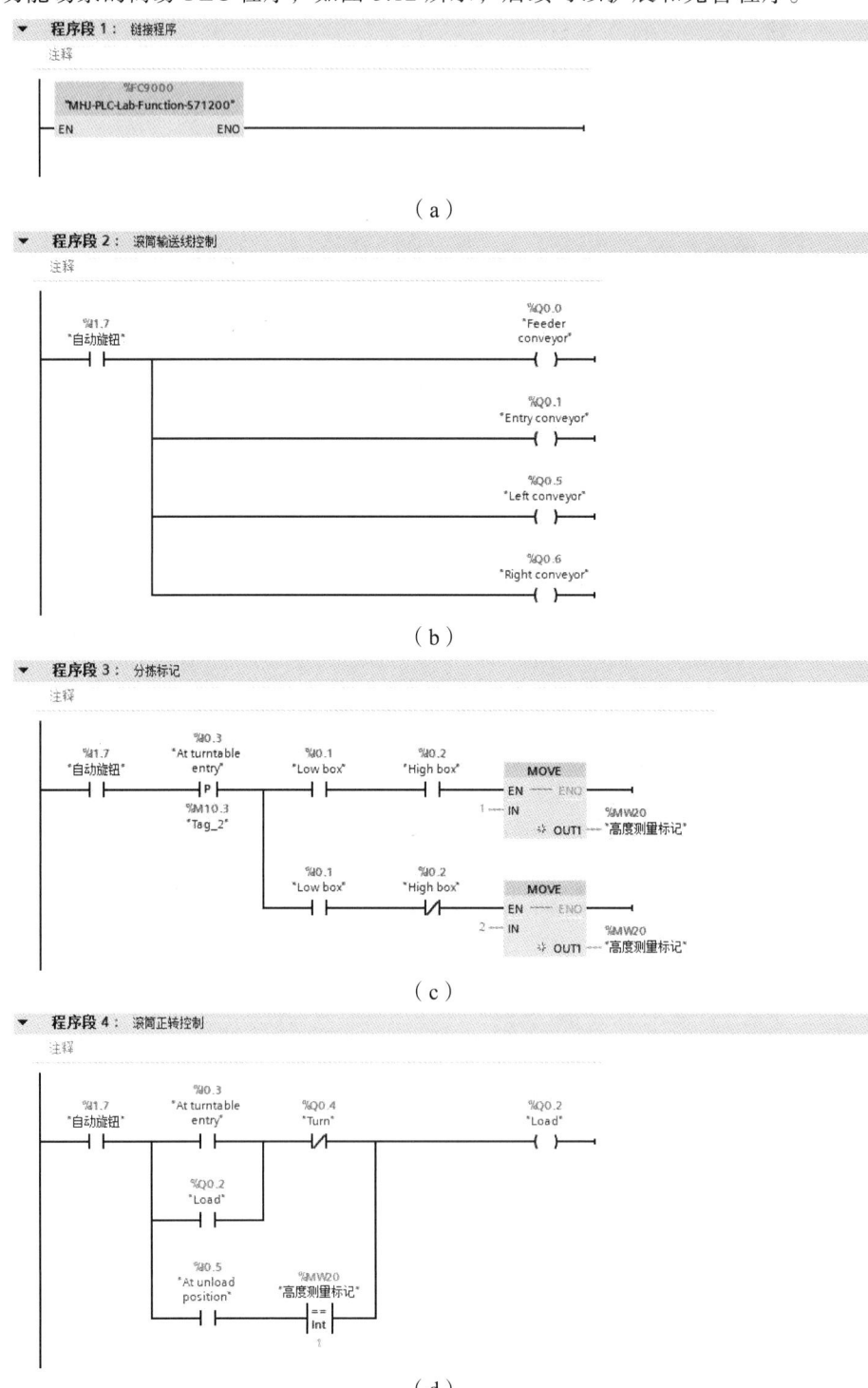

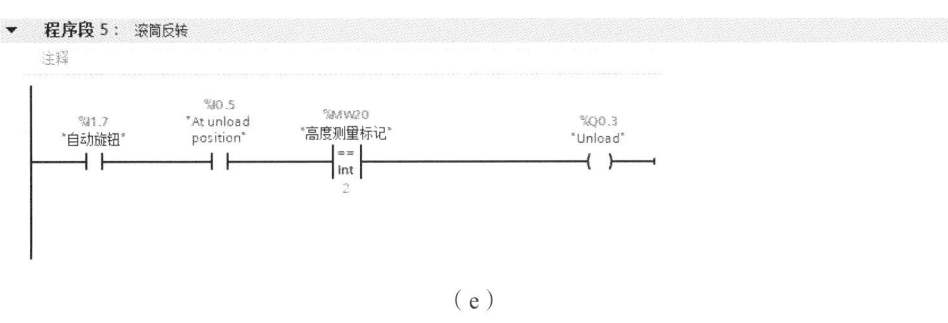

(e)

(f)

图 5.12

在程序下载到 PLCSIM 之后，检查驱动处于连接状态，随后开始场景仿真。在场景中点击操作站绿色 "start" 按钮完成整个零件自动装配流程，仿真效果如图 5.13 所示。

图 5.13

5.3 三轴机械手堆货应用

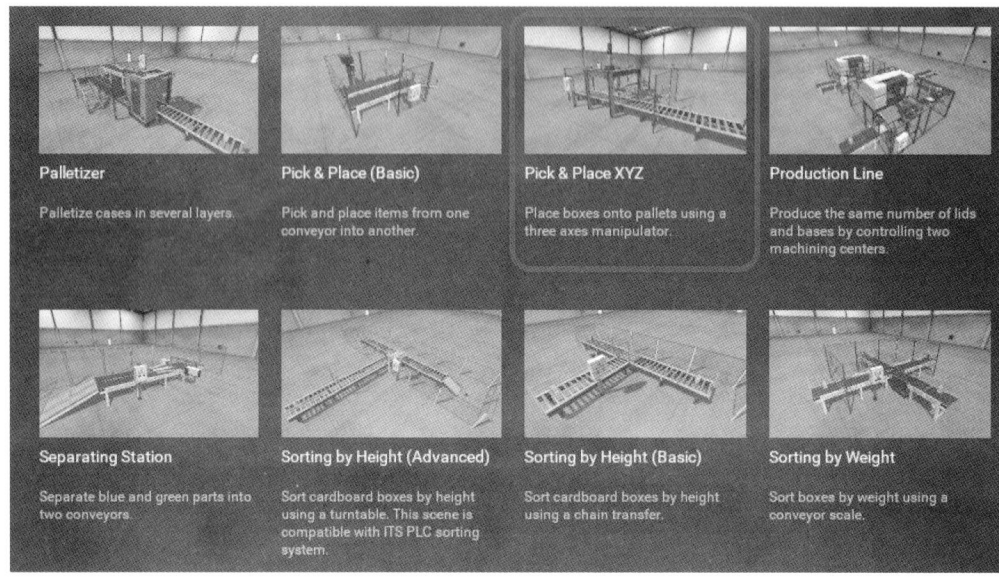

图 5.14

在 FACTORY IO 如图 5.14 所示的自带的场景中选择"Pick & Place XYZ"场景作为应用案例，打开场景后显示如图 5.15 所示。

5.3.1 场景功能描述与配置

场景中主要包含两条滚筒输送线、一条皮带输送线、一套电控柜、两套反射传感器、一套三轴机械手、一个操作站、两个发射器和一个接收器。

图 5.15

1. 功能流程

两个发射器都按照设置的时间间隔产生物料，滚筒输送线上每隔 25 秒发出一个托盘，皮带输送线上每隔 10 秒发出一个纸盒；在皮带输送线上每当纸盒输送到出口处触发传感器（Part at place）后，皮带输送线停止运行，等机械手将纸盒抓取离开皮带输送线之后皮带输送线继续运行；在滚筒输送线上每当托盘运动到反射传感器（Box at place）触发时，输送线停止运行；机械手每次从皮带输送线上抓取纸盒放置到托盘上，在托盘上放置四个纸盒之后滚筒输送线放行；运行过程中按下黄色复位按钮后，滚筒输送线上托盘放行，机械手回到原位。

2. 部件配置

将滚筒输送线上发射器按如图 5.16 所示配置，每个物料发射以 25 秒为间隔时间，产生基座中勾选常规型托盘，在产生零件中不勾选；皮带输送线上发射器按如图 5.17 所示配置，每个物料发射以 10 秒为间隔时间，不勾选产生基座，产生零件中勾选中号货箱。

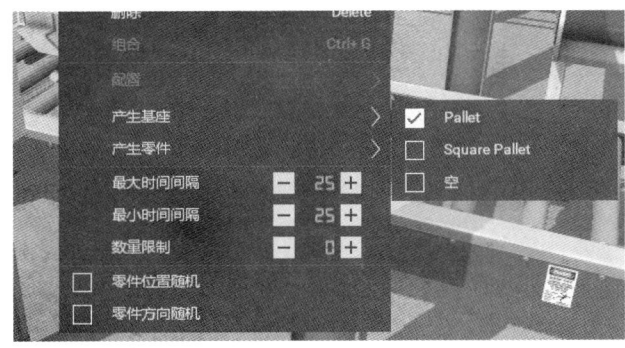

图 5.16

图 5.17

3. 驱动控制器配置

PLC 控制器驱动配置如图 5.18 所示。由于 X、Y、Z 三轴的输入和输出信号使用了 REAL 型实数变量，PLC 变量定义时需要与配置中的变量类型保持一致。

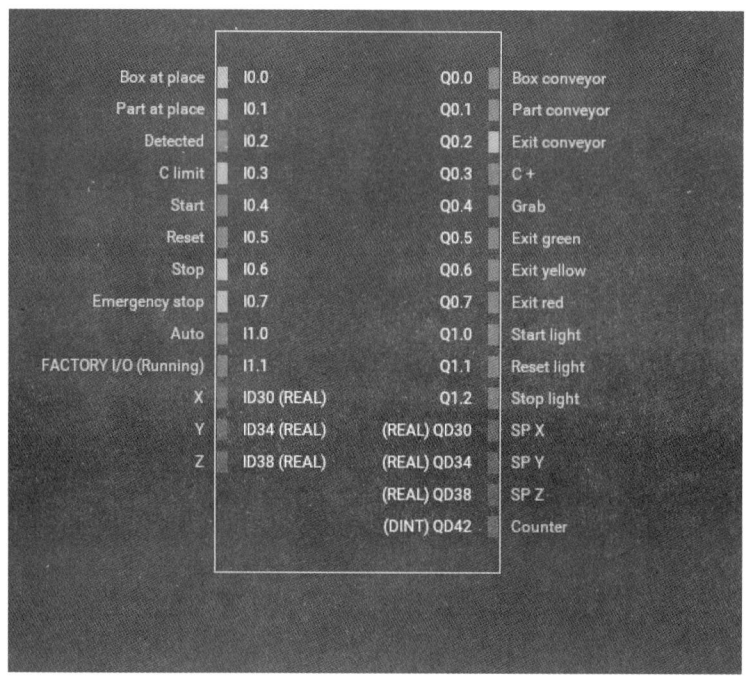

图 5.18

5.3.2 程序编写仿真

在程序段 1 中编写初始化复位程序, 如图 5.19 所示。当 PLC 启动或复位按钮被按下后自动程序状态步变量 MW200 中的数值清零, XYZ 轴都回到零点位置, 同时运行滚筒输送线、执行计数器清零并复位吸盘。

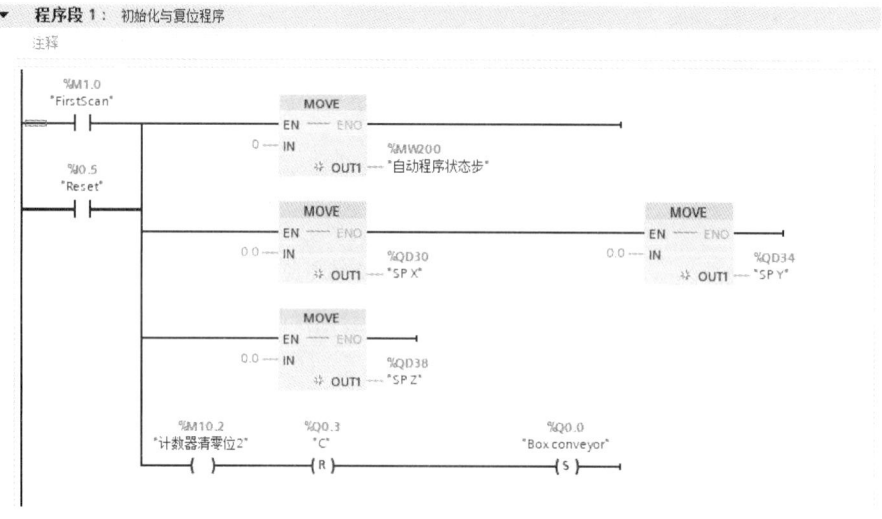

图 5.19

程序段 2 中实现传感器检测到纸盒后立刻停止运行, 未检测到纸盒线体保持运行, 如图 5.20 所示。程序段 3 中定义了机械手原位信号, 如图 5.21 所示。

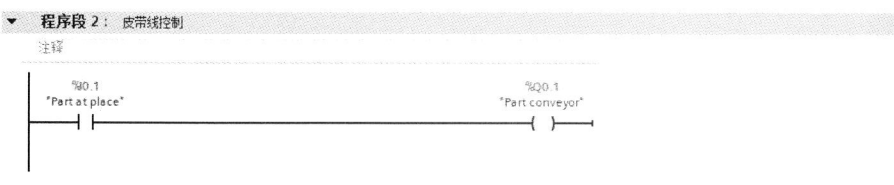

图 5.20

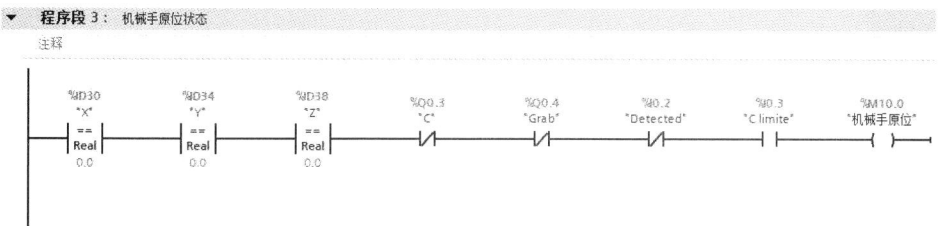

图 5.21

下面从程序段 4 到程序段 11 为自动步运行程序，如图 5.22 所示，包含完整的机械手抓取放置程序并进行循环。

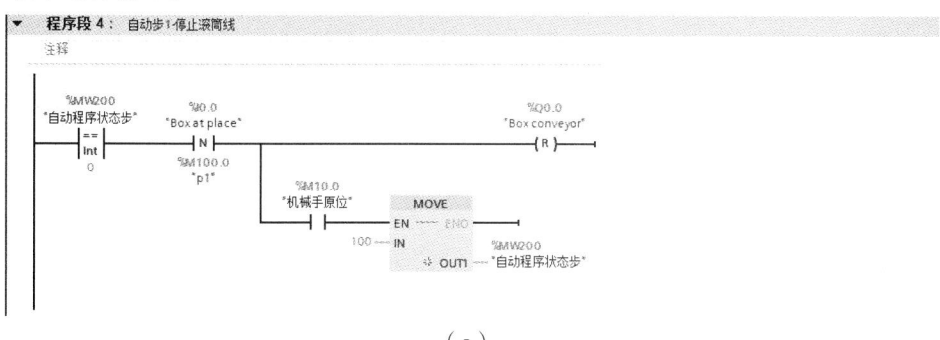

（a）

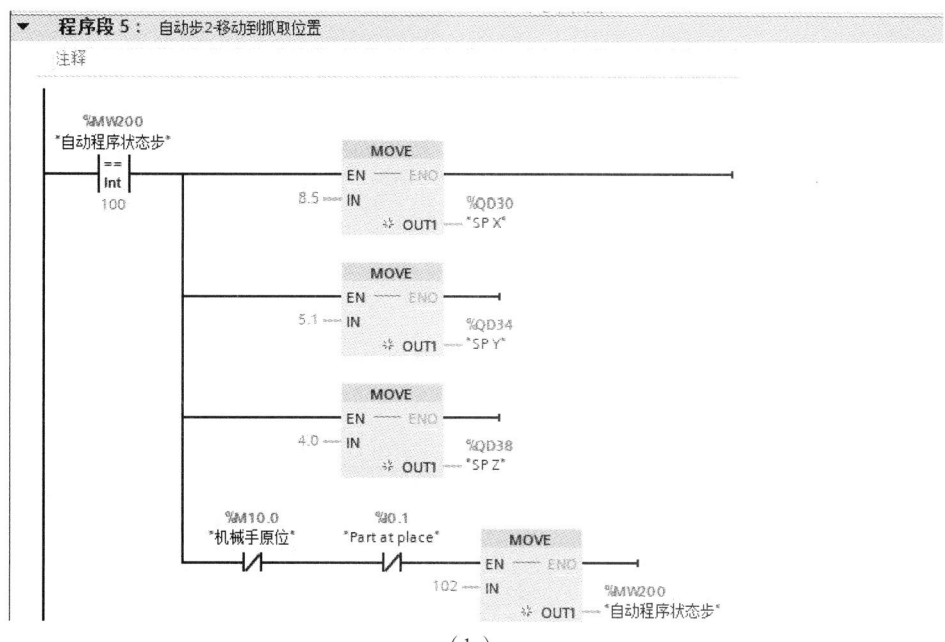

（b）

程序段 6： 自动步3-下降并开吸盘

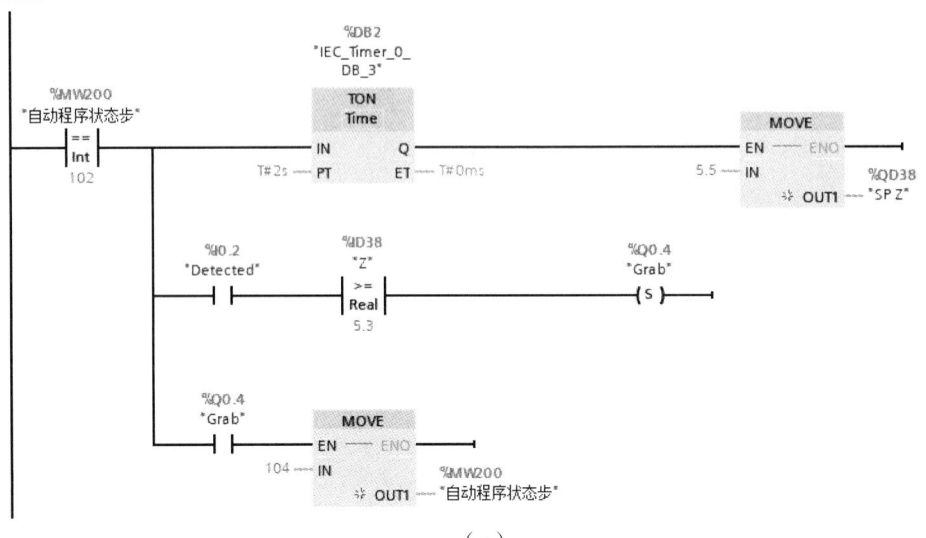

(c)

程序段 7： 自动步4提升并旋转吸盘90°

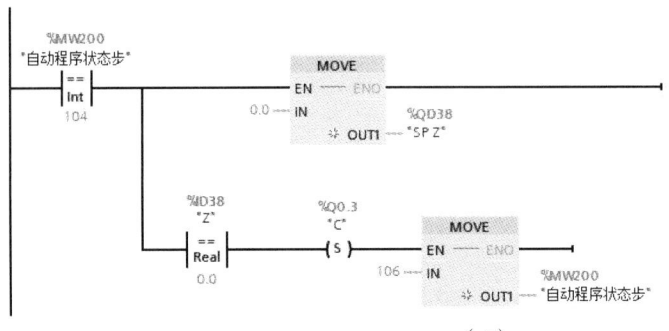

(d)

程序段 8： 自动步5移动到托盘对应位置

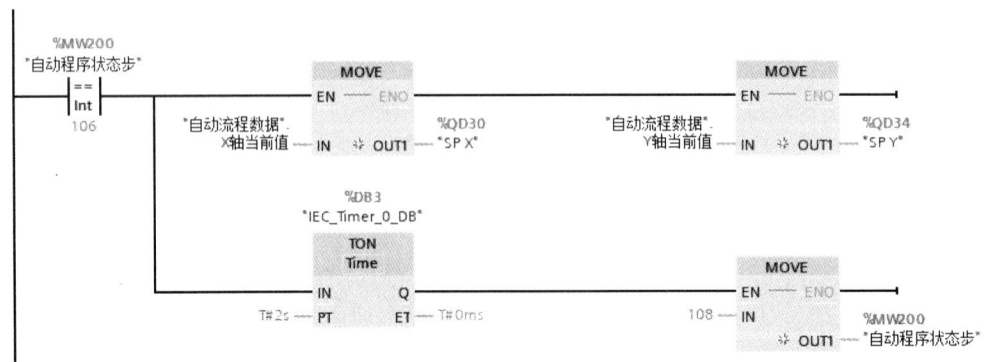

(e)

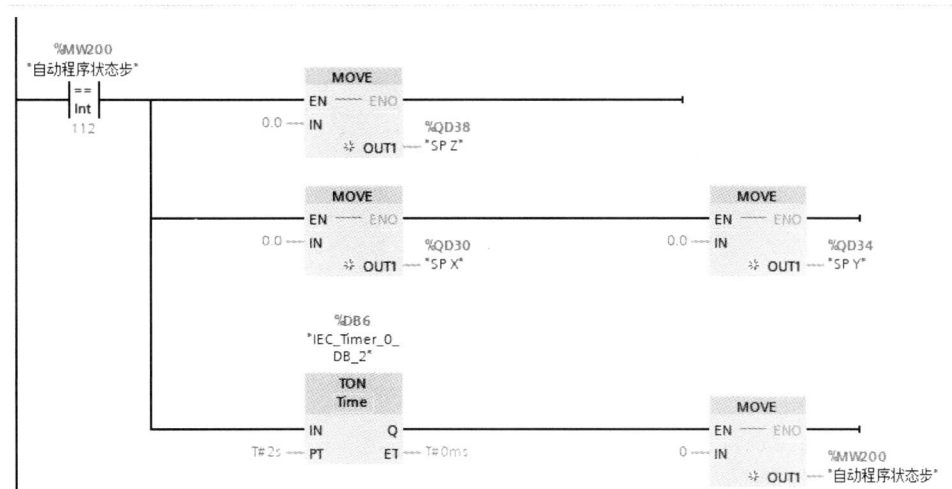

图 5.22

程序段 12 中编写的是纸盒计数程序，如图 5.23 所示。由于每个托盘要放置 4 个纸盒，因此每次放置纸盒都要根据纸盒的计数值在对应放置托盘上的 4 个不同的位置。每次 Z 轴放下纸盒后计数值加 1，当按下复位键或是托盘已经放置 4 个纸盒后计数值清零。

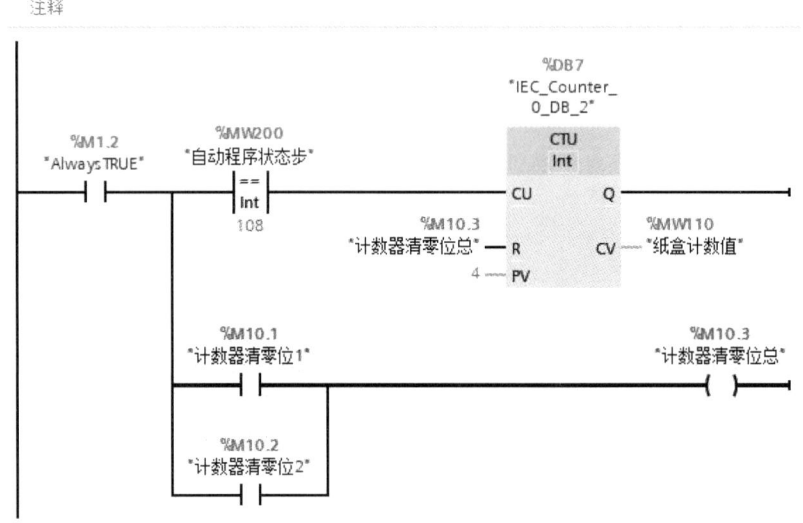

图 5.23

如图 5.24 所示，程序段 13 中根据当前纸盒计数值来判定所对应的托盘上 4 个纸盒对应的水平位置值写入到当前机械手需要移动的位置变量中，这个位置变量的定义如图 5.25 所示，新建数据块 DB1（自动流程数据）后定义两个变量"X 轴当前值"和"Y 轴当前值"。

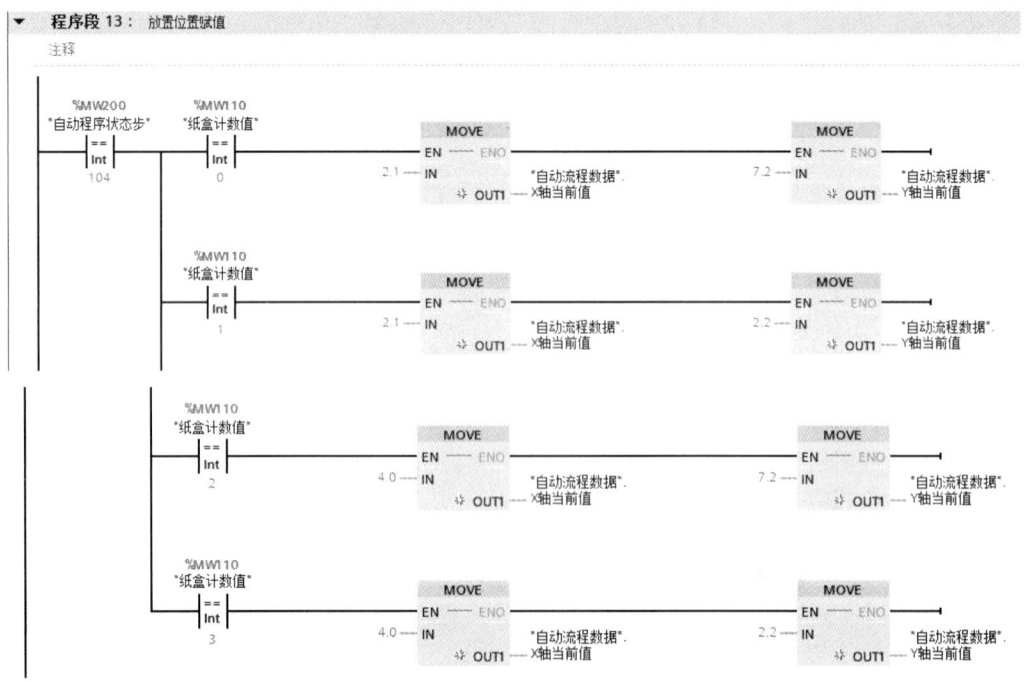

图 5.24

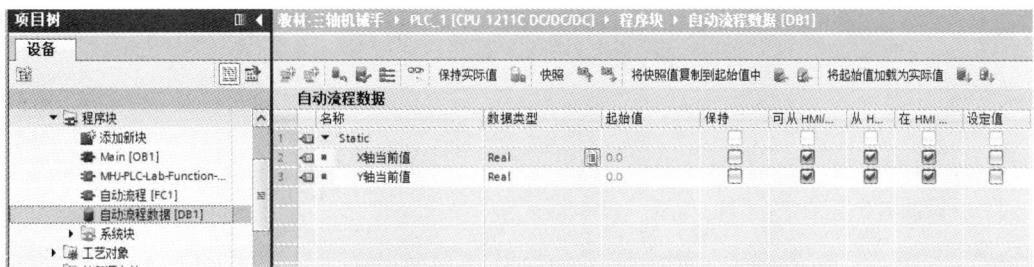

图 5.25

在程序下载到 PLCSIM 之后,检查驱动处于连接状态,随后开始场景仿真。在场景中运行的仿真效果如图 5.26 所示。

(a)

(b)

图 5.26

5.4 升降机控制

在 FACTORY IO 的自带的场景中选择"Elevator（Basic）"场景作为应用案例，如图 5.27 所示打开场景后显示如图 5.28 所示。

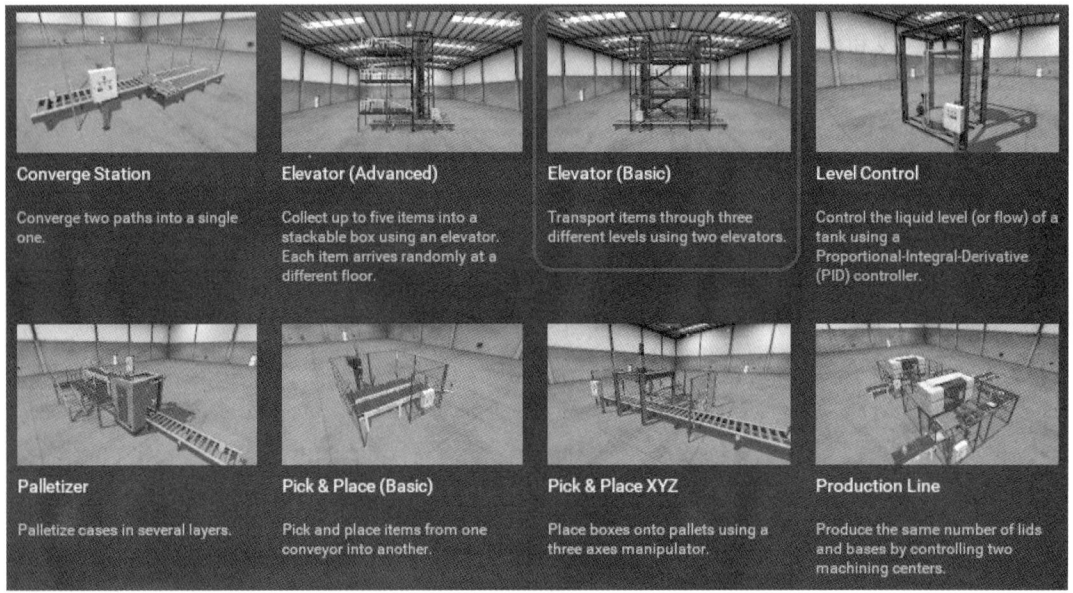

图 5.27

图 5.28

5.4.1 场景功能描述与配置

场景由三层工作平台组成，一层分别将发射器和接收器放置在两台 2 米滚筒输送线上，另外一台 4 米滚筒输送线用来连接两台升降平台；场景内有两套独立的升降平台，每层工作平台都放置了一台 4 米滚筒输送线，用于将一侧升降机上的物料输送到另一侧的升降机上。

1. 功能流程

入口输送线和出口输送线一直保持运行，在入口输送线的末端安装龙门式支架并放置视觉传感器；发射器随机产生 3 种不同的零件和方形托盘，当托盘进入左侧升降机平台后，左侧升降机根据视觉传感器对 3 种不同的零件进行识别，识别完成后将不同零件送到对应层数的工作平台；升降机到达指定工作层后将托盘输送到滚筒输送线上后返回底层；当托盘运动到滚筒输送线的出口时，滚筒输送线停止运行，右侧升降机上升到托盘所在的工作层并将托盘输送到升降平台内，然后升降机移动到底层并将托盘输送到出口输送线上。

2. 部件配置

将滚筒输送线上发射器按如图 5.29 所示配置，每个物料发射以 40 秒为间隔时间，产生基座中勾选方形托盘，在产生零件中只勾选蓝色产品座、蓝色产品盖和蓝色原材料。

图 5.29

将入口输送线的末端的视觉传感器配置成"All Digital"模式，配置完成后视觉传感器会提供三个 Bool 型输出用于提供识别结果，如图 5.30 所示。

图 5.30

3. 驱动控制器配置

驱动控制器配置如图 5.31 所示。

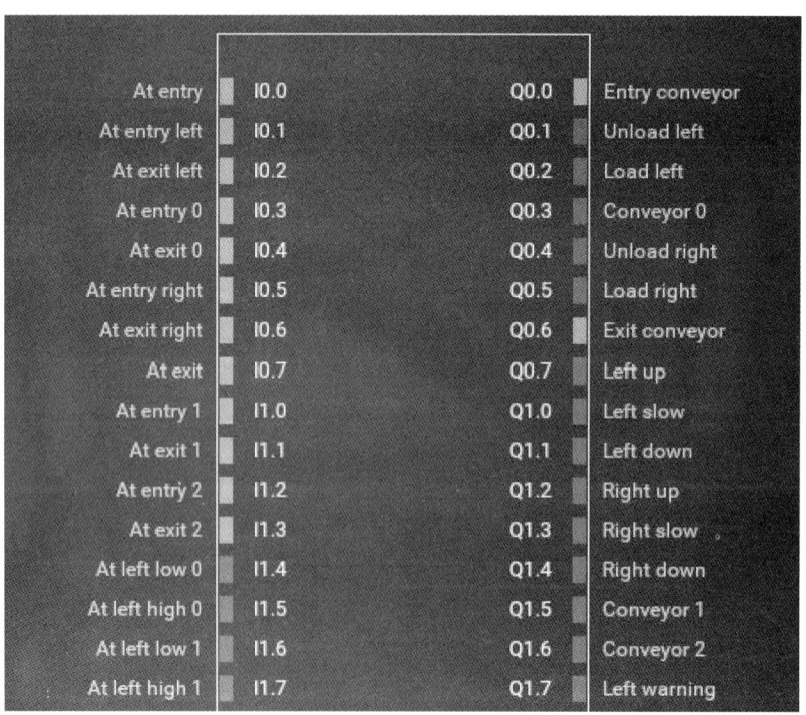

（a）

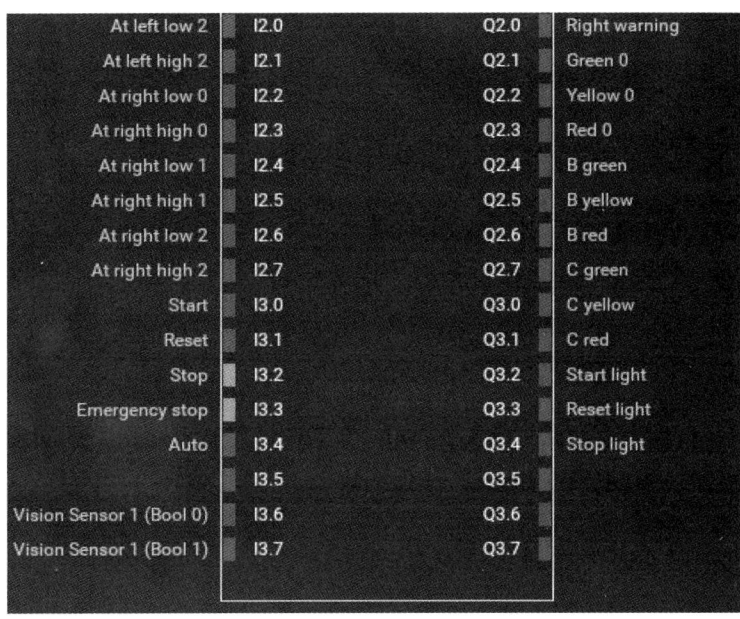

（b）

图 5.31

5.4.2 程序编写仿真

1. OB1 主程序

OB1 主程序如图 5.32 所示。

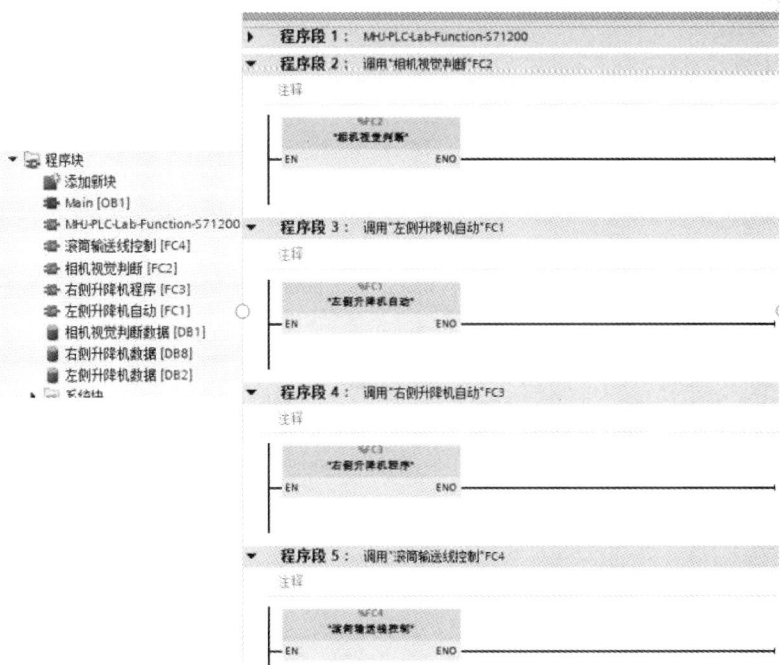

图 5.32

2. FC2 "视觉相机判断" 程序

FC2 "视觉相机判断" 程序如图 5.33 所示。

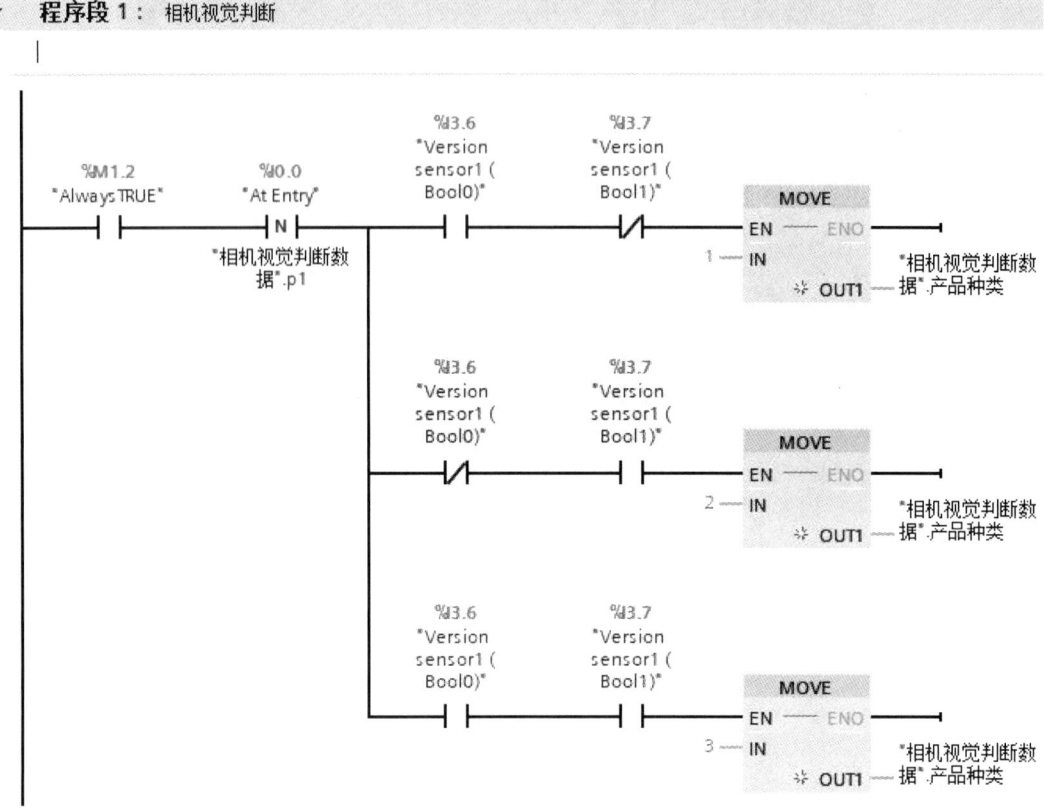

图 5.33

3. FC1 "左侧升降机自动" 程序

FC1 "左侧升降机自动" 程序如图 5.34 所示。

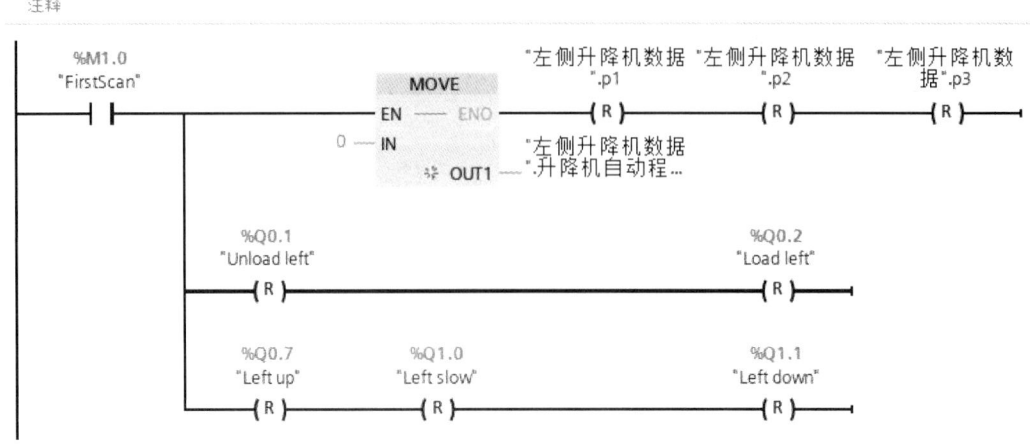

(a)

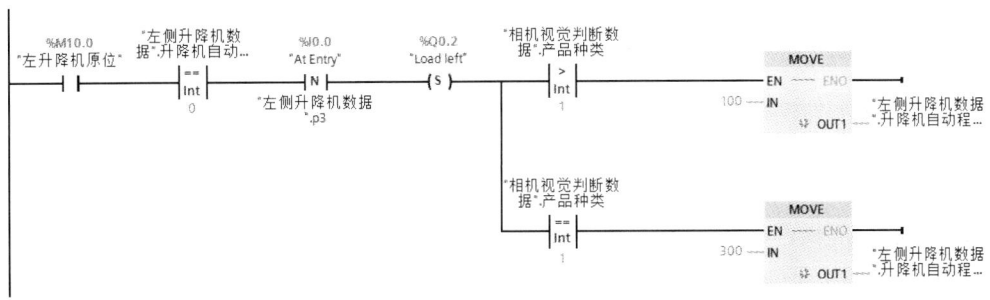

(b)

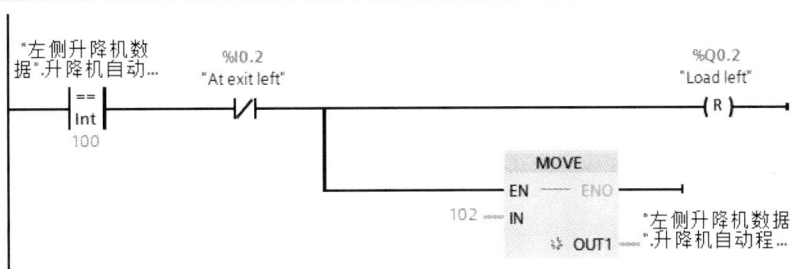

(c)

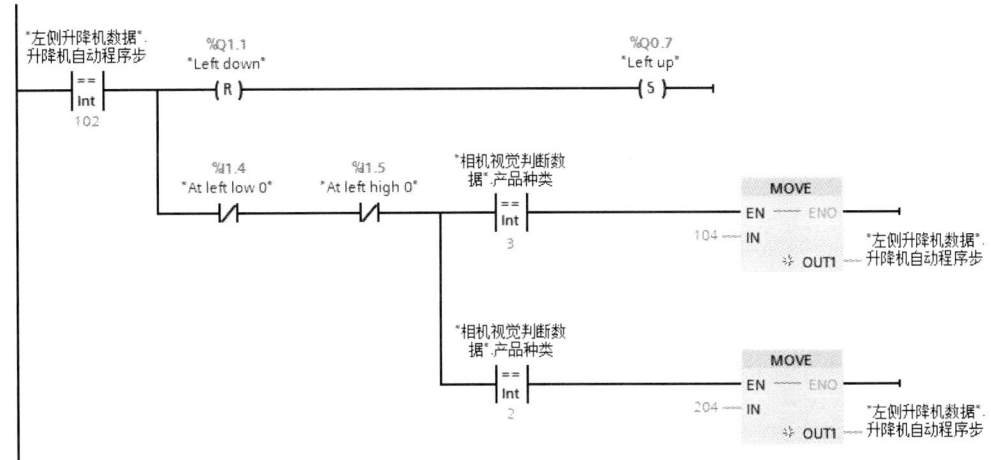

(d)

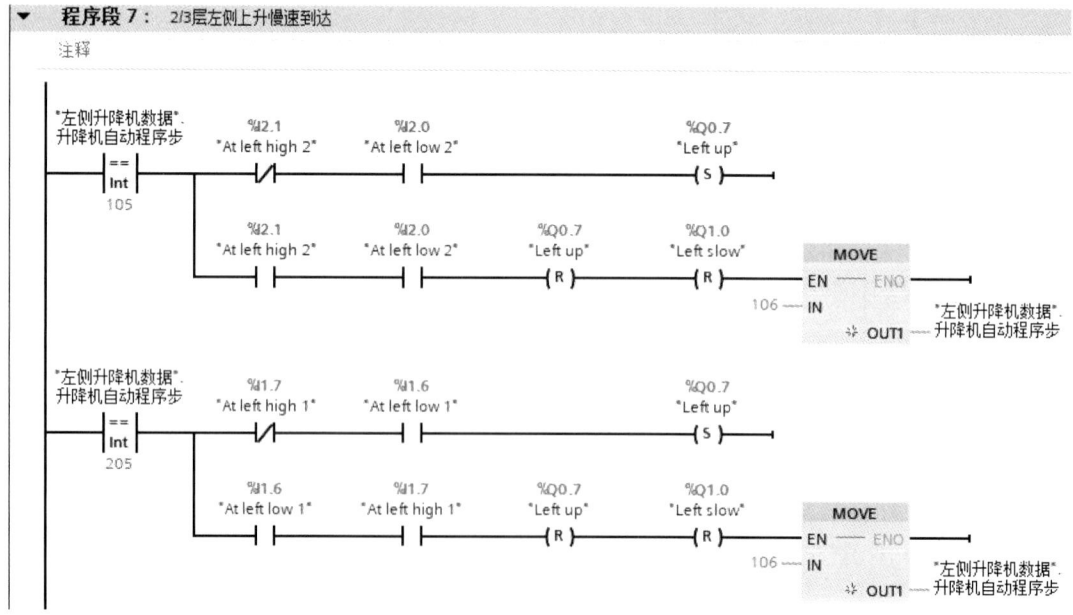

(e)

(f)

程序段 8： 托盘出升降平台

(g)

程序段 9： 左侧升降机下降

(h)

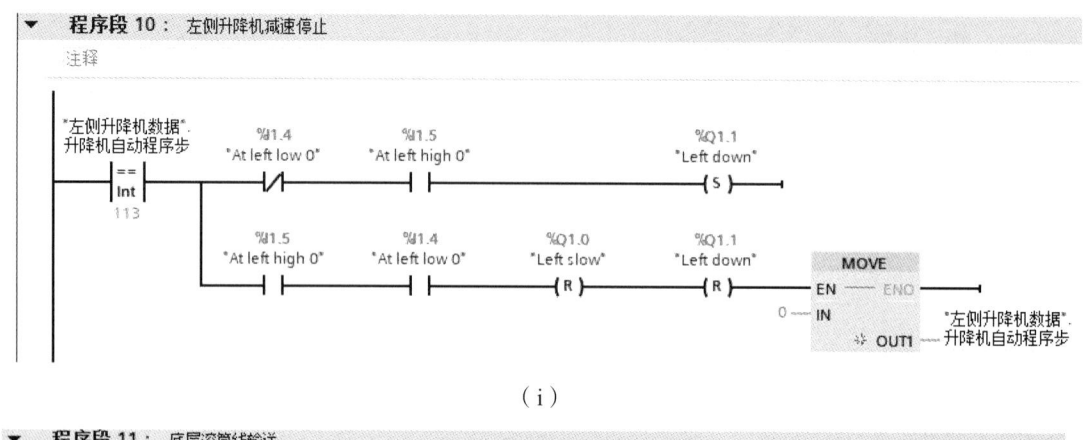

(i)

(j)

(k)

图 5.34

4. FC3 "右侧升降机自动"程序

FC3 "右侧升降机自动"程序如图 5.35 所示。

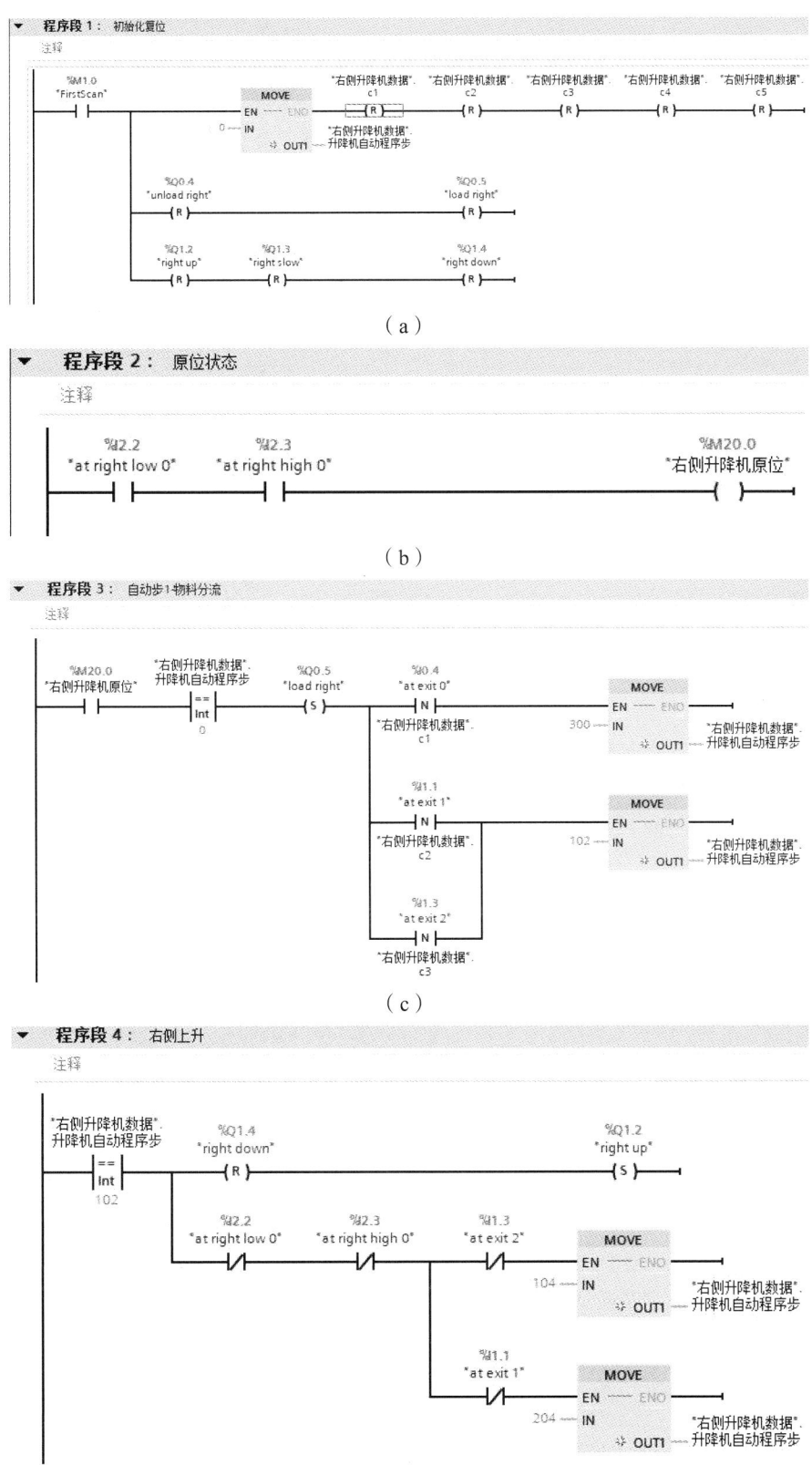

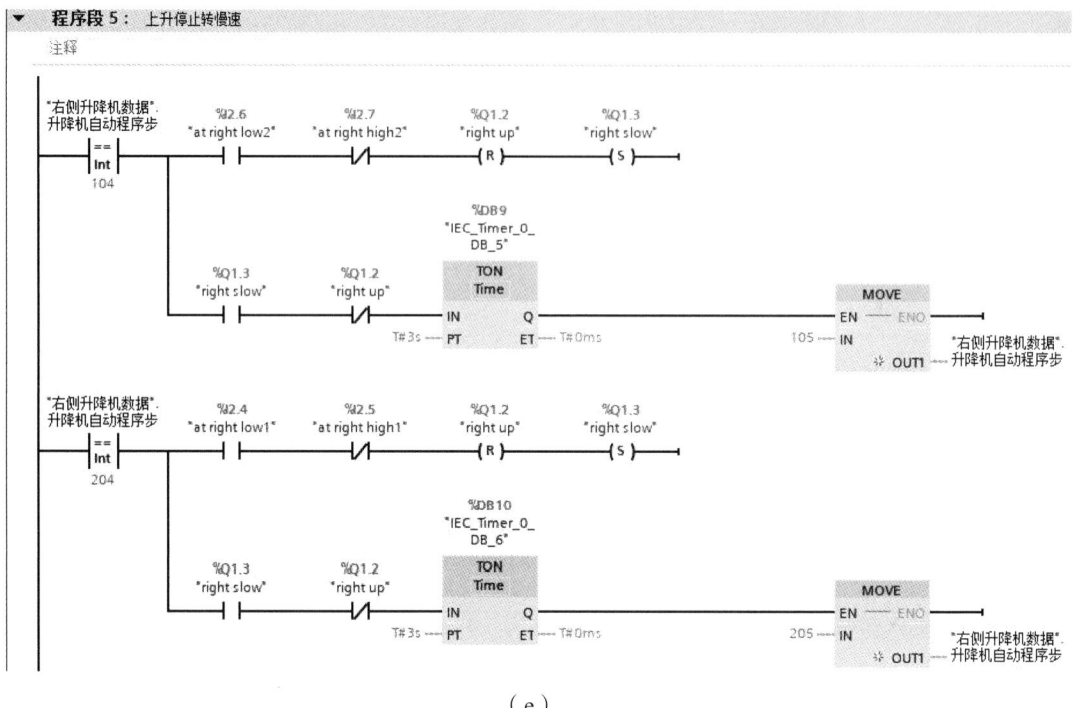

(e)

(f)

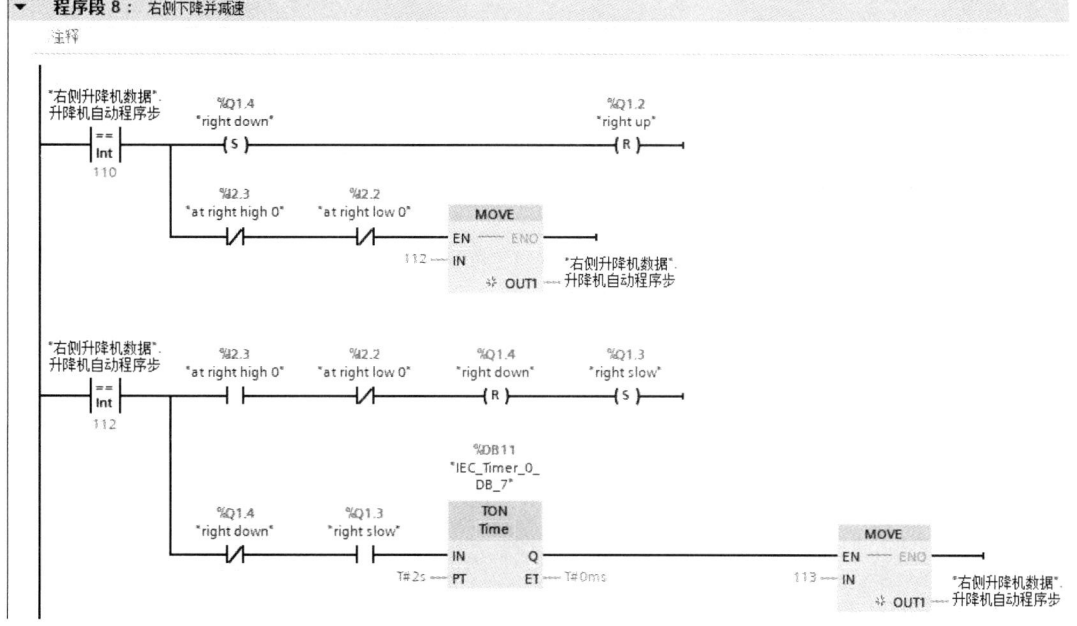

(g)

(h)

程序段 9: 右侧减速到达底层

（i）

程序段 10: 移出托盘

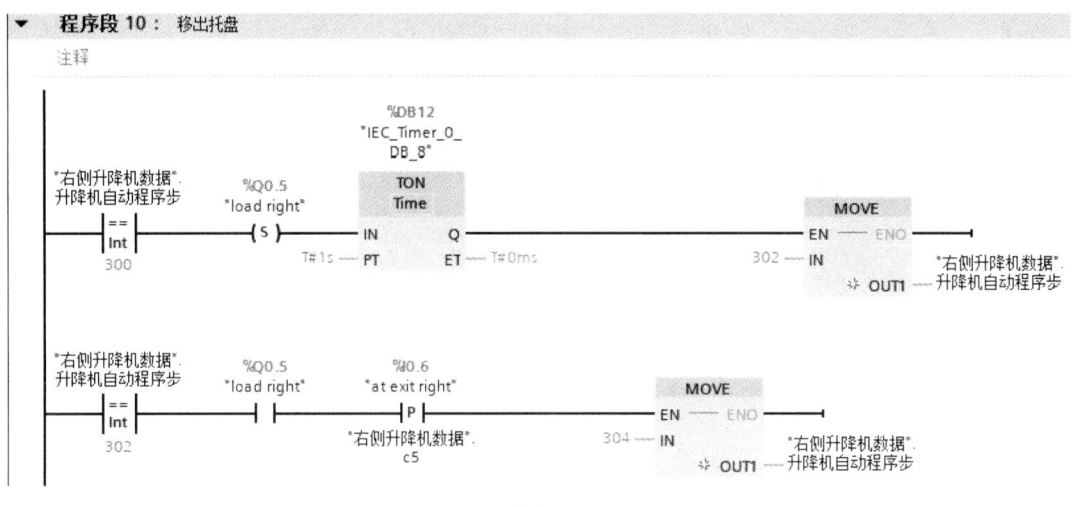

（j）

程序段 11: 右侧底层停止

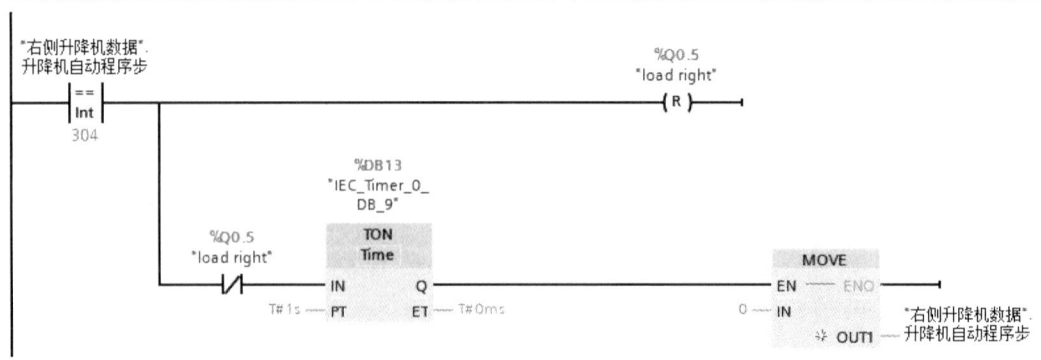

（k）

图 5.35

5. FC4"滚筒输送线控制"程序

FC4"滚筒输送线控制"程序如图 5.36 所示，仿真如图 5.37 所示。

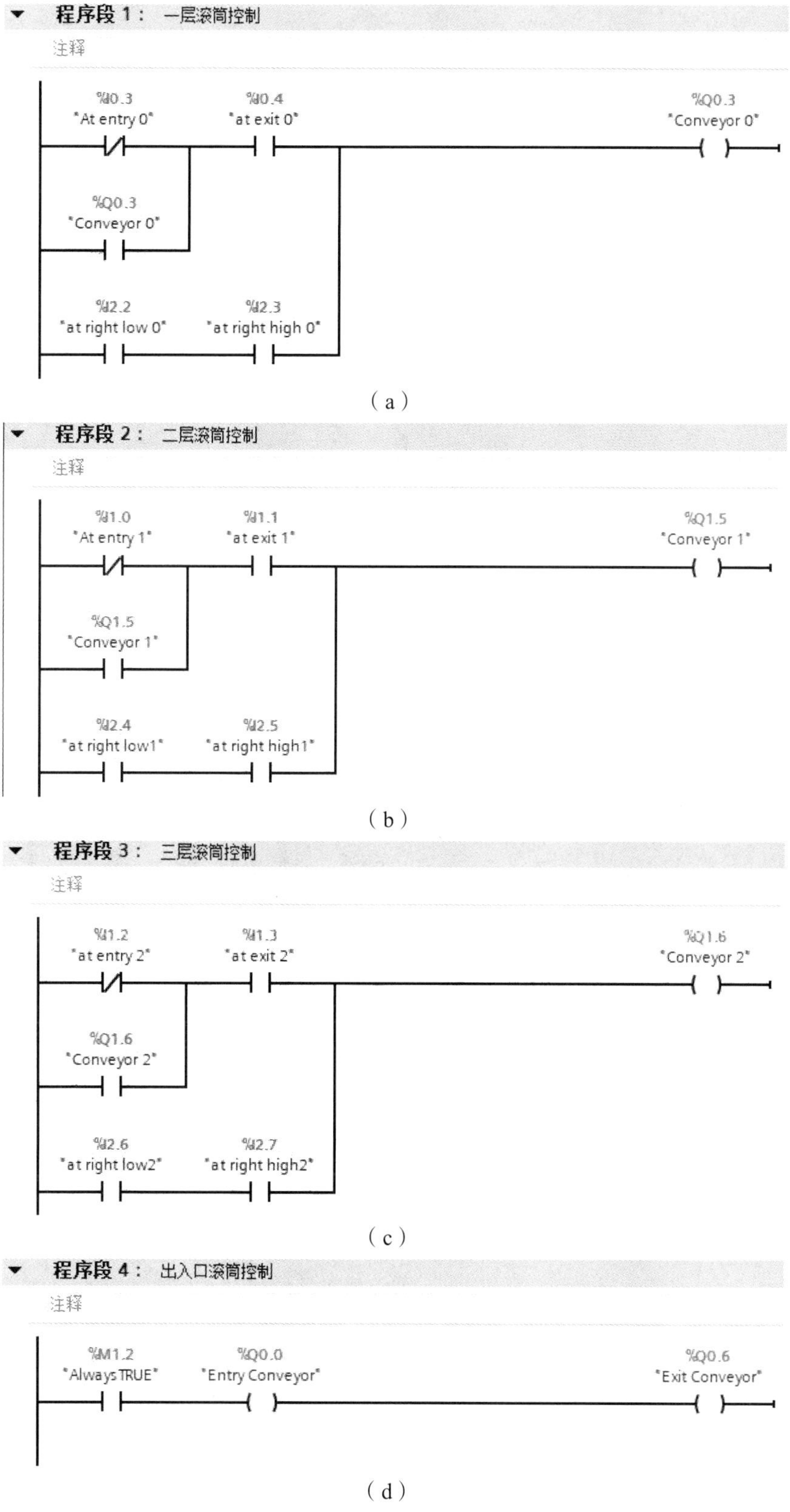

程序段 1： 一层滚筒控制
注释

```
   %I0.3        %I0.4                              %Q0.3
 "At entry 0"  "at exit 0"                       "Conveyor 0"
    ─|/|────────┤ ├──────────────────────────────────( )─
    
    %Q0.3
  "Conveyor 0"
    ─┤ ├──

    %I2.2         %I2.3
 "at right low 0" "at right high 0"
    ─┤ ├──────────┤ ├──
```

(a)

程序段 2： 二层滚筒控制
注释

```
   %I1.0        %I1.1                              %Q1.5
 "At entry 1"  "at exit 1"                       "Conveyor 1"
    ─|/|────────┤ ├──────────────────────────────────( )─

    %Q1.5
  "Conveyor 1"
    ─┤ ├──

    %I2.4         %I2.5
 "at right low1" "at right high1"
    ─┤ ├──────────┤ ├──
```

(b)

程序段 3： 三层滚筒控制
注释

```
   %I1.2        %I1.3                              %Q1.6
 "at entry 2"  "at exit 2"                       "Conveyor 2"
    ─|/|────────┤ ├──────────────────────────────────( )─

    %Q1.6
  "Conveyor 2"
    ─┤ ├──

    %I2.6         %I2.7
 "at right low2" "at right high2"
    ─┤ ├──────────┤ ├──
```

(c)

程序段 4： 出入口滚筒控制
注释

```
   %M1.2          %Q0.0                           %Q0.6
 "AlwaysTRUE"  "Entry Conveyor"                "Exit Conveyor"
    ─┤ ├──────────( )──────────────────────────────( )─
```

(d)

图 5.36

图 5.37

5.5 码垛料仓出入库控制

在 FACTORY IO 的自带的场景中选择如图 5.38 所示"Automated Warehouse"场景作为应用案例。

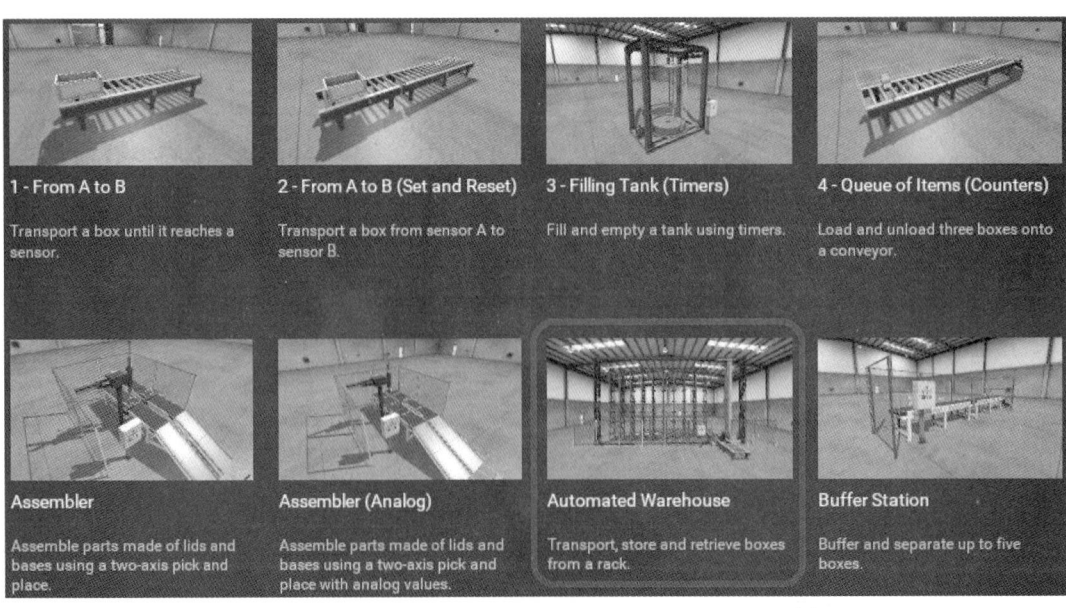

图 5.38

5.5.1 场景功能描述与配置

1. 功能流程

如图 5.39 所示,发射器随机产生托盘和物料,当按下电控柜上启动按钮后系统开始运行。在入口输送线将托盘输送到上料输送线后,托盘在上料口等待码垛料仓的叉架来完成入库;叉架将上料口处的托盘叉出之后按照料仓仓位号从 1 号到 55 号的顺序依次入库;入库完成后可以通过出入库模式选择旋钮选择出库模式,选择出库模式后按下启动按钮后叉架开始进行出库,出库按照从大到小的顺序依次进行。在出入库过程中可以按下停止按钮停止叉架的动作,要恢复出入库必须通过按下复位按钮将叉架移动到初始位置后才能重新启动,电控柜上设置一个数码显示器用来显示当前已入库料仓的数量。

图 5.39

2. 部件配置

将滚筒输送线上发射器按如图 5.40 所示配置,产生基座中勾选长方形托盘(Pallet),将电控柜上的数码显示器配置为整数(Integer)模式。

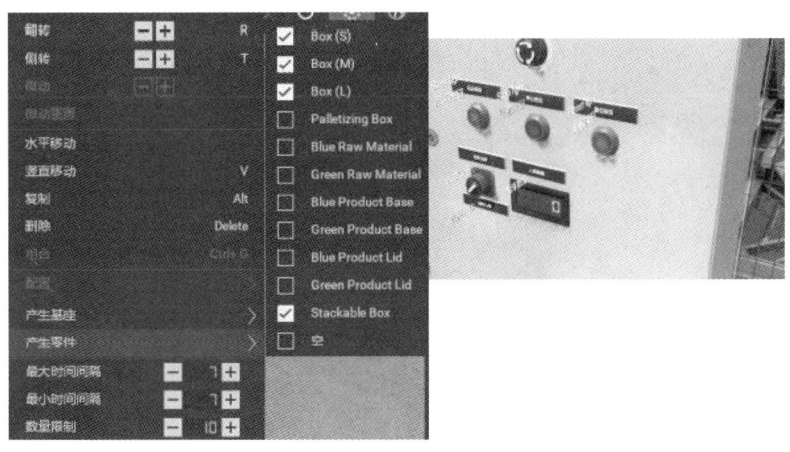

图 5.40

3. 驱动控制器配置

驱动控制器配置如图 5.41 所示。

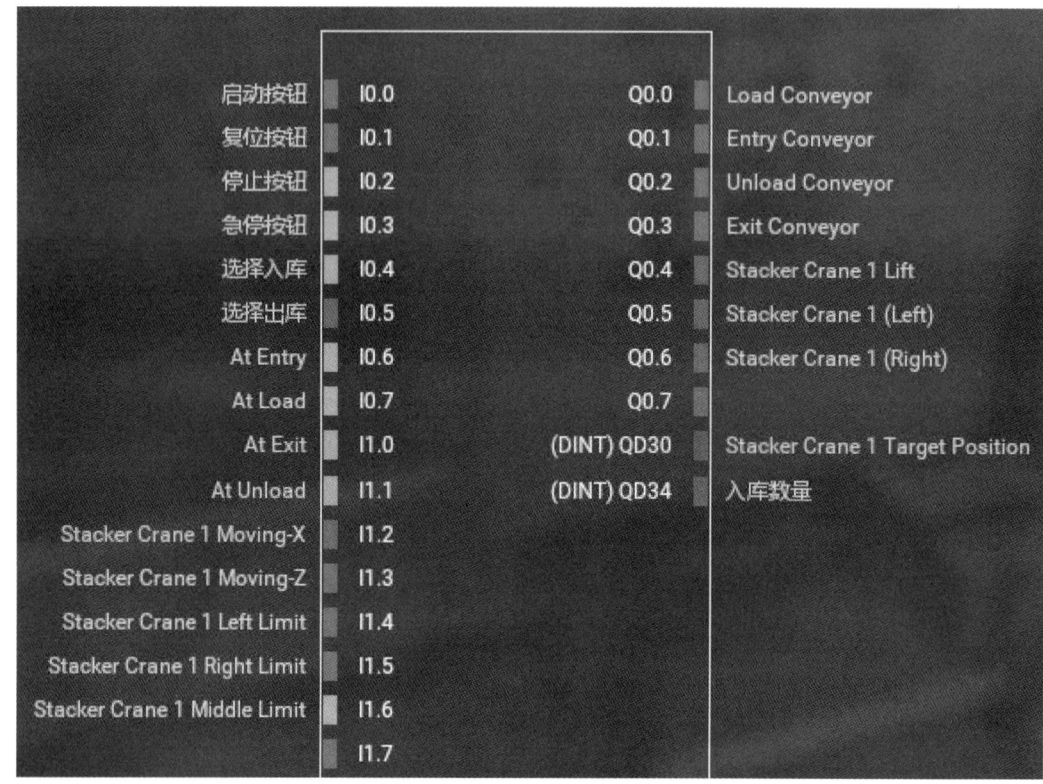

图 5.41

5.5.2 程序编写仿真

除了主程序（OB1）以外还需新建 FB1、FB2 和 FB3 三个程序块和一个全局变量数据块 DB4，DB4 中变量列表如图 5.42 所示。

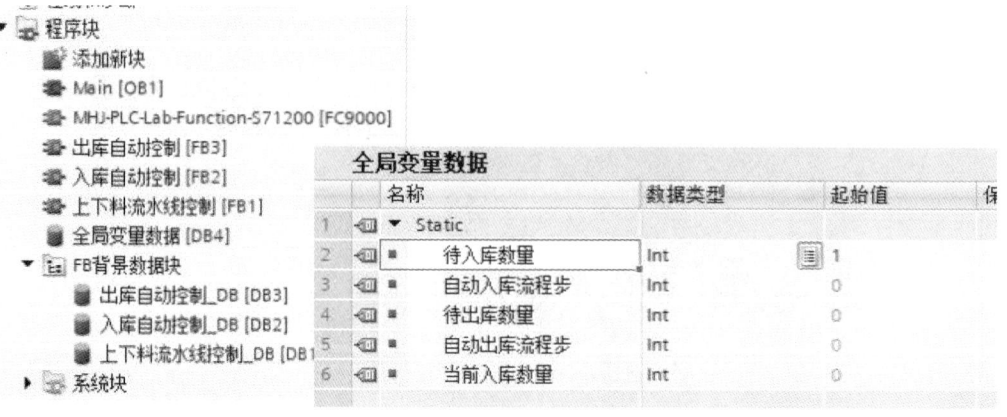

图 5.42

1. OB1 主程序

OB1 主程序如图 5.43 所示。

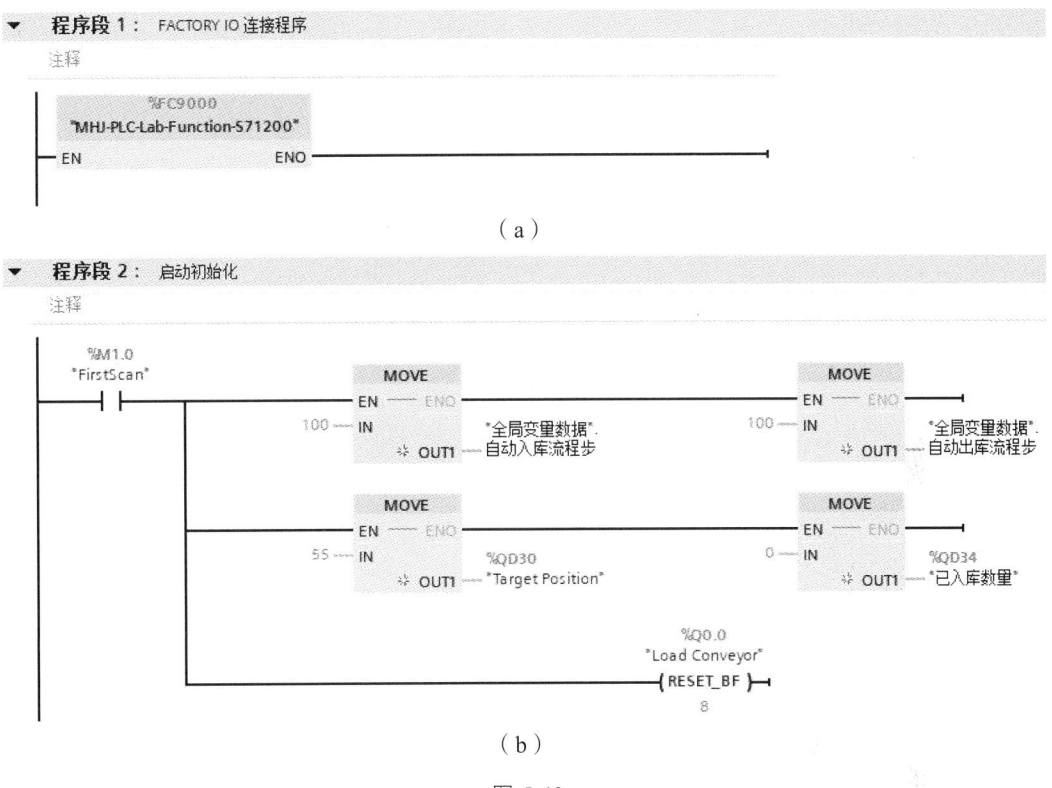

图 5.43

如图 5.44 所示，启动按钮按下后运行状态位自锁，停止按钮按下后自锁解除，另外叉架停止在当前位置并将自动流程步设置为初始状态。

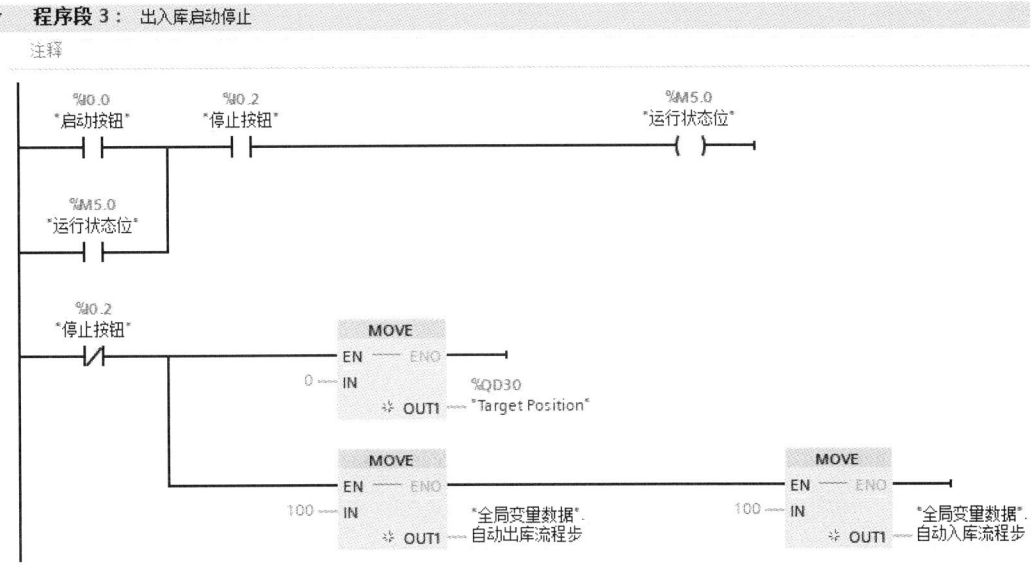

图 5.44

复位操作先将叉架缩回后再将叉架移动到初始位置，通过定时器延时断开复位保持的自锁，如图 5.45 所示。

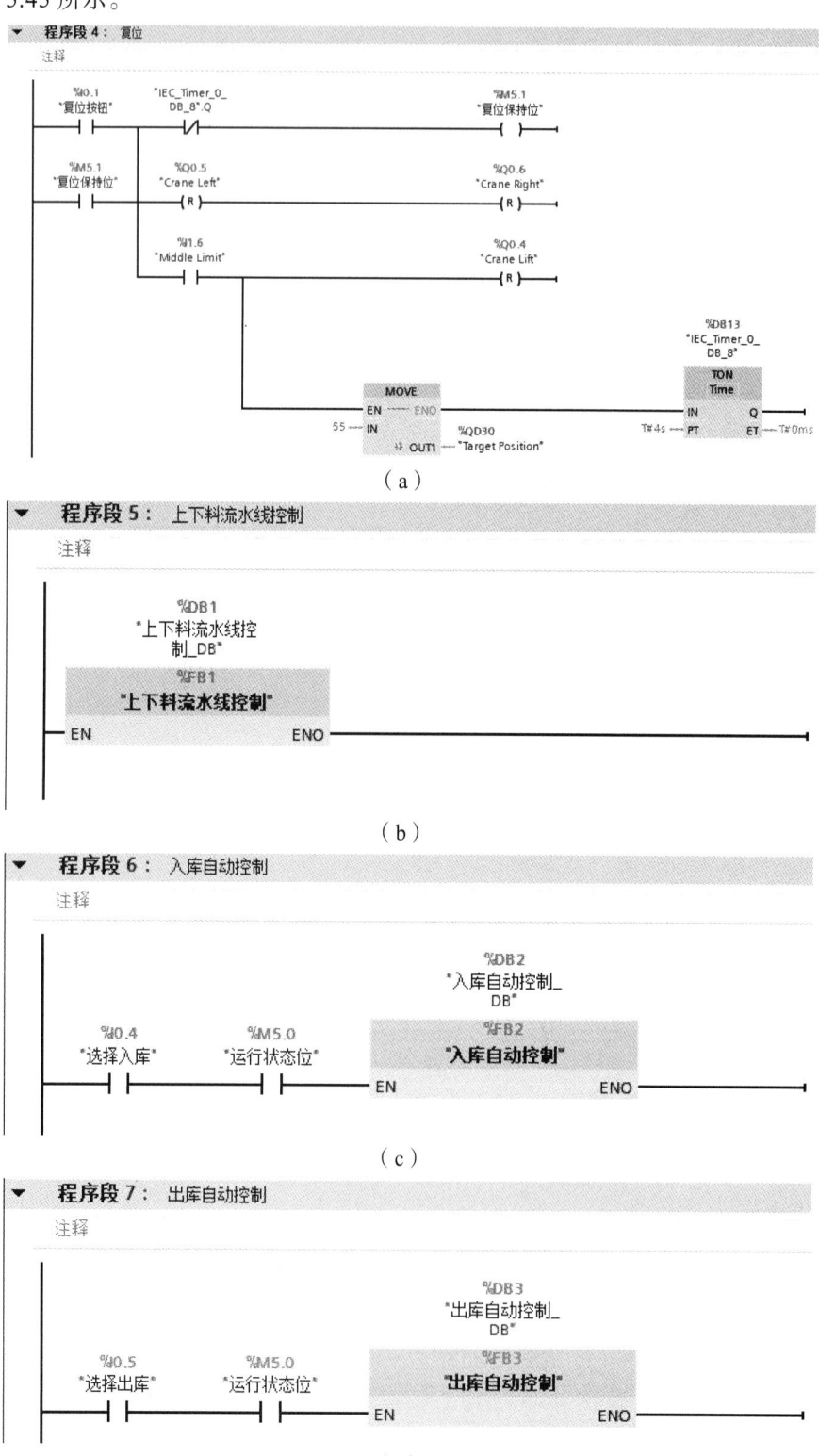

（a）

（b）

（c）

（d）

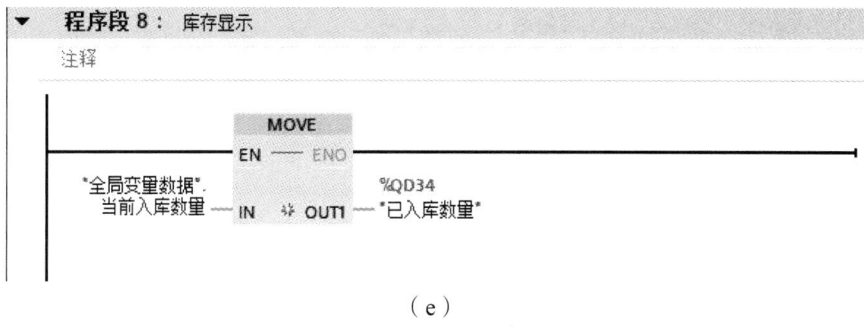

（e）

图 5.45

2. FB2"入库自动控制"程序

FB2"入库自动控制"程序如图 5.46 所示。

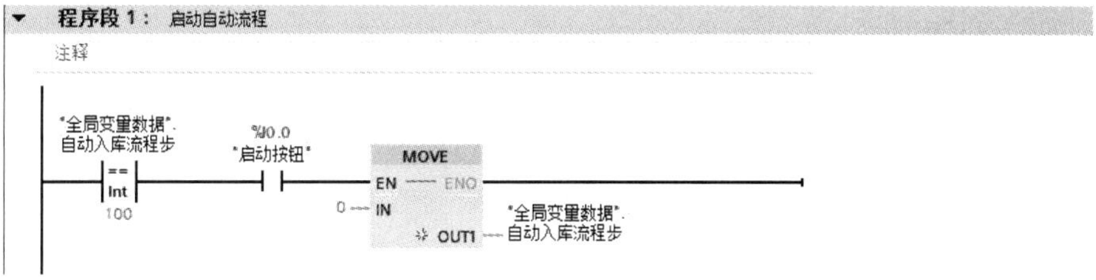

（a）

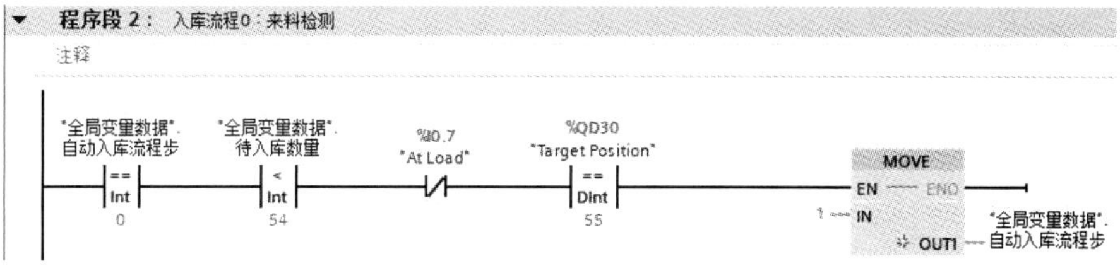

（b）

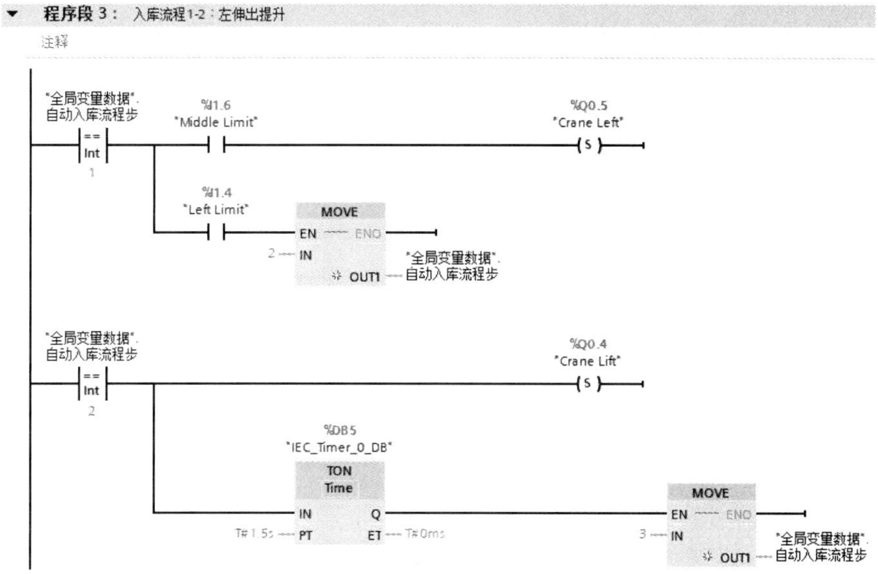

（c）

程序段 4： 入库流程3：插架缩回

注释

"全局变量数据".
自动入库流程步
== Int
3
—| |—————————————————————————————————————(R)
           %Q0.5
           "Crane Left"

         %I1.6
         "Middle Limit"
         —| |—————— MOVE
                     EN — ENO
                4 — IN
                     ✻ OUT1 — "全局变量数据".
                              自动入库流程步

(d)

程序段 5： 入库流程4：移动到货架

注释

"全局变量数据".
自动入库流程步
== Int
4
—| |—————— ADD
            Auto (Int)
            EN — ENO
       1 — IN1   %QD30
            OUT — "Target Position"
"全局变量数据".
当前入库数量 — IN2 ✻

                    %DB6
                    "IEC_Timer_0_
                    DB_1"
                    TON
                    Time
                  — IN   Q —
            T#5s — PT   ET — T#0ms

"IEC_Timer_0_   %I1.2   %I1.3
DB_1".Q   "Moving_X" "Moving_Z"
—| |———————|/|————————|/|——— MOVE
                              EN — ENO
                          5 — IN
                              ✻ OUT1 — "全局变量数据".
                                       自动入库流程步

(e)

程序段 6： 入库流程5-6：放下物料

注释

"全局变量数据".
自动入库流程步
== Int
5
—| |—————————————————————————————————————(S)
           %Q0.6
           "Crane Right"

         %I1.5
         "Right Limit"
         —| |—————— MOVE
                     EN — ENO
                6 — IN
                     ✻ OUT1 — "全局变量数据".
                              自动入库流程步

"全局变量数据".
自动入库流程步
== Int
6
—| |—————————————————————————————————————(R)
           %Q0.4
           "Crane Lift"

                    %DB7
                    "IEC_Timer_0_
                    DB_2"
                    TON
                    Time
                  — IN   Q —
          T#1.5s — PT   ET — T#0ms
                                        MOVE
                                        EN — ENO
                                    7 — IN
                                        ✻ OUT1 — "全局变量数据".
                                                 自动入库流程步

(f)

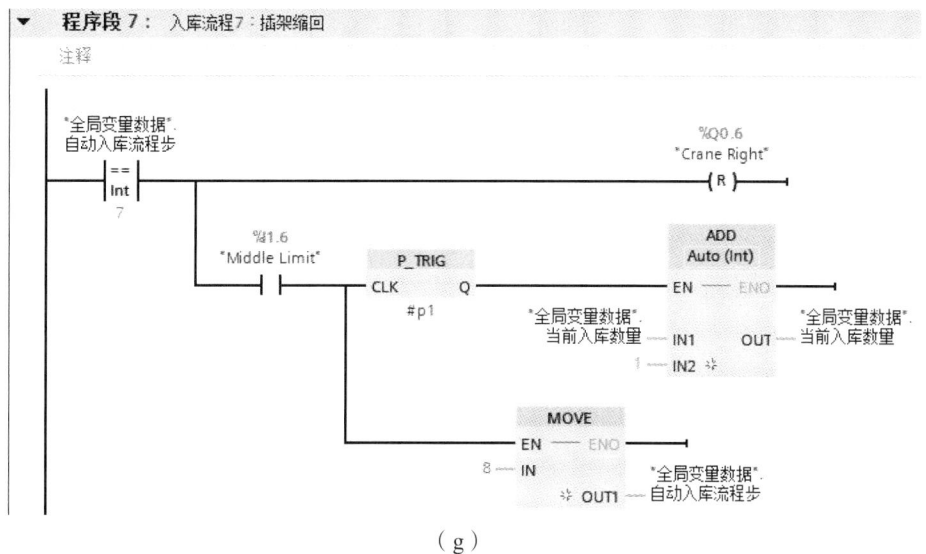

(g)

(h)

图 5.46

3. FB3"出库自动控制"程序

FB3"出库自动控制"程序如图 5.47 所示。

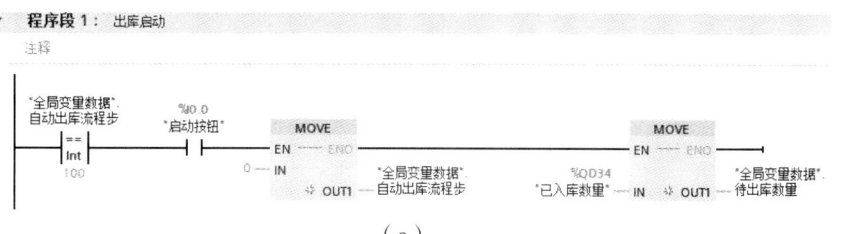

(a)

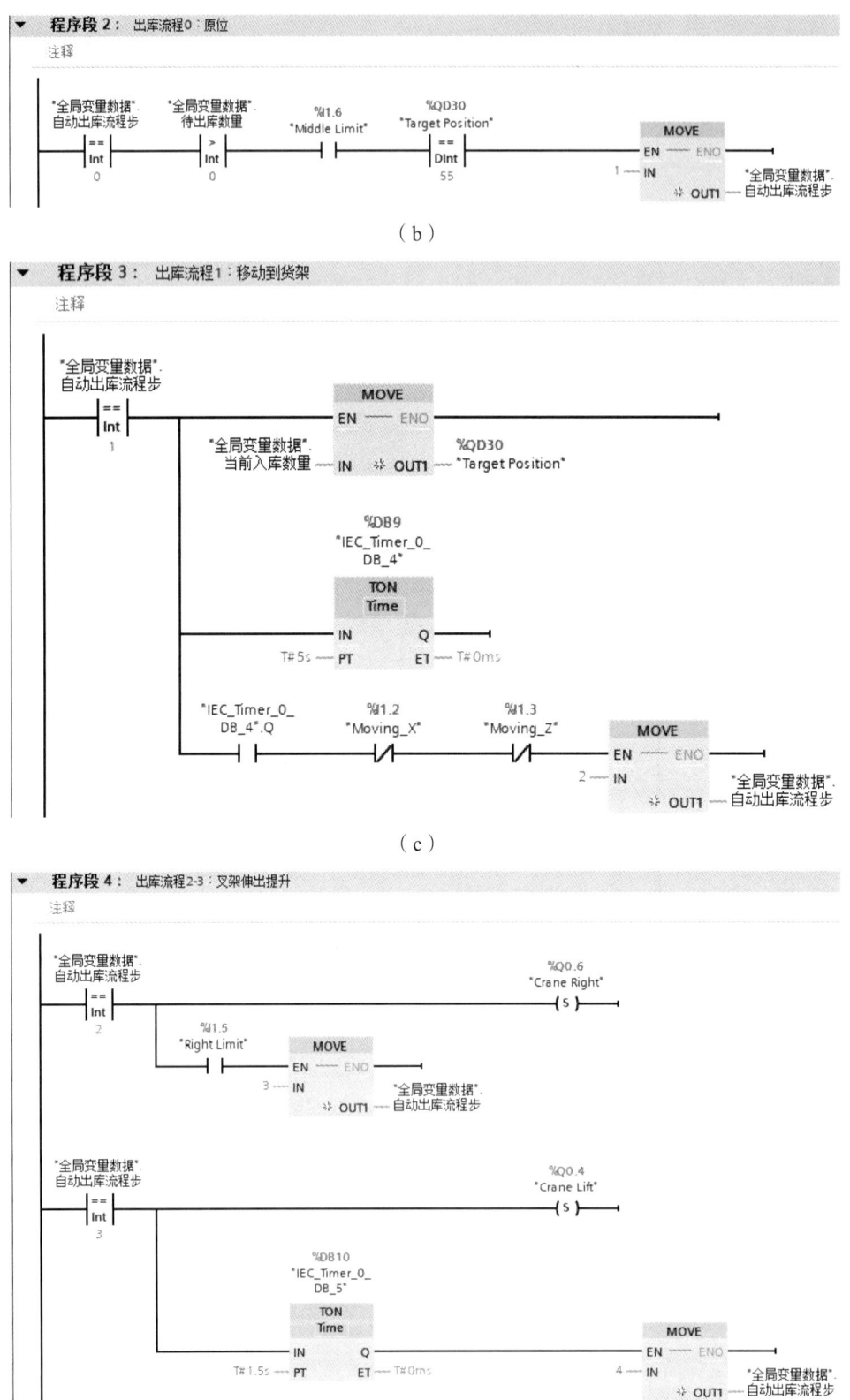

(b)

(c)

(d)

程序段 5： 出库流程4：叉架缩回

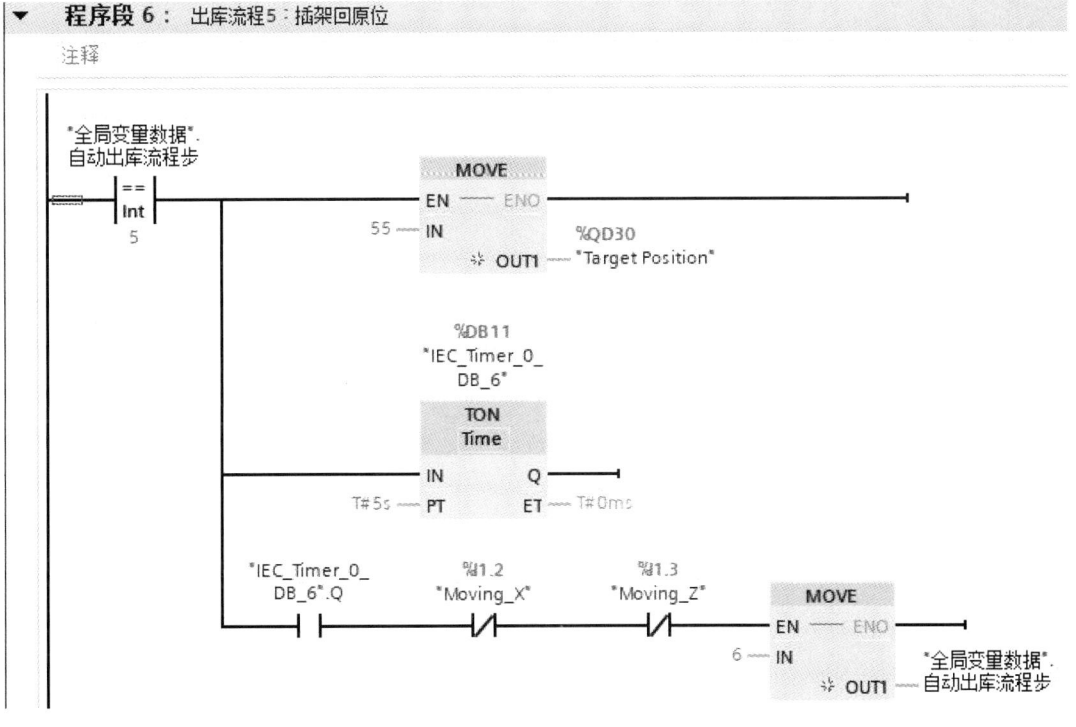

(e)

程序段 6： 出库流程5：插架回原位

(f)

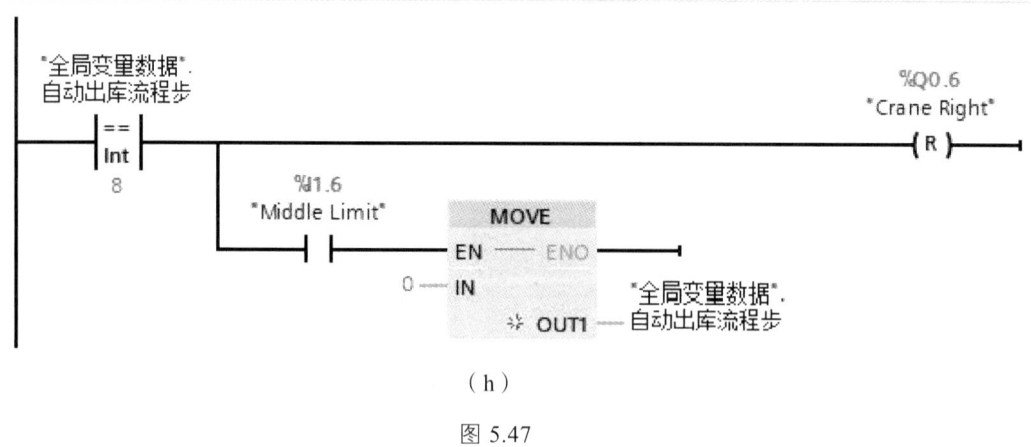

（g）

（h）

图 5.47

4. FB1 "上下料流水线控制" 程序

FB1 "上下料流水线控制" 程序如图 5.48 所示，仿真如图 5.49 所示。

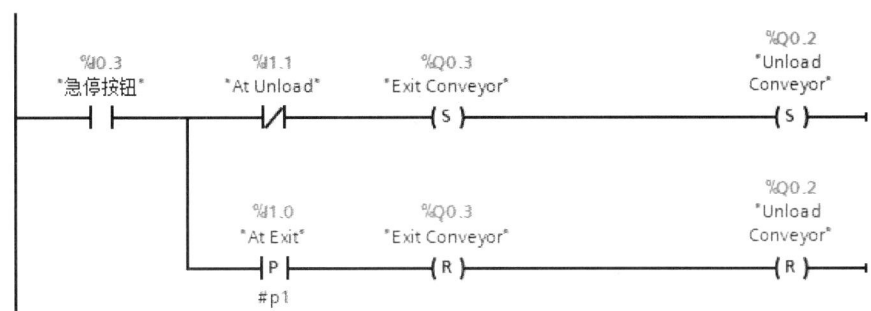

图 5.48

图 5.49

参考文献

[1] 段礼才. 西门子 S7-1200 PLC 编程及使用指南[M]. 北京：机械工业出版社，2017.
[2] 廖常初. S7-1200 PLC 编程及应用[M]. 北京：机械工业出版社，2021.
[3] 李方圆. 西门子 S7-1200 PLC 从入门到精通[M]. 北京：电子工业出版社，2018.